《快学快用》光盘使用说明

　　将光盘印有文字的一面朝上放入光驱中，稍后光盘会自动运行。如果没有自动运行，可以打开"我的电脑"窗口，在光驱所在盘符上单击鼠标右键，选择"打开"或"自动播放"命令来运行光盘。

单击此处可打开主菜单

单击该按钮可查看丛书简介
单击该按钮可打开光盘目录
单击该按钮可查看图书配套素材文件
单击该按钮可打开软件设置界面
单击该按钮可查看光盘帮助文件
单击该按钮可安装光盘
单击该按钮将退出光盘

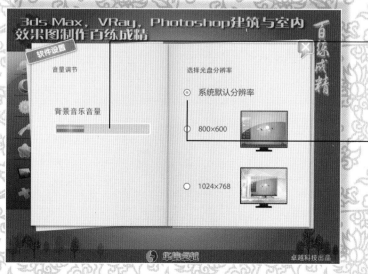

在此可设置光盘演示时的背景音乐音量

在此可设置光盘演示界面的分辨率

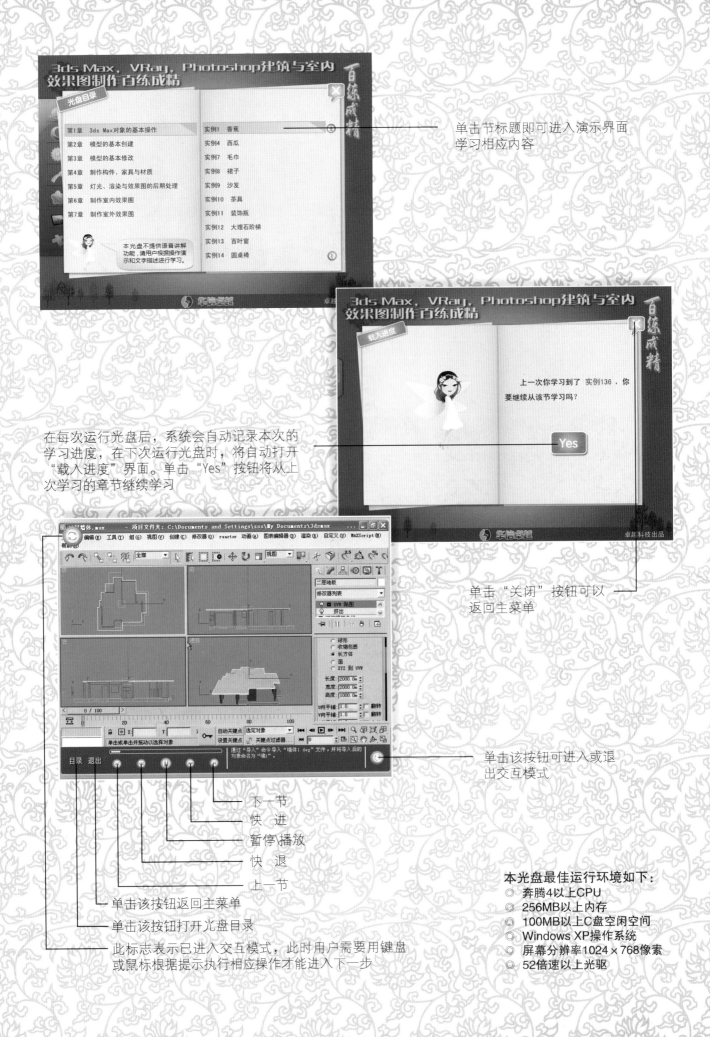

单击节标题即可进入演示界面
学习相应内容

在每次运行光盘后，系统会自动记录本次的
学习进度，在下次运行光盘时，将自动打开
"载入进度"界面。单击"Yes"按钮将从上
次学习的章节继续学习

单击"关闭"按钮可以
返回主菜单

单击该按钮可进入或退
出交互模式

下一节
快 进
暂停\播放
快 退
上一节

单击该按钮返回主菜单

单击该按钮打开光盘目录

此标志表示已进入交互模式，此时用户需要用键盘
或鼠标根据提示执行相应操作才能进入下一步

本光盘最佳运行环境如下：
◎ 奔腾4以上CPU
◎ 256MB以上内存
◎ 100MB以上C盘空闲空间
◎ Windows XP操作系统
◎ 屏幕分辨率1024×768像素
◎ 52倍速以上光驱

快学快用

Office 2007 办公应用
百练成精

卓越科技　编著

電子工業出版社

Publishing House of Electronics Industry

北京 · BEIJING

内 容 简 介

本书以实例的方式讲解了 Office 2007 软件在办公方面的应用，可帮助初学者轻松入门，使已有部分基础的读者对 Office 有更全面的认识，同时掌握常用办公文档的制作方法。本书主要内容包括 Word 2007 基本操作、美化文档、制作图文并茂的文档、Word 的高级应用、Excel 2007 基本操作、编辑与美化 Excel 表格、计算表格数据、管理和分析数据、PowerPoint 的基本操作、修饰演示文稿、PowerPoint 的高级操作、Access 2007 基本操作、Access 2007 进阶操作、使用 Outlook 收发邮件、Word 办公综合应用、Excel 办公综合应用、PowerPoint 办公综合应用和 Office 组件协同办公等。

本书内容新颖、版式美观、步骤详细。全书共 214 个实例，这些实例按应用的知识点和难易程度进行安排，从易到难，从入门到提高，循序渐进地介绍了各种办公文档的制作方法。书中每个实例都列出了涉及的知识点、重点、难点以及制作思路，有些实例对应用的知识点进行了适当的总结与延伸，有些实例通过出题的方式让读者举一反三，达到学以致用的目的。另外，本书还配有交互式多媒体自学光盘，可以大大提高读者的学习效率。

本书定位于 Office 2007 的初、中级用户，适用于文秘、办公室管理人员、教师等从业人员学习和使用，也可供 Office 爱好者和培训学校使用。

图书在版编目（CIP）数据

Office 2007 办公应用百练成精 / 卓越科技编著.—北京：电子工业出版社，2009.3

（快学快用）

ISBN 978-7-121-07772-2

I.O… Ⅱ.卓… Ⅲ.办公室－自动化－应用软件，Office 2007 Ⅳ.TP317.1

中国版本图书馆 CIP 数据核字（2008）第 177889 号

责任编辑：董　英
印　　刷：北京智力达印刷有限公司
装　　订：北京中新伟业印刷有限公司
出版发行：电子工业出版社
　　　　　北京市海淀区万寿路 173 信箱　　邮编：100036
开　　本：880×1230　　1 /16　　印张：27　　字数：907 千字　　彩插：1
印　　次：2009 年 3 月第 1 次印刷
定　　价：59.00 元（含光盘一张）

凡所购买电子工业出版社图书有缺损问题，请向购买书店调换。若书店售缺，请与本社发行部联系，联系及邮购电话：（010）88254888。

质量投诉请发邮件至 zlts@phei.com.cn，盗版侵权举报请发邮件到 dbqq@phei.com.cn。

服务热线：（010）88258888。

学习电脑真的有捷径吗？

——当然有，多学多练。

要制作出满意的作品就必须先模仿别人的作品多练习吗？

——对。但还要多总结、多思考，再试着举一反三。

快速提高软件应用技能有什么诀窍吗？

——百练成精！

如今，电脑的应用已经渗入到社会的方方面面，融入到了各行各业中。因此，许多人都迫切希望能够掌握最流行、最实用的电脑操作技能，以达到通过掌握一两门实用软件来辅助自己的工作或谋求一个适合自己的职位的目的。

据调查，很多读者面临着一些几乎相同的问题：

✳ 会用软件，但不能结合实际工作进行应用。

✳ 能参照书本讲解做出精美的效果，但不能独立进行设计、制作。

✳ 缺少相关设计和工作经验，作品缺乏创意。

这是因为大部分读者的学习思路是：

看到一个效果→我也要做→学习→死记硬背→看到类似效果→不知所措……

而正确的学习思路是：

看到一个效果→学习→理解延伸→能做出更好的效果吗？→还有其他方法实现吗？→看到类似效果→能够理解其中的奥妙……

可见，多练、多学、多总结、多思考，再试着做到举一反三，这样学习见效才快。

综上所述，我们推出了《快学快用·百练成精》系列图书，该系列图书集软件知识与应用技能为一体，使读者既可系统掌握软件的主要知识点，又能掌握实际应用中一些常用实例的制作，通过反复练习和总结大幅度提高软件应用能力，达到既"授之以鱼"又"授之以渔"的目的。

❀ 丛书主要内容

本丛书涉及电脑基础与入门、Office 办公、平面设计、动画制作和机械设计等众多领域，主要包括以下图书：

✳ 电脑新手入门操作百练成精

✳ Excel 2007 表格应用百练成精

✳ Word 2007 文档处理百练成精

✳ PowerPoint 2007 演示文稿设计百练成精

✳ Office 2007 办公应用百练成精

✳ Photoshop CS3 平面设计百练成精

✳ Photoshop CS3 图像处理百练成精

✳ Photoshop CS3 美工广告设计百练成精

✳ Photoshop CS3 特效处理百练成精

✳ Dreamweaver CS3 网页制作百练成精

✳ Dreamweaver，Flash，Fireworks 网页设计百练成精（CS3 版）

* Flash CS3 动画设计百练成精
* AutoCAD 机械设计百练成精
* AutoCAD 建筑设计百练成精
* AutoCAD 辅助绘图百练成精
* 3ds Max，VRay，Photoshop 建筑与室内效果图制作百练成精
……

本书主要特点

* **既学知识，又练技术**：本书总结了应用软件最常用的知识点，将这些知识点一一体现到实用的实例中，并在目录中体现出各实例的重要知识点。学完本书后，可以在巩固应用软件大部分知识点的同时掌握最实用的应用技能，提高软件的应用水平。

* **任务驱动，简单易学**：书中每个实例都列出涉及的知识点、重点、难点以及制作思路，做到让读者心中有数，从而有目的地进行学习。

* **实例精美，实用性强**：本书选用的实例精美实用，有些实例侧重于应用软件的某方面功能，有些实例用于提高读者的综合应用技能，有些实例则帮助读者掌握某类具体任务的完成要点。每个实例都提供相关素材与完整的最终效果文件，便于读者直接用于相关应用。

* **知识延伸，举一反三**：部分实例对知识点的应用进行了适当的总结与延伸，有些实例还通过出题的方式让读者举一反三，达到学以致用的目的。

* **版式美观，步骤详细**：本书采用双栏图解方式排版，图文对应，每步操作下面再细分步骤进行讲解，便于读者跟随书中的讲解学习具体操作方法。

* **配套多媒体自学光盘**：本书配有一张生动精彩的多媒体自学光盘，其中包含书中一些重点实例的教学演示视频，并收录了所有实例的素材和效果文件。跟随多媒体光盘中的教学演示进行学习，再结合图书中的相关内容，可大大提高学习效率。

本书读者对象

本书定位于 Office 2007 的初、中级用户，适用于文秘、办公室管理人员、教师等从业人员学习和使用，也可供 Office 爱好者和培训学校使用。

本书作者及联系方式

本书由卓越科技组织编写，参与本书编写的主要人员有杨小丽、于海波等。由于作者水平有限，书中疏漏和不足之处在所难免，恳请广大读者及专家不吝赐教。

如果您在阅读本书的过程中有什么问题或建议，请通过以下方式与我们联系。

* 网站：faq.hxex.cn
* 电子邮件：faq@phei.com.cn
* 电话：010-88253801-168（服务时间：工作日 9:00~11:30，13:00~17:00）

第1章 Word 2007 基本操作

实例4

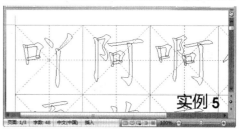

实例5

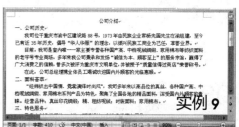

实例9

实例11

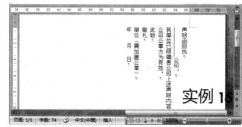

实例16

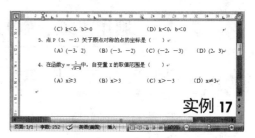

实例17

第 2 章　美化文档

第 3 章　制作图文并茂的文档

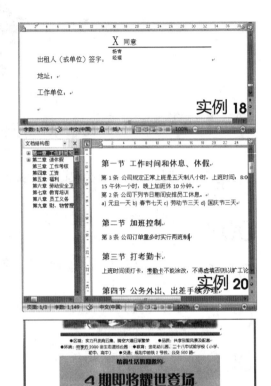

实例 18

实例 20

实例 24

实例 28

实例 34

实例 37

实例 39

实例 40

第 4 章　Word 的高级应用

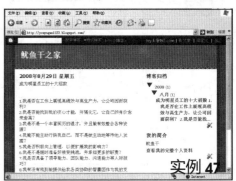

实例 47

实例 51

实例 57

实例 60

实例 63

实例 67

实例 68

实例 69

实例 70

实例 72

实例 75

第 **6** 章　编辑与美化 Excel 表格

实例 79

实例 81

实例 86

实例 87

第 7 章　计算表格数据

实例 90

实例 92

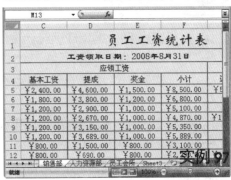

实例 94

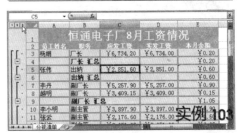

实例 97

第 8 章　管理和分析数据

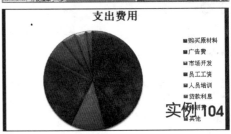

实例 103

支出费用

■购买原材料
■广告费
■市场开发
■员工工资
■人员培训
■贷款利息
■其他

实例 104

第 9 章　PowerPoint 的基本操作

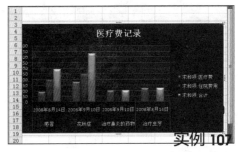

实例 107

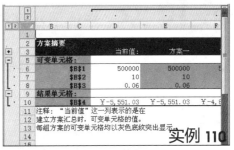

实例 110

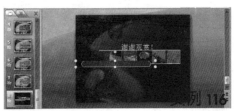

实例 116

实例 117

实例 120

实例 122

第 10 章 修饰演示文稿

第 11 章 PowerPoint 的高级操作

实例 124

实例 128

实例 131

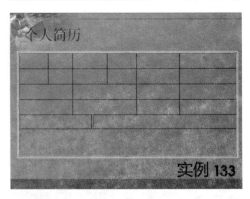

实例 133

实例 137

第 **12** 章　Access 2007 基本操作

实例 141

天府明珠——九寨沟　实例 142

实例 147

桃花源记

实例 151

实例 156

第 13 章 Access 2007 进阶操作

实例 159

实例 161

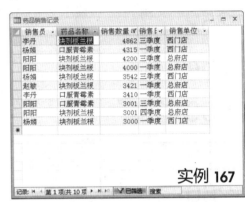

实例 167

实例 170

实例 174

实例 175

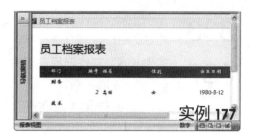

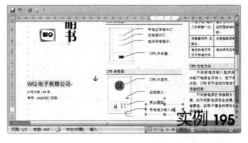

第 16 章　Excel 办公综合应用

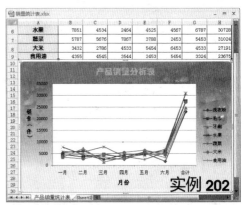

第 17 章　PowerPoint 办公综合应用

第 18 章　Office 组件协同办公

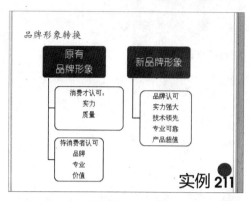

实例 211

实例 214

第 1 章

Word 2007 基本操作

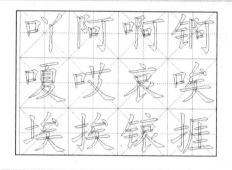
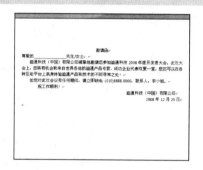
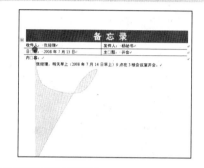

实例 16 制作 "声明函回执模板" 文档

实例 20 查看 "员工手册" 文档

实例 12 保护 "自荐书" 文档

实例 10 修改 "慰问信" 文档

实例 5 创建 "楷体字帖" 文档

实例 7 修改 "邀请函" 文档

实例 2 制作 "通知" 文档

实例 14 编辑 "水的简介" 文档

实例 1 新建 "会议记录" 文档

实例 17 制作 "数学试题" 文档

01

Word 2007 是 Office 2007 中最常用的组件之一，也是目前应用最广泛的文字处理软件，它主要用于各种办公文档的编辑和制作。本章将通过 21 个实例，讲解文档的新建、文本的输入与编辑、文档的查看方式等基础知识。

素材:无

源文件:\实例 1\会议记录.docx

实例1　新建"会议记录"文档

包含知识 ■ 启动 Word 2007 ■ 新建空白文档 ■ 保存文档

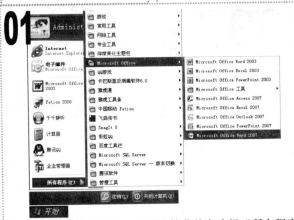

01 ◼ 单击"开始"按钮，在弹出的菜单中选择"所有程序-Microsoft Office- Microsoft Office Word 2007"选项。

02 ◼ 进入 Word 2007 的工作界面，单击"Office"按钮，在弹出的菜单中选择"新建"选项。

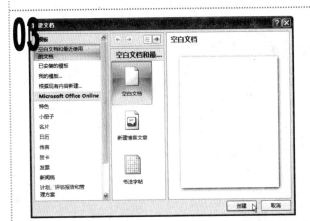

03 ◼ 在打开的"新建文档"对话框左侧的"模板"栏中单击"空白文档和最近使用的文档"选项卡，在中间的列表中选择"空白文档"选项。
◼ 单击"创建"按钮。

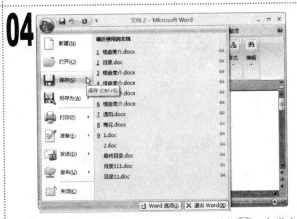

04 ◼ 新建一个空白文档，单击"Office"按钮，在弹出的菜单中选择"保存"选项。

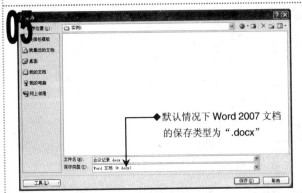

➡️默认情况下 Word 2007 文档的保存类型为".docx"

05 ◼ 在打开的"另存为"对话框中设置文档的保存位置，并在"文件名"下拉列表框中输入"会议记录"，单击"保存"按钮保存文档，至此完成本例的制作。

知识延伸

　　习惯通过桌面快捷方式启动程序的用户，可在桌面上建立 Word 2007 的快捷方式，方法是：在"开始"菜单的"Microsoft Office Word 2007"选项上单击鼠标右键，在弹出的快捷菜单中选择"发送到-桌面快捷方式"选项。

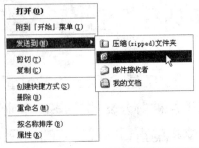

实例2　制作"通知"文档

素材:无
源文件:\实例 2\通知.docx

包含知识　　■ 定位文本插入点　　■ 输入普通文本　　■ 退出 Word 2007

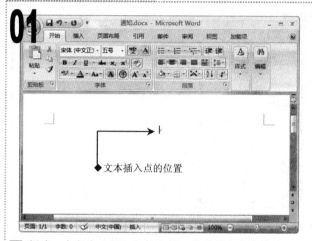

◆ 文本插入点的位置

■ 新建一个名为"通知"的文档,将其保存在电脑中。
■ 在文档编辑区中首行的中间位置双击鼠标左键,将文本插入点定位到此处。

■ 切换到熟悉的输入法,在文本插入点处输入"通知"文本。

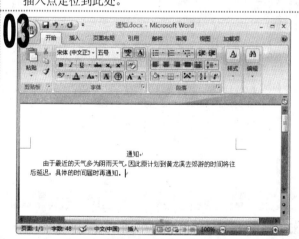

■ 按 Enter 键换行,按 4 次空格键输入 4 个空格,再输入通知的具体内容。

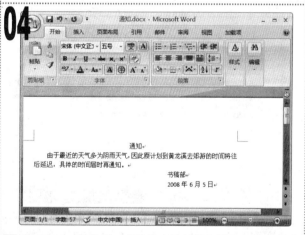

■ 按 Enter 键换行,多次按空格键输入通知部门"书稿部",用相同的方法输入通知时间"2008 年 6 月 5 日"。

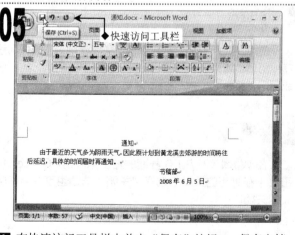

快速访问工具栏

■ 在快速访问工具栏中单击"保存"按钮 ,保存文档。

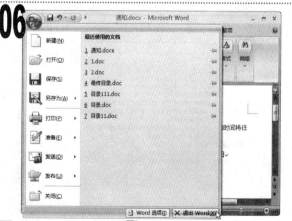

■ 单击"Office"按钮 ,在弹出的菜单中单击"退出Word"按钮退出 Word 2007,完成本例的制作。

实例3　编辑"职位说明书"文档

素材:\实例 3\职位说明书.docx

源文件:\实例 3\职位说明书.docx

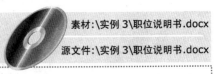

| 包含知识 | ■ 打开和关闭文档　　■ 选择和删除文本 |

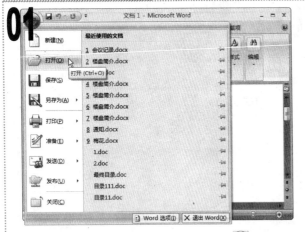

1 启动 Word 2007，单击"Office"按钮，在弹出的菜单中选择"打开"选项。

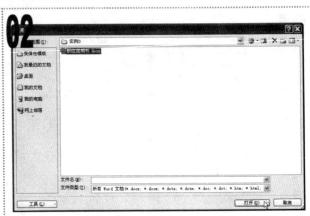

1 在打开的"打开"对话框的"查找范围"下拉列表框中选择文档的路径，在中间的列表框中选择要打开的文档，这里选择"职位说明书"文档，单击"打开"按钮。

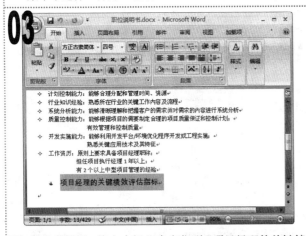

1 打开文档后，将文本插入点定位到"项目经理的关键绩效评估指标"文本的左侧，按住鼠标左键不放，拖动鼠标选择此行文本。

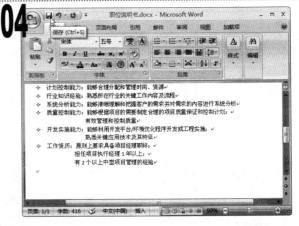

1 按 Delete 键删除该行文本，在快速访问工具栏中单击"保存"按钮，对修改过的文档进行保存。

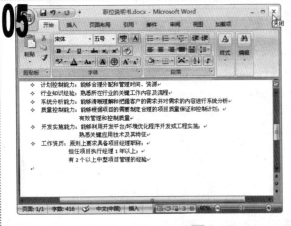

1 在标题栏右侧单击"关闭"按钮 **×** 将文档关闭，至此完成本例的制作。

知识提示

使用 Alt+F4 组合键可以快速关闭当前运行的任何程序或窗口。如果连续按此组合键，将逐个关闭运行的程序或窗口。

知识提示

在 Word 2007 工作界面的左上角单击"Office"按钮，在弹出的菜单中选择"关闭"选项也可将当前的文档关闭。

实例4　制作"传真"模板文档

素材:无

源文件:\实例 4\传真.dotx

| 包含知识 | ■ 根据模板新建文档　■ 将文档保存为模板 |

1 打开"新建文档"对话框,在左侧的"模板"栏中单击"已安装的模板"选项卡,在中间的列表中选择"平衡传真"选项,单击"创建"按钮。

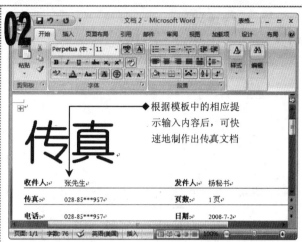

◆根据模板中的相应提示输入内容后,可快速地制作出传真文档

1 在工作界面窗口中可看到新建的模板文档,根据模板的提示,在相应的位置输入信息,完成文档的创建。

1 单击"Office"按钮 ,在弹出的菜单中选择"另存为-Word 模板"选项。

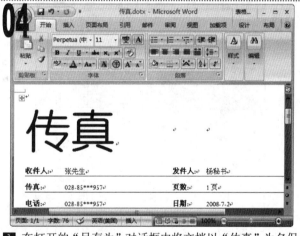

1 在打开的"另存为"对话框中将文档以"传真"为名保存为模板文件格式的文档,完成本例的制作。

知识提示

另存文档时,如与原文档设置了相同的保存路径和名称,将会直接将原文档覆盖。

知识提示

在"另存为"子菜单中选择"Word 97-2003 文档"选项,可以将文档保存为早期版本的文档。

举一反三

根据本例介绍的方法,自行制作一个如下图所示的简历(源文件:\实例 4\原创简历.docx)。

实例5 创建"楷体字帖"文档

素材:无
源文件:\实例 5\楷体字帖.docx

包含知识	■ 新建书法字帖

1 打开"新建文档"对话框,在"模板"栏中单击"空白文档和最近使用的文档"选项卡,在中间的列表中选择"书法字帖"选项,单击"创建"按钮。

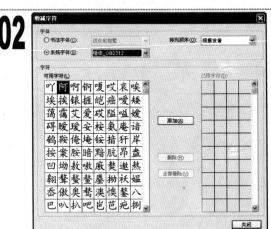

1 在打开的"增减字符"对话框中选中"系统字体"单选按钮,在其后的下拉列表框中选择"楷体_GB2312"选项。

1 在"可用字符"列表框中选择所需的字符,单击"添加"按钮将所选的字符添加到"已用字符"列表框中,然后单击"关闭"按钮关闭该对话框。

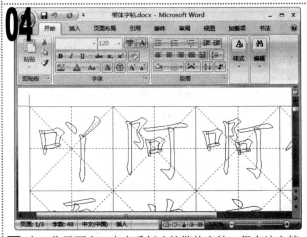

1 在工作界面窗口中查看创建的楷体字帖,保存该文档,完成本例的制作。

知识延伸

如果电脑中安装有其他的字体,可在"增减字符"对话框的"字体"栏中选中"书法字体"单选按钮,在其后的下拉列表框中选择需要的字体即可。

注意提示

在"增减字符"对话框的"字体"栏的"排列顺序"下拉列表框中选择"根据形状"选项,"可用字符"列表框中的字符将按文字的形状排列。

举一反三

根据本例介绍的方法,自行制作一个如下图所示的隶书书法字帖(源文件:\实例 5\隶书字帖.docx)。

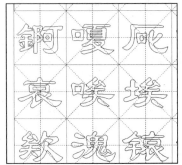

实例6　制作"招聘广告"文档

素材:无

源文件:\实例 6\招聘广告.docx

包含知识
- 插入特殊符号

重点难点
- 插入特殊符号

制作思路

打开素材　　　　　　　　插入特殊符号

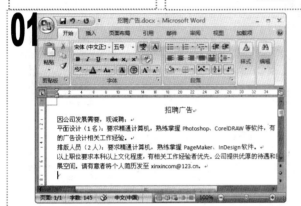

1 启动 Word 2007,新建名为"招聘广告"的空白文档,在其中输入如上图所示的文本内容。

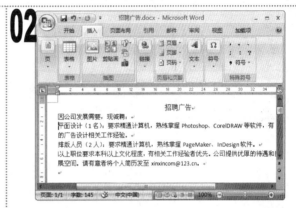

1 将文本插入点定位到"平面设计（1 名）"文本的左侧,单击"插入"选项卡。

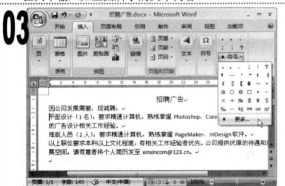

1 在"特殊符号"组中单击"符号"按钮,在弹出的下拉菜单中选择"更多"选项。

1 在打开的"插入特殊符号"对话框中单击"特殊符号"选项卡,在中间的列表框中选择 ◆ 符号,单击"确定"按钮。

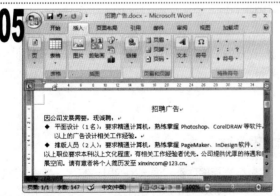

1 插入符号后按一下空格键,用相同的方法在"排版人员（2 人）"文本左侧插入特殊符号 ◆,完成本例的制作。

知识提示

在"插入特殊符号"对话框中选择相应的符号后,双击选择的符号可快速将符号插入到文档中。

注意提示

拉丁字母、汉字的偏旁部首和希腊字母等特殊字符还可以采用软键盘输入,其方法是:将文本插入点定位在需要插入特殊符号的位置,在输入法状态条的"软键盘"按钮上单击鼠标右键,在弹出的快捷菜单中选择相应的选项,然后用鼠标单击弹出的软键盘上的按钮或按键盘上相应的键,即可将软键盘上显示的符号插入到文档中。

实例7 **修改"邀请函"文档**

素材:\实例 7\邀请函.docx
源文件:\实例 7\邀请函.docx

包含知识
- 选择文本
- 删除文本

重点难点
- 选择文本
- 删除文本

制作思路

打开素材   选择文本   删除文本，完成制作

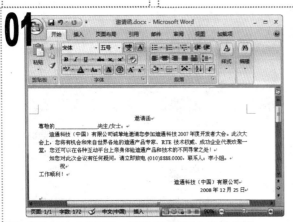

1 启动 Word 2007，打开"邀请函"素材文档。

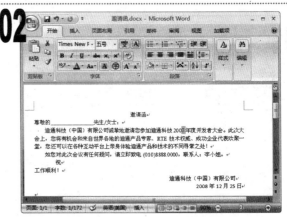

1 在文档的第 3 行中选择"2007"文本中的数字"7"。

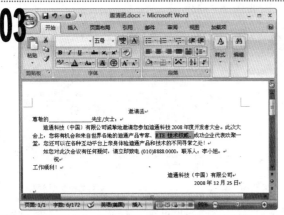

1 输入"8"，将"2007"文本修改为"2008"。
2 选择"RTE 技术权威、"文本。

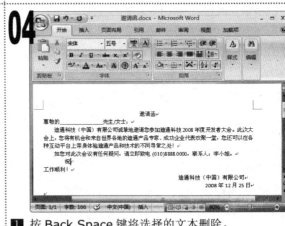

1 按 Back Space 键将选择的文本删除。
2 将文本插入点定位到"祝"文本的右侧。

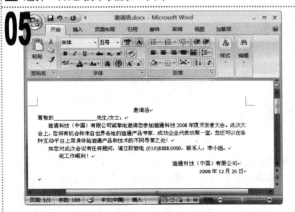

1 按 Delete 键删除"祝"文本右侧的回车符，至此完成本例的制作。

知识延伸

将鼠标光标移动到需要选择的文本行左侧的空白处，当鼠标光标的形状由 I 形状变成 ⌐ 形状时单击鼠标左键即可选择整行文本。

知识延伸

将鼠标光标移动到需要选择的段落左侧，当鼠标光标由 I 形状变成 ⌐ 形状时，双击鼠标左键即可选择整个段落。

实例8　修改"表扬信"文档

素材:\实例8\表扬信.docx
源文件:\实例8\表扬信.docx

包含知识
- 插入文本
- 改写文本

重点难点
- 插入文本
- 改写文本

制作思路

打开素材　　　　插入文本　　　　改写文本

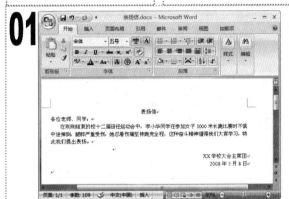

1 启动 Word 2007，打开"表扬信"素材文档。

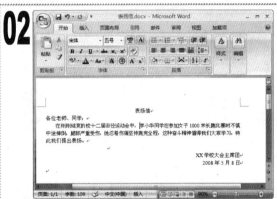

1 将文本插入点定位到"李小华"文本的左侧。

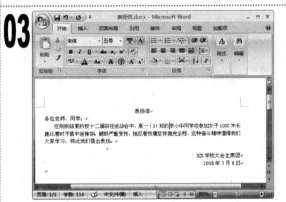

1 在文本插入点位置输入文本"高一（3）班的"，从而实现插入文本的操作。

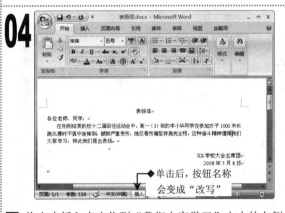

◆单击后，按钮名称会变成"改写"

1 将文本插入点定位到"我们大家学习"文本的左侧。
2 单击状态栏中的"插入"按钮，将默认的"插入"状态改成"改写"状态。

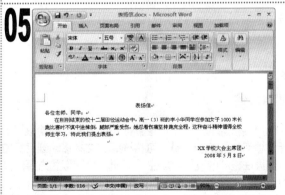

1 直接输入"全校师生"文本，即可替换"我们大家"文本。

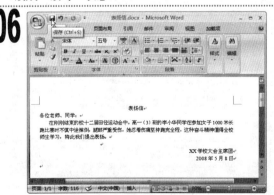

1 单击"改写"按钮，该按钮变成"插入"按钮，在快速访问工具栏中单击"保存"按钮保存文档，完成本例的制作。

实例9　修改"公司介绍"文档

素材:\实例 9\公司介绍.docx

源文件:\实例 9\公司介绍.docx

包含知识	■ 复制和移动文本

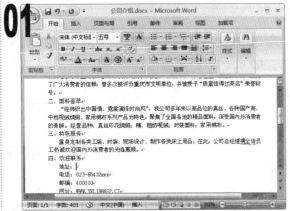

1 打开"公司介绍"素材文档。

2 在"电话"文本的上一行插入"地址:"文本。

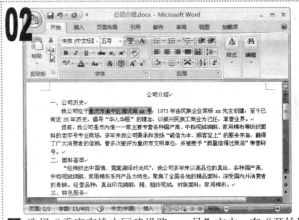

1 选择"重庆市渝中区建设路 xx 号"文本,在"开始"选项卡中单击"剪贴板"组中的"复制"按钮。

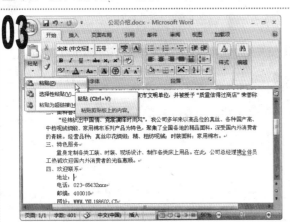

1 将文本插入点定位到"地址:"文本的右侧,在"剪贴板"组中单击"粘贴"按钮下方的 ▾ 按钮,在弹出的下拉菜单中选择"粘贴"选项粘贴复制的文本。

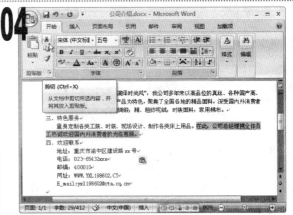

1 选择如上图所示的文本,在"剪贴板"组中单击"剪切"按钮。

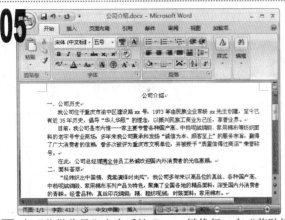

1 在"荣誉称号"文本后按 **Enter** 键换行,在"剪贴板"组中单击"粘贴"按钮下方的 ▾ 按钮,在弹出的下拉菜单中选择"粘贴"选项粘贴剪切的文本,至此完成本例的制作。

知识延伸

选择文本后按 Ctrl+C 组合键,将文本插入点定位到目标位置后再按 Ctrl+V 组合键,也可以完成文本的复制操作。

知识延伸

选择要移动的文本,按住鼠标左键不放,拖动鼠标到目标位置后释放鼠标左键,可将选择的文本移动到目标位置;如果在拖动的过程中按住 Ctrl 键,则可以将选择的文本复制到目标位置。

实例10　　修改"慰问信"文档

素材:\实例 10\慰问信.docx
源文件:\实例 10\慰问信.docx

包含知识	■　查找和替换文本

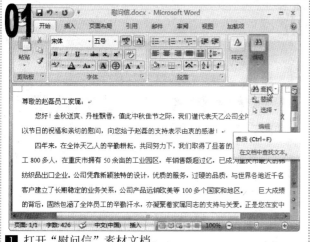

1 打开"慰问信"素材文档。
2 单击"编辑"组中的"查找"按钮。

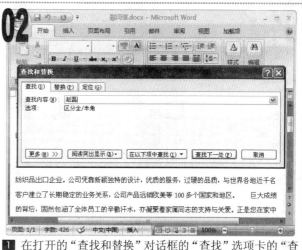

1 在打开的"查找和替换"对话框的"查找"选项卡的"查找内容"下拉列表框中输入"赵磊"。

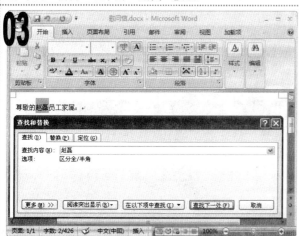

1 单击"查找下一处"按钮，查找到文档中的第一处"赵磊"文本。

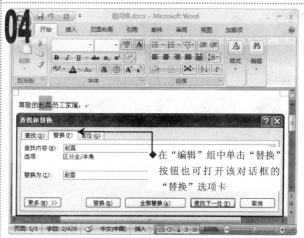

1 单击"替换"选项卡，在"替换为"下拉列表框中输入"赵雷"文本。

◆在"编辑"组中单击"替换"按钮也可打开该对话框的"替换"选项卡

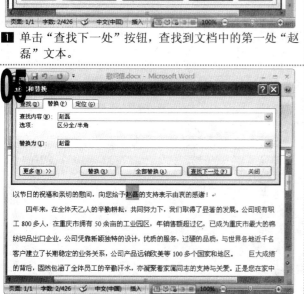

1 单击"替换"按钮，将查找到的第一处文本替换，系统自动查找到第二处文本。

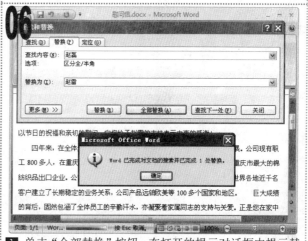

1 单击"全部替换"按钮，在打开的提示对话框中提示替换的总数，单击"确定"按钮，完成本例的制作。

素材:\实例 11\备忘录.docx

源文件:\实例 11\备忘录.docx

实例11　　制作 "备忘录" 文档

包含知识	■ 撤销和恢复操作

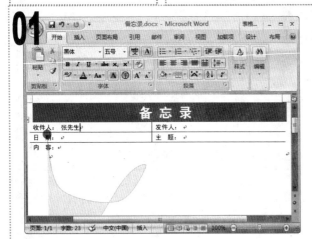

1 打开 "备忘录" 素材文档，将文本插入点定位到 "收件人：" 文本的右侧，输入 "张先生" 文本。

1 在快速访问工具栏中单击 "撤销" 按钮　撤销前一次的操作，这里撤销输入的词组 "先生"。

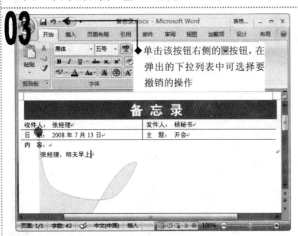

单击该按钮右侧的　按钮，在弹出的下拉列表中可选择要撤销的操作

1 在文本插入点处继续输入文本 "经理"，并输入发件人、日期、主题以及内容等如上图所示的文本。

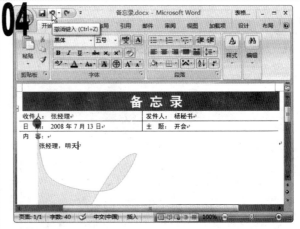

1 在快速访问工具栏中单击 "撤销" 按钮　撤销输入的 "早上" 文本。

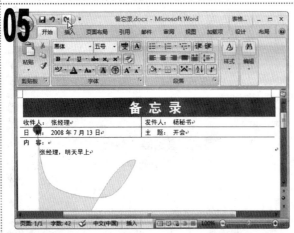

1 在快速访问工具栏中单击 "恢复" 按钮　恢复最近一次的撤销操作。

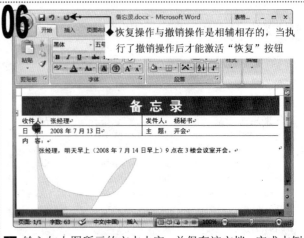

恢复操作与撤销操作是相辅相存的，当执行了撤销操作后才能激活 "恢复" 按钮

1 输入如上图所示的文本内容，并保存该文档，完成本例的制作。

素材:\实例12\自荐书.docx

源文件:\实例12\自荐书.docx

实例12　保护"自荐书"文档

包含知识	■ 加密文档

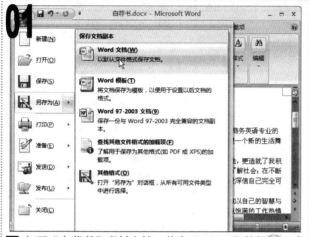

01

1 打开"自荐书"素材文档，单击"Office"按钮，在弹出的菜单中选择"另存为-Word 文档"选项。

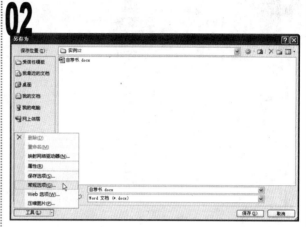

02

1 在打开的"另存为"对话框中单击 工具(L) 按钮，在弹出的下拉菜单中选择"常规选项"选项。

03

1 在打开的"常规选项"对话框的"打开文件时的密码"文本框中输入密码"123"，在"修改文件时的密码"文本框中输入密码"456"，选中"建议以只读方式打开文档"复选框，单击"确定"按钮。

04

1 在打开的确认打开文件密码对话框的文本框中输入相应的密码，单击"确定"按钮。

2 在打开的确认修改文件密码对话框的文本框中输入相应的密码，单击"确定"按钮。

05

1 返回"另存为"对话框，单击"保存"按钮保存文档后将其关闭。

2 在电脑中找到设置了密码的文档，双击打开它时将打开"密码"对话框，在其中输入密码，单击"确定"按钮。

3 在自动打开的修改文件所需密码的对话框中输入密码，并单击"确定"按钮将其打开。

知识延伸

要删除密码，可先打开文件，然后再打开"另存为"对话框，在其中单击"工具"按钮，在弹出的下拉菜单中选择"常规选项"选项，打开"常规选项"对话框，删除以前设置的密码，完成后单击"确定"按钮，再单击"保存"按钮保存更改后的文档即可。

注意提示

使用密码有助于保护个人信息，最好使用由大写字母、小写字母、数字和符号组合而成的强密码。密码长度应大于或等于 8 个字符，且最好使用包括 14 个或更多字符的密码。

实例13 拼写检查"工作总结"文档

素材:\实例13\工作总结.docx
源文件:\实例13\工作总结.docx

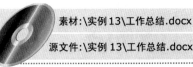

包含知识 ■ 手动进行拼写和语法检查

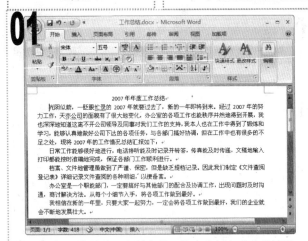

■ 打开"工作总结"素材文档，将文本插入点定位到第一段文本的段前。

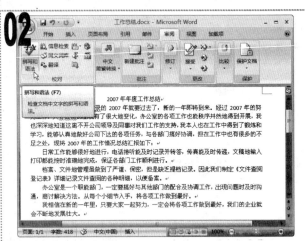

■ 单击"审阅"选项卡，在"校对"组中单击"拼写和语法"按钮。

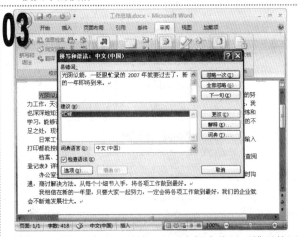

■ 在打开的对话框的"易错词"列表框中将显示错误的词组，并在"建议"列表框中显示出建议使用的词组"忙碌"，单击"更改"按钮更改错误的词组。

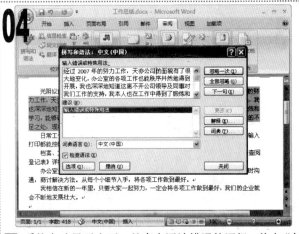

■ 系统自动显示出下一处存在语法错误的词组，单击"忽略一次"按钮忽略此错误。

知识提示

Word 只能识别常规的拼写和语法错误，所以一些特殊用法就可能会被识别为错误，此时需要用户自行判断是否修改。

注意提示

当用户输入了错误文本或 Word 不可识别的文本时，Word 就会在该文本下标记红色或绿色的波浪线。红色波浪线表示 Word 可以识别该错误并提供相应的更正建议，绿色波浪线表示 Word 无法识别该错误。

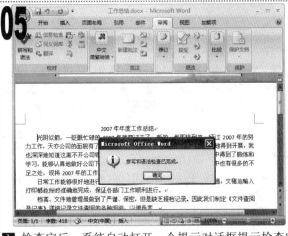

■ 检查完后，系统自动打开一个提示对话框提示检查完毕，单击"确定"按钮，完成本例的制作。

实例14 编辑"水的简介"文档

素材:\实例 14\水的简介.docx

源文件:\实例 14\水的简介.docx

包含知识
- 设置上标和下标
- 更正大小写

重点难点
- 设置上标和下标
- 更正大小写

制作思路

打开素材 → 设置上标和下标 → 更正大小写

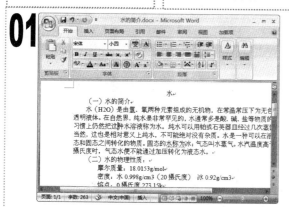

1 启动 Word 2007,打开"水的简介"素材文档。

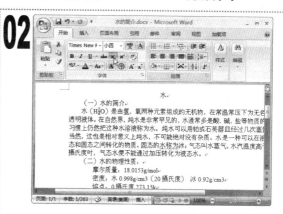

1 选择"H2O"表达式中的数字"2",单击"字体"组中的"下标"按钮,将该字设置为下标。

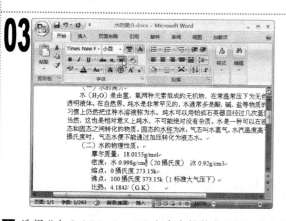

1 选择"水 0.998g/cm3"文本中的数字"3",单击"字体"组中的"上标"按钮,将该字设置为上标。

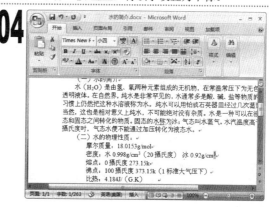

1 用相同的方法将"冰 0.92g/cm3"中的数字"3"设置为上标。

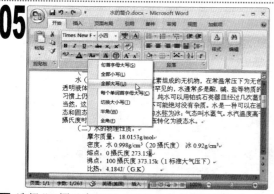

1 选择"0 摄氏度 273.15k"文本中的字母"k",单击"字体"组中的"更改大小写"按钮,在弹出的下拉列表中选择"全部大写"选项,将所选字母设置为大写。

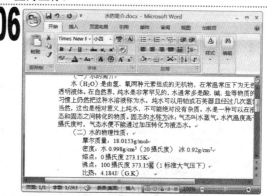

1 用相同的方法将"100 摄氏度 373.15k"文本中的字母"k"设置为大写,至此完成本例的制作。

素材:\实例15\招聘信息.docx
源文件:无

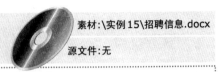

实例15　编辑"招聘信息"文档

包含知识	■ 翻译功能

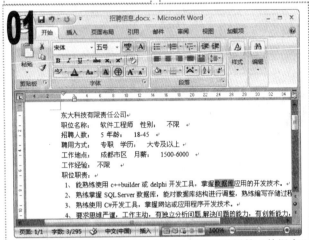

1 打开"招聘信息"素材文档，选择需要翻译的"数据库"文本。

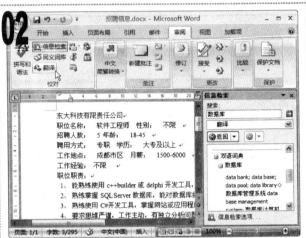

1 单击"审阅"选项卡，在"校对"组中单击"翻译"按钮，在打开的"信息检索"窗格中查看翻译的相关信息。

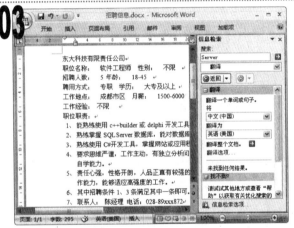

1 在"搜索"文本框中输入需要翻译的英文单词"Server"。

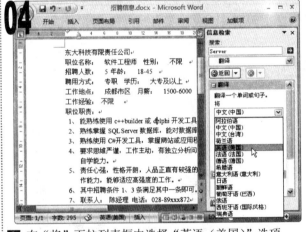

1 在"将"下拉列表框中选择"英语（美国）"选项。

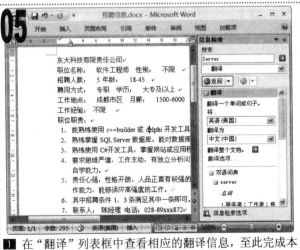

1 在"翻译"列表框中查看相应的翻译信息，至此完成本例的制作。

知识延伸

　　如果在"审阅"选项卡的"校对"组中单击"翻译屏幕提示"按钮，在弹出的下拉列表中选择"英语（美国）"选项，在选择需要翻译的文本后，将鼠标光标移动到选择的文本上即可显示出相应的翻译。

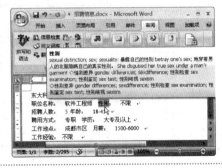

实例16　制作"声明函回执模板"文档

素材:\实例 16\声明函回执.docx
源文件:\实例 16\声明函回执模板.docx

包含知识
- 选择性粘贴文本
- 垂直排列文本

重点难点
- 选择性粘贴文本
- 垂直排列文本

制作思路

全选文本　　　选择性粘贴文本　　　垂直排列文本

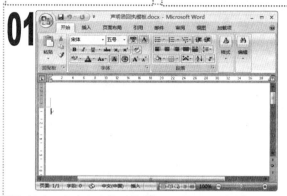

1 新建一个空白文档，将其以"声明函回执模板"为名保存在电脑中。

1 打开"声明函回执"素材文档，按 **Ctrl+A** 组合键全选文档内容，按 **Ctrl+C** 组合键复制选择的文档内容。

1 在"声明函回执模板"文档中单击"粘贴"按钮下方的按钮，在弹出的下拉菜单中选择"选择性粘贴"选项。

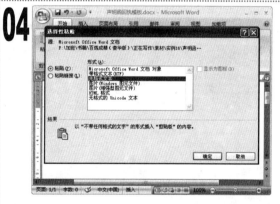

1 在打开的"选择性粘贴"对话框的"形式"列表框中选择"无格式文本"选项，单击"确定"按钮粘贴复制的文档内容。

1 在"页面布局"选项卡的"页面设置"组中单击"文字方向"按钮，在弹出的下拉菜单中选择"垂直"选项。

1 在工作界面窗口中可看到垂直排列的文档内容，保存修改的文档，完成本例的制作。

实例17　制作"数学试题"文档

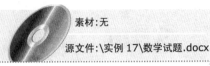

素材:无

源文件:\实例17\数学试题.docx

包含知识
■ 通过公式编辑器插入公式
重点难点
■ 通过公式编辑器插入公式

制作思路

输入数据　　　　　　插入公式

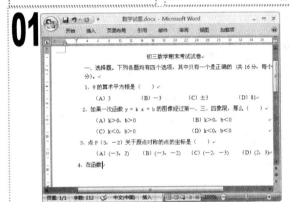

1 新建一个空白文档,将其以"数学试题"为名保存在电脑中,并输入如上图所示的文本内容。

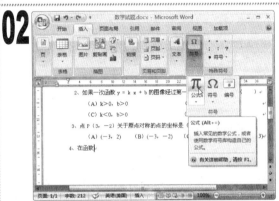

1 单击"插入"选项卡,在"符号"组中单击"公式"按钮。

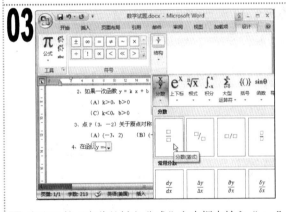

1 在出现的"在此处键入公式"文本框中输入"y=",在"结构"组中单击"分数"按钮,在弹出的下拉列表的"分数"栏中选择"分数(竖式)"选项。

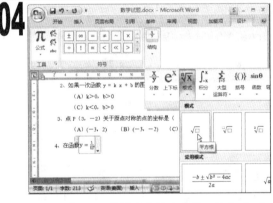

1 单击插入的"$\frac{\square}{\square}$"符号上方的小方格,输入"1",单击下方的小方格,在"结构"组中单击"根式"按钮,在弹出的下拉列表的"根式"栏中选择"平方根"选项。

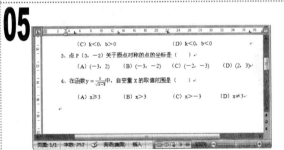

1 单击"$\frac{1}{\square}$"符号下方的小方格,输入"x-3",完成公式的输入后,单击任意位置退出公式编辑状态,继续输入其他内容,完成本例的制作。

知识提示

　　输入公式的顺序是运算顺序的逆顺序,在输入公式前应先理清楚公式的结构。

注意提示

　　在公式中输入数据时,一定要注意文本插入点定位的位置,位置不同,输入的数据在公式中的层次也不同。

实例18 制作"房屋租赁合同"文档

素材:\实例18\房屋租赁合同.docx
源文件:\实例18\房屋租赁合同.docx

包含知识
■ 插入签名行
重点难点
■ 插入签名行

制作思路

打开文档

插入签名行

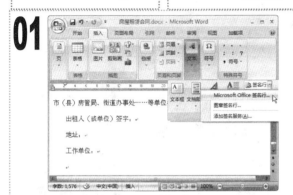

01 ① 打开"房屋租赁合同"素材文档,将文本插入点定位到需要插入签名行的位置,单击"插入"选项卡,在"文本"组中单击"签名行"按钮右侧的 · 按钮,在弹出的下拉菜单中选择"Microsoft Office 签名行"选项。

02 ① 在打开的提示对话框中单击"确定"按钮。
② 在打开的"签名设置"对话框的文本框中输入相应的信息,取消选中"在签名行中显示签署日期"复选框,单击"确定"按钮。

03 ① 稍后系统会将签名行插入到相应的位置,在签名行上单击鼠标右键,在弹出的快捷菜单中选择"签署"选项。

04 ① 在打开的提示对话框中单击"确定"按钮,在打开的"签名"对话框的文本框中输入"同意",单击"签名"按钮。

05 ① 在打开的"签名确认"对话框中单击"确定"按钮确定插入签名行。

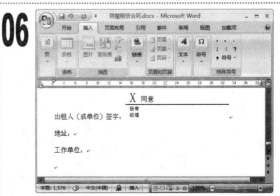

06 ① 在工作界面窗口中可看到插入的签名行,保存修改后的文档,完成本例的制作。

实例19 制作"感谢信"文档

包含知识
■ 插入符号
■ 插入日期和时间
重点难点
■ 插入日期和时间

制作思路

打开文档　　　　　　　　插入符号和日期

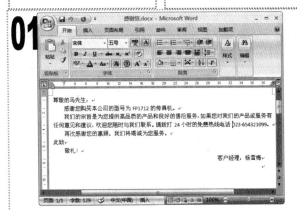

1 打开"感谢信"素材文档,将文本插入点定位到正文的"热线电话"文本右侧。

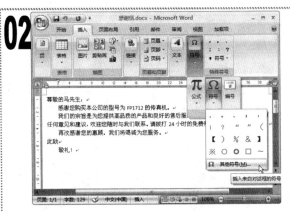

1 单击"插入"选项卡,在"符号"组中单击"符号"按钮,在弹出的下拉菜单中选择"其他符号"选项。

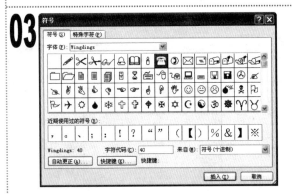

1 在打开的"符号"对话框的"字体"下拉列表框中选择"Wingdings"选项,在中间的列表框中选择☎符号,单击"插入"按钮插入符号,并关闭该对话框。

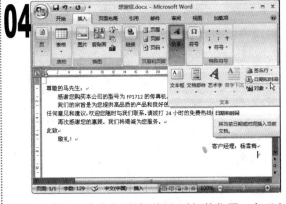

1 将文本插入点定位到需要插入时间的位置,在"文本"组中单击"日期和时间"按钮。

1 在打开的"日期和时间"对话框的"可用格式"列表框中选择第二种日期格式,单击"确定"按钮将其插入。

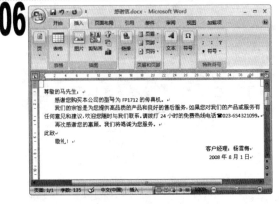

1 在工作界面窗口中可看到插入的日期,保存文档,完成本例的制作。

素材:\实例20\员工手册.docx
源文件:无

实例20　　查看"员工手册"文档

包含知识　　■ 阅读版式视图　　■ 大纲视图　　■ 文档结构图

01

1 打开"员工手册"素材文档,在"视图"选项卡的"文档视图"组中单击"阅读版式视图"按钮。

02

1 系统自动将文档中的内容以阅读版式的格式显示,单击视图右上角的"关闭"按钮 ✕ 退出该视图方式。

03

1 返回工作界面窗口中,在"视图"选项卡的"文档视图"组中单击"大纲视图"按钮。

04

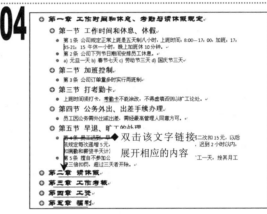

◆双击该文字链接展开相应的内容

1 系统自动将文档中的内容以大纲结构显示,单击"大纲"选项卡的"关闭"组中的"关闭大纲视图"按钮 ✕ 关闭大纲视图。

05

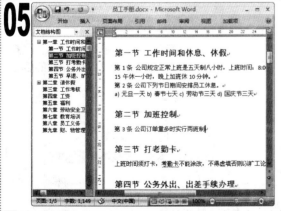

1 在"视图"选项卡的"显示/隐藏"组中选中"文档结构图"复选框,在工作界面窗口的左侧打开"文档结构图"窗格,在其中显示了文档中的各级标题。

06

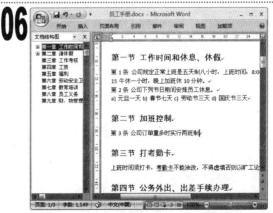

1 在"文档结构图"窗格的空白位置处单击鼠标右键,在弹出的快捷菜单中选择"显示至标题1"选项,系统将只显示文档的一级标题,至此完成本例的操作。

实例21　查找新增功能信息

素材:无
源文件:无

| 包含知识 | ■ 使用帮助信息 |

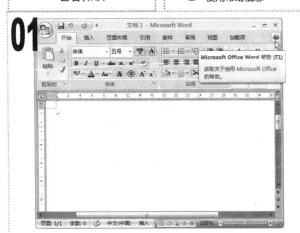

01 启动 Word 2007，在打开的工作界面窗口的右上角单击"帮助"按钮 ⓦ。

02 在打开的"Word 帮助"窗口的"浏览 Word 帮助"栏中单击"新增内容"文字链接。

03 在窗口中单击"Microsoft Office Word 2007 中的新增功能"文字链接。

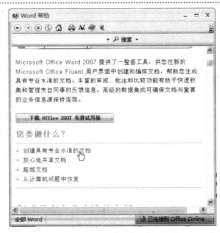

04 在窗口中列出了所有的新增功能，单击"创建具有专业水准的文档"文字链接。

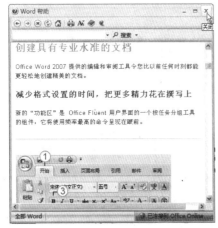

05 系统自动链接到相应的帮助内容，单击窗口右上角的"关闭"按钮 × 关闭帮助窗口，完成本例的操作。

知识提示

在"Word 帮助"窗口的下拉列表框中输入需要查找的内容，然后单击"搜索"按钮即可搜索到相应的信息。

◆输入要查找的内容

美化文档

在文档中只输入默认样式的文本或符号，未免有些单调，此时就需对文档进行一些美化操作，如设置字体、字号与颜色，以及设置段落格式、添加边框和底纹、应用中文版式和添加页眉页脚等，从而使文档更美观。

实例22　编辑"使用说明书"文档

素材:\实例 22\使用说明书.docx
源文件:\实例 22\使用说明书.docx

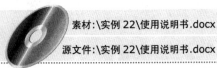

包含知识
- 为文本分段
- 设置字体
- 设置字号
- 设置文本颜色

重点难点
- 设置文本的字体格式

制作思路

打开素材　　　　　设置字体与字号　　　　设置完成后的文档

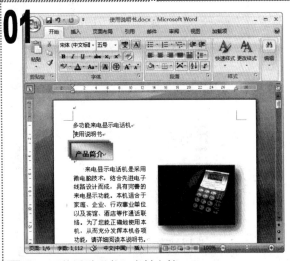

1 打开"使用说明书"素材文档。

2 将文本插入点定位至标题中的"电话机"文本后,按 Enter 键将标题文本分为两段。

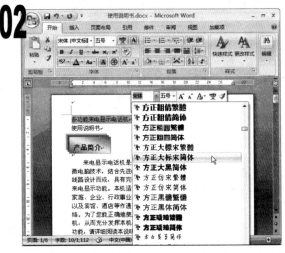

1 拖动鼠标选择第一段标题文本,移动鼠标,文本旁将显示浮动工具栏。

2 在浮动工具栏的"字体"组的"字体"下拉列表框中选择"方正大标宋简体"选项。

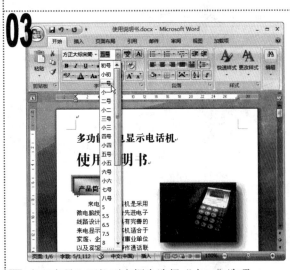

1 在"字号"下拉列表框中选择"小二"选项。

2 选择第二段标题文本,在"开始"选项卡的"字体"组的"字体"下拉列表框中选择"方正大标宋简体"选项。

3 在"字号"下拉列表框中选择"一号"选项。

1 选择所有标题文本,在浮动工具栏中单击■按钮,使文本居中对齐。

2 单击▲按钮右侧的▾按钮,在弹出的下拉列表中选择"蓝色,强调文字颜色 1,深色 50%"选项。

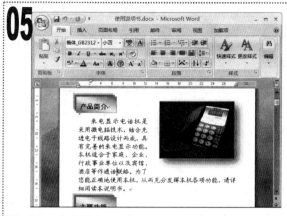

05

1 选择"产品简介"文本下的整段文本，设置其字体为"楷体"，字号为"小四"。

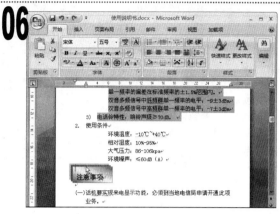

06

1 将鼠标光标移动到"技术条件"文本下的"1.主要技术指标"左侧的空白位置，当其变为形状时按住鼠标不放向下拖动，至第9行时释放鼠标，选择文本。

2 将鼠标光标移至文本上，按住鼠标左键将文本拖动至"环境噪声：≤60dB（A）"后。

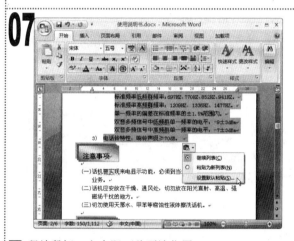

07

1 释放鼠标，文本即可移至该位置。

2 单击文本后面出现的"粘贴选项"按钮，在弹出的下拉菜单中选择"设置默认粘贴"选项。

08

1 在打开的"Word 选项"对话框中单击"高级"选项卡，在"剪切、复制和粘贴"栏中取消选中"显示粘贴选项按钮"复选框。

2 单击"确定"按钮。

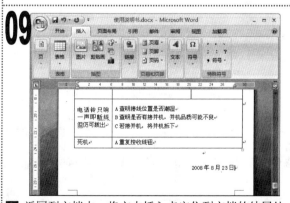

09

1 返回到文档中，将文本插入点定位到文档的结尾处。

2 单击"插入"选项卡，在"文本"组中单击"日期和时间"按钮。

3 在打开的"日期和时间"对话框的"可用格式"列表框中选择第二种日期格式，单击"确定"按钮将其插入。

4 保存设置，完成本例的制作。

知识延伸

　　浮动工具栏是早期版本中没有的，它的出现为用户设置格式提供了方便。选择需要设置格式的文本后，浮动工具栏将自动显示出来，在其中单击相应的按钮，或在相应的下拉列表框中选择所需的选项即可。注意，浮动工具栏开始显示时颜色很淡，当将鼠标光标移到其上时，才会正常显示，否则就会自动隐藏，这样可以避免影响用户的正常操作。

知识延伸

　　单击"Office"按钮，在弹出菜单的底部单击"Word选项"按钮，也可打开"Word 选项"对话框。

实例23　编辑"招聘启事"文档

素材:\实例23\招聘启事.docx

源文件:\实例23\招聘启事.docx

包含知识
- 居中文本
- 加粗文本
- 在对话框中设置字体格式
- 添加边框与底纹

重点难点
- 在对话框中设置字体格式
- 添加边框与底纹

制作思路

设置字体格式

设置字符间距与缩放

设置完成后的文档

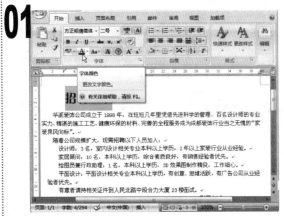

1　打开"招聘启事"素材文档,选择标题文本"招聘启事"。
2　设置其字体格式为"方正粗倩简体、二号"。
3　在"字体"组中单击A按钮右侧的 按钮,设置文本颜色为"红色"。

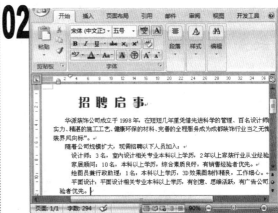

1　在标题文本中各文字之间分别输入一个空格,使字符间距增大。
2　在"段落"组中单击"居中"按钮，使文本居中对齐。

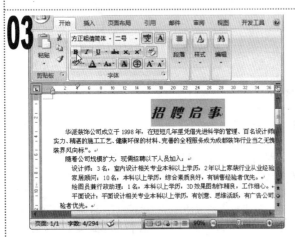

1　再次选择标题文本,在"文本"组中单击"倾斜"按钮 *I* ,使文本倾斜。
2　选择第二段文本,在"文本"组中单击"加粗"按钮 **B** ,将文本加粗。

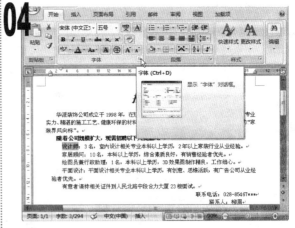

1　选择"设计师"文本。
2　在"字体"组中单击"对话框启动器"按钮。

知识提示

　　选择设置了加粗或倾斜格式的文本,再次单击 **B** 或 *I* 按钮,可取消加粗或倾斜。

注意提示

　　选择文本后,单击A按钮,将直接为文本设置当前颜色;单击其后的 按钮,在弹出的下拉菜单中选择"其他颜色"选项,可在打开的对话框中选择更多颜色。

05

1 在打开的"字体"对话框的"字体"选项卡的"中文字体"下拉列表框中选择"方正行楷简体"选项，在"字形"列表框中选择"加粗"选项，在"字号"列表框中选择"小四"选项。

06

1 在"所有文字"栏的"字体颜色"下拉列表框中选择"红色"选项，在"下划线线型"下拉列表框中选择最后一种线型。

07

1 单击"字符间距"选项卡。

2 在"缩放"下拉列表框中选择"150%"选项，在"间距"下拉列表框中选择"加宽"选项，在其后的"磅值"数值框中输入"0.5 磅"。

3 单击"确定"按钮。

08

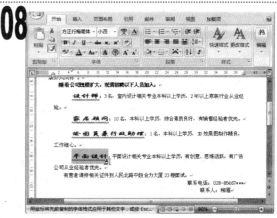

1 返回到文档中，保持"设计师"文本的选择状态，在"剪贴板"组中双击"格式刷"按钮 。

2 此时鼠标光标变为 形状，拖动鼠标选择"家居顾问"文本，释放鼠标后该文本将应用相同的格式。

3 按照相同的方法为"绘图员兼行政助理"文本与"平面设计"文本应用相同的格式。

09

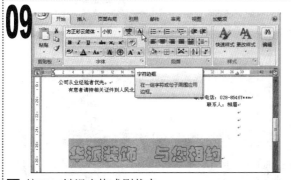

1 按 Esc 键退出格式刷状态。

2 在文档底部选择"华派装饰 与您相约"文本，设置其字体格式为"方正彩云简体、小初、橙色，强调文字颜色 6，深色 25%"。

3 在"字体"组中单击"字符边框"按钮 为文本添加边框。

10

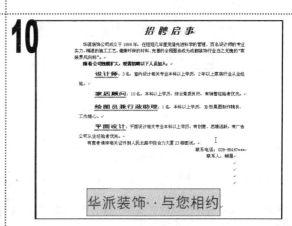

1 单击"字符底纹"按钮 ，为文本添加底纹，设置完成后文档的效果如图所示。

2 保存设置，完成本例的制作。

素材:\实例 24\宣传海报.docx
源文件:\实例 24\宣传海报.docx

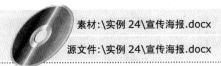

实例24　编辑"宣传海报"文档

包含知识
- 插入特殊符号
- 复制粘贴文本
- 突出显示文本
- 为文本添加底纹

重点难点
- 突出显示文本
- 为文本添加底纹

制作思路

插入特殊符号　　　　突出显示文本　　　　设置完成后的效果

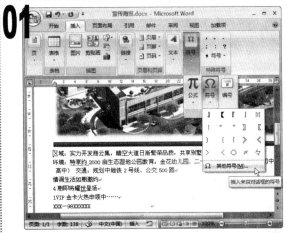

01

1　打开"宣传海报"素材文档,将文本插入点定位至第一段文本中的"区域"文本前。

2　单击"插入"选项卡,在"符号"组中单击"符号"按钮,在弹出的下拉菜单中选择"其他符号"选项。

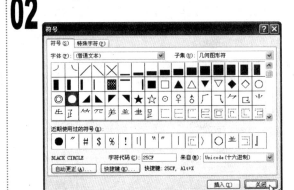

02

1　在打开的"符号"对话框的"字体"下拉列表框中选择"(普通文本)"选项,在"子集"下拉列表框中选择"几何图形符"选项,在其下的列表框中选择 ● 符号。

2　单击"插入"按钮,再单击"关闭"按钮。

03

1　返回到文档中,选择插入的符号,按 Ctrl+C 组合键复制此符号。

2　将文本插入点定位至该段文本中的"品质"文本前,按 Tab 键使文本后移一个字符的位置。

3　按 Ctrl+V 组合键粘贴符号。

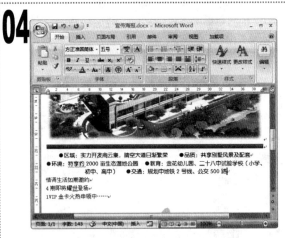

04

1　按照相同的方法在"教育"与"交通"文本前按 Tab 键,并粘贴符号。

2　在"环境"文本前直接粘贴符号。

3　选择所有符号后的文本,设置其字体格式为"方正准圆简体、五号、居中"。

05

1. 将"情调生活如期邀约"文本的字体格式设置为"方正粗倩简体、小三"。
2. 将"4期即将耀世登场"文本的字体格式设置为"方正粗倩简体、小初"。
3. 按 Shift+5 组合键，在"1VIP"文本前输入符号"%"。
4. 将文本插入点定位至"情调生活如期邀约"文本中的任意位置，双击"格式刷"按钮 。

06

1. 为第 7 与第 8 段文本应用相同的格式。
2. 选择"城中心·晴空大道·二十八中校侧"文本，在"字体"组中单击"以不同颜色突出显示文本"按钮 后的 按钮，在弹出的下拉列表中选择"青绿"选项，突出显示该部分文本。

07

1. 选择第 4、第 5 与第 6 段文本，将其设为居中对齐。
2. 在"段落"组中单击 按钮右侧的 按钮，在弹出的下拉菜单中选择"边框和底纹"选项。

08

1. 在打开的"边框和底纹"对话框中单击"底纹"选项卡，在"填充"下拉列表框中选择"水绿色，强调文字颜色5，淡色 40%"选项，在"应用于"下拉列表框中选择"段落"选项。
2. 单击"确定"按钮。

09

1. 返回到文档中，这 3 段文本中添加了段落底纹，完成后的效果如图所示。
2. 保存文档，完成本例的制作。

注意提示

　　Word 2007 具有鼠标跟踪功能，它可以使用户在为选择的文本设置格式时预览到设置后的效果。

注意提示

　　"段落"组中的 按钮具有自动记忆功能，当在单击该按钮后弹出的下拉菜单中选择某个选项后，它将变为所选择选项对应的按钮，如选择"外侧框线"选项后， 按钮将变为 按钮。

实例25　编辑"英语教学"文档

素材:\实例 25\英语教学.docx

源文件:\实例 25\英语教学.docx

包含知识

- 英文大小写的转换
- 设置英文文本的字体
- 设置缩进
- 设置行距

重点难点

- 英文大小写的转换
- 设置段落格式

制作思路

输入横线字符　　　设置缩进和行距　　　设置段落格式后的文本

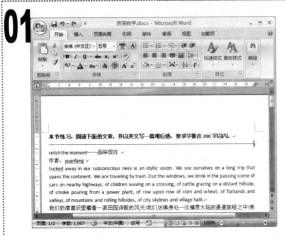

① 打开"英语教学"素材文档,选择第一段文本,单击"加粗"按钮 **B**,将文本加粗。

② 按 Enter 键换行,切换为中文输入法,按 Shift+-组合键输入一行横线字符。

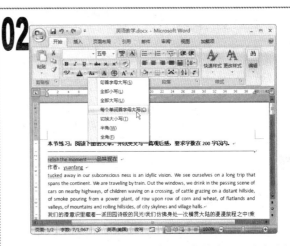

① 选择第二段文本,在"字体"组中单击"更改大小写"按钮 Aa,在弹出的下拉列表中选择"每个单词首字母大写"选项。

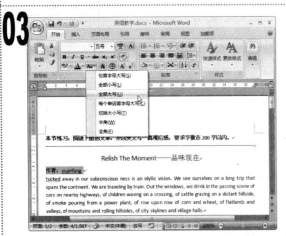

① 保持文本的选择状态,设置其字体格式为"四号、居中对齐"。

② 选择"作者:yuanfang"文本,单击"更改大小写"按钮 Aa,在弹出的下拉列表中选择"全部大写"选项,使文本中的西文字符全部变为大写。

① 在"段落"组中单击"文本右对齐"按钮 ,使文本右对齐。

② 单击"行距"按钮 ,在弹出的下拉列表中选择"增加段前间距"选项。

③ 再次单击"行距"按钮,在弹出的下拉列表中选择"增加段后间距"选项。

05

1. 选择作者文本下的全部文本，在其上单击鼠标右键，在弹出的快捷菜单中选择"字体"选项。
2. 打开"字体"对话框，在"字体"选项卡的"中文字体"下拉列表框中选择"微软雅黑"选项，在"西文字体"下拉列表框中选择"Times New Roman"选项。
3. 保持其他默认设置，单击"确定"按钮。

06

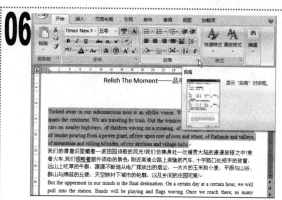

1. 返回到文档中，保持文本的选择状态，单击"更改大小写"按钮 Aa，在弹出的下拉列表中选择"句首字母大写"选项。
2. 选择第一段英文文本，在"段落"组中单击"对话框启动器"按钮。

07

1. 在打开的"段落"对话框的"缩进和间距"选项卡的"特殊格式"下拉列表框中选择"首行缩进"选项，在其后的数值框中输入"1 字符"。
2. 单击"确定"按钮。

08

1. 选择第二段文本，打开"段落"对话框，在"缩进和间距"选项卡的"缩进"栏的"左侧"与"右侧"数值框中分别输入"2 字符"，在"间距"栏的"行距"下拉列表框中选择"固定值"选项，在其后的数值框中输入"20 磅"。
2. 单击"确定"按钮。

知识延伸

如果要同时调整多个段落的对齐方式，可将多个段落同时选中后，单击相应的对齐按钮。

知识提示

在"特殊格式"下拉列表框中，"首行缩进"是指段落中第一行第一个文字的起始位置，中文习惯为缩进两个字符，"悬挂缩进"是指段落中第一行以外其他行的缩进位置。除此之外，文档的缩进类型还有"左缩进"与"右缩进"，"左缩进"是指段落距页面左边界的距离，"右缩进"是指段落距页面右边界的距离，它们可通过标尺中的"左缩进"与"右缩进"滑块进行调节。

09

1. 返回到文档中，运用格式刷工具分别为其他英文文本与中文文本应用相同的格式，完成后的效果如图所示。
2. 保存文档，完成本例的制作。

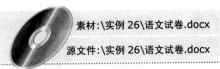

素材:\实例26\语文试卷.docx

源文件:\实例26\语文试卷.docx

实例26　编辑"语文试卷"文档

包含知识

- 为文本添加着重号
- 制作带圈字符
- 使用标尺对齐文本
- 使用拼音指南添加拼音

重点难点

- 制作带圈字符
- 使用标尺对齐文本
- 使用拼音指南添加拼音

制作思路

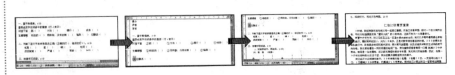

添加着重号　　制作带圈字符　　使用标尺对齐文本　　设置段落格式

01

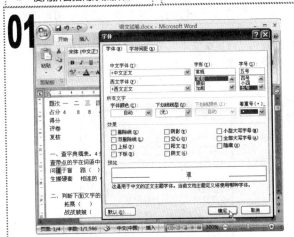

1 打开"语文试卷"素材文档,选择"问道于盲"文本中的"道"字。

2 在"字体"组中单击"对话框启动器"按钮。

3 在打开的"字体"对话框的"字体"选项卡的"所有文字"栏的"着重号"下拉列表框中选择"•"选项。

4 单击"确定"按钮。

02

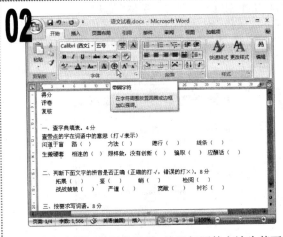

1 所选文本被添加了着重号,按照相同的方法为其下一行中的"套"字添加着重号。

2 将文本插入点定位至"路"文本前,在"字体"组中单击"带圈字符"按钮。

03

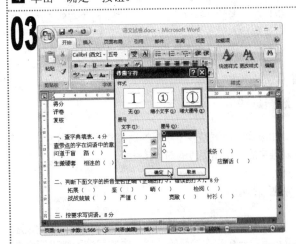

1 在打开的"带圈字符"对话框的"文字"文本框中输入"1",在"样式"栏中单击"增大圈号"图标。

2 单击"确定"按钮。

04

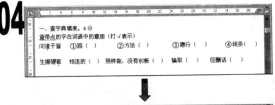

1 返回到文档中,可看到文本前添加了带圈字符,按照相同的方法分别为其后的文本添加序号为 2,3,4 的带圈字符。

2 分别复制这 4 个带圈字符,粘贴至其下的文本前。

3 将"④应酬话"文本移至下一行。

05

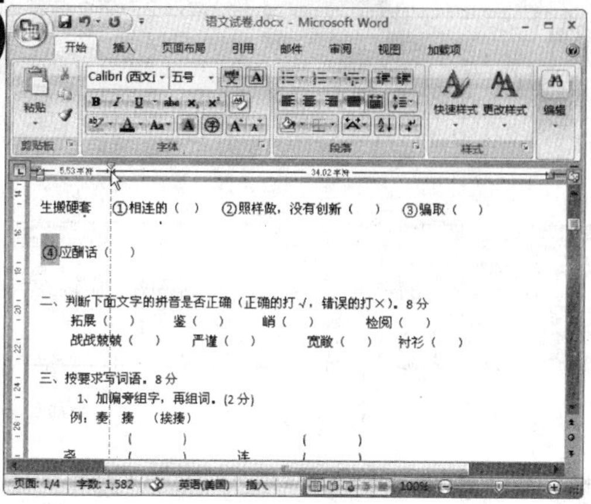

1 将文本插入点定位至该文本前，拖动水平标尺中的“首行缩进”滑块▽，同时会显示一条虚线标志文本即将移动到的位置。

06

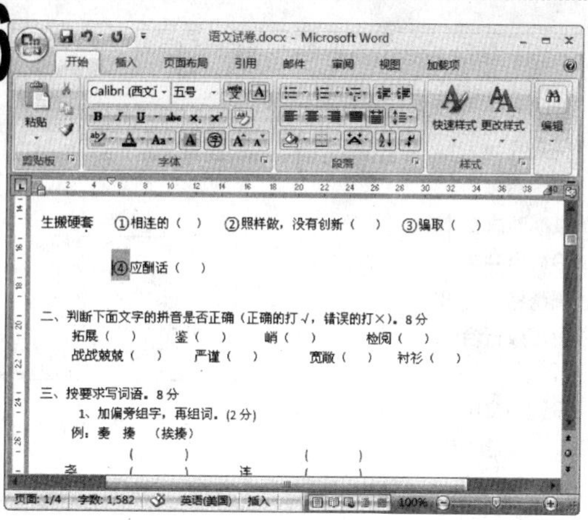

1 当虚线与上一行文本中的第一个带圈字符垂直对齐时，释放鼠标，文本即移至该位置。

07

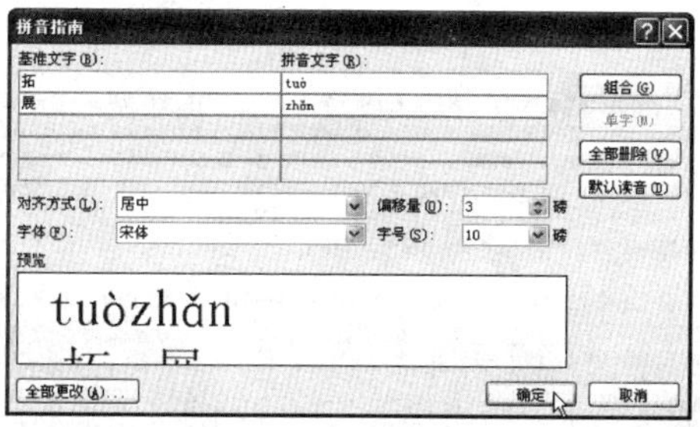

1 选择第二题中的“拓展”文本，在“字体”组中单击“拼音指南”按钮。

2 打开“拼音指南”对话框，在“对齐方式”下拉列表框中选择“居中”选项，在“偏移量”与“字号”数值框中分别输入“3”和“10”。

3 单击“确定”按钮。

08

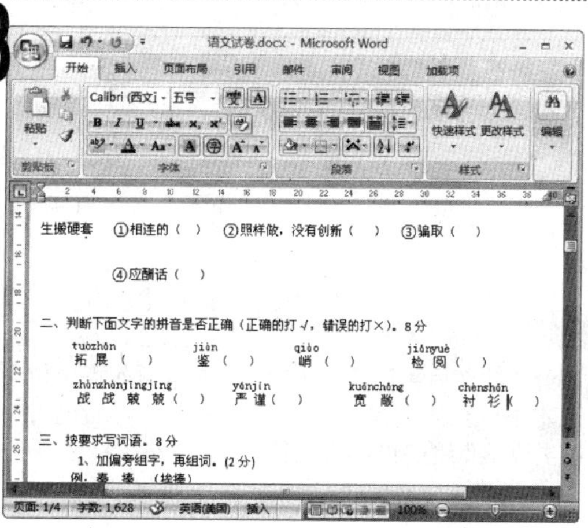

1 返回到文档中，可看到文本上添加了拼音，按照相同的方法为第二题中的其他文本添加拼音。

09

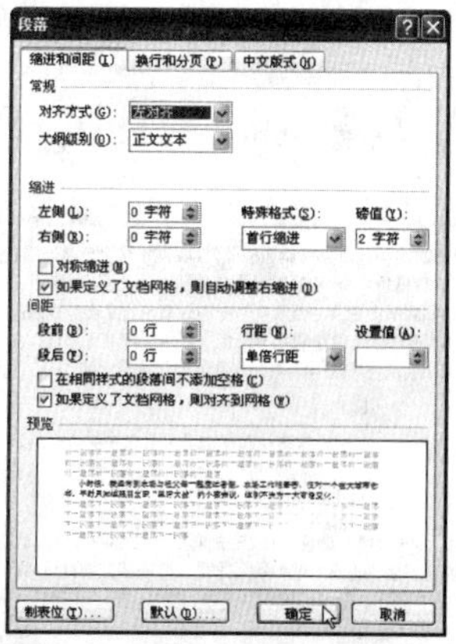

1 拖动工作界面窗口中的滚动条，移至第3页。

2 选择标题文本下的正文文本，在“段落”组中单击“对话框启动器”按钮。

3 打开“段落”对话框，在“缩进”栏的“特殊格式”下拉列表框中选择“首行缩进”选项。

4 单击“确定”按钮。

10

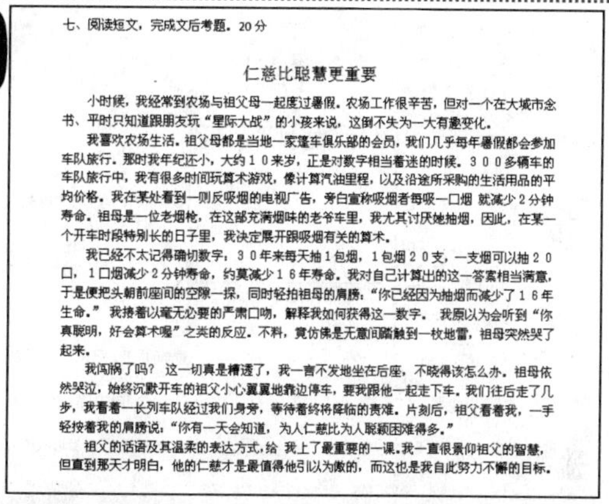

1 返回到文档中，选择的文本将应用设置的段落格式，如图所示。

2 保存文档，完成本例的制作。

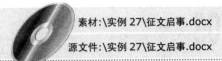

素材:\实例 27\征文启事.docx
源文件:\实例 27\征文启事.docx

实例27 编辑"征文启事"文档

包含知识
- 添加横线
- 纵横混排文本
- 设置合并字符
- 调整悬挂缩进
- 设置双行合一

重点难点
- 设置中文版式
- 调整悬挂缩进

制作思路

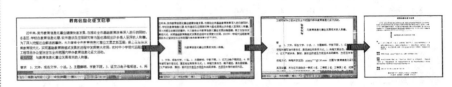

添加横线　　　　纵横混排文本　　　　调整悬挂缩进　　　　设置完成后的文本

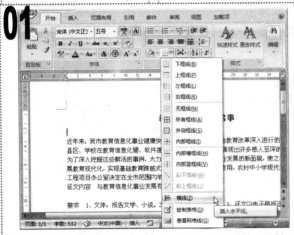

1 打开"征文启事"素材文档,将文本插入点定位至标题文本下一行的行首。

2 在"段落"组中单击 按钮右侧的 按钮,在弹出的下拉菜单中选择"横线"选项。

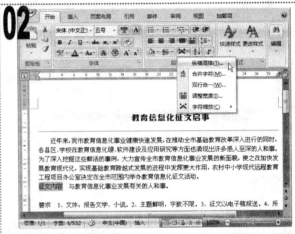

1 标题文本下方将出现一条横线,将文本插入点定位至"近年来"文本前,拖动水平标尺中的"首行缩进"滑块 ,当滑块到达标尺中的"2 字符"位置时,释放鼠标,使文本首行缩进两个字符的位置。

2 选择"征文内容"文本,在"段落"组中单击"中文版式"按钮 ,在弹出的下拉菜单中选择"纵横混排"选项。

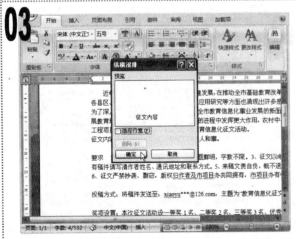

1 在打开的"纵横混排"对话框中取消选中"适应行宽"复选框。

2 单击"确定"按钮。

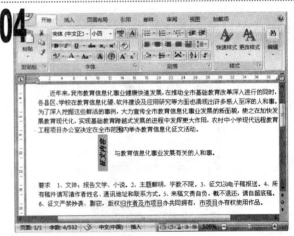

1 返回到文档中,所选的文本将竖直排列,再次选择"征文内容"文本,设置其字体格式为"加粗、倾斜、小四、居中"。

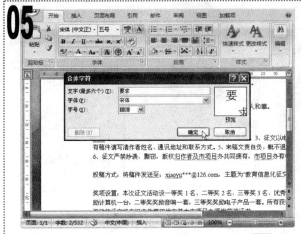

1　选择"要求"文本，单击"中文版式"按钮，在弹出的下拉菜单中选择"合并字符"选项。
2　在打开的"合并字符"对话框的"字号"下拉列表框中选择"10.5"选项。

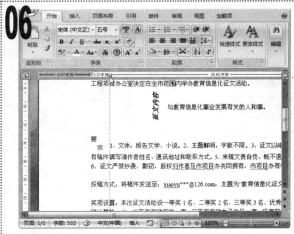

1　返回到文档中，所选的文本呈上下交错排列，将文本插入点定位至其下的"有稿件"文本前，按住 Ctrl 键不放，拖动标尺中的"悬挂缩进"滑块。
2　将出现的虚线移动至与"1、文体："文本垂直对齐位置时，释放鼠标。

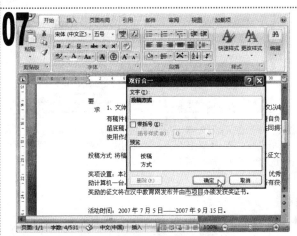

1　选择"投稿方式"文本，单击"中文版式"按钮，在弹出的下拉菜单中选择"双行合一"选项。
2　在打开的"双行合一"对话框中直接单击"确定"按钮。

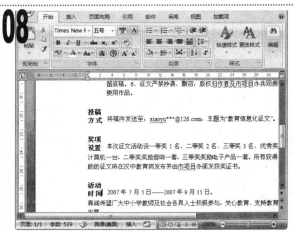

1　返回到文档中，所选的文本将呈两行排列，将其字体格式设置为"二号、加粗"。
2　运用格式刷工具为其下的"奖项设置"与"活动时间"文本应用相同的格式，删除这两处文本后的冒号，并按空格键使其与上面的文本对齐。

1　将文本插入点定位在最后一段文本中的"积极参与，"文本后，按 Enter 键换行，使文本分为两段。选择这两段文本，设置其字体格式为"倾斜、居中"。
2　保存文档，完成本例的制作。

知识延伸

　　选择设置了纵横混排的文本，然后打开"纵横混排"对话框，在其中单击　删除(R)　按钮可取消设置的格式。

注意提示

　　在"合并字符"对话框中选择"字号"大小时，应选择较大的字号，否则合并后可能会出现字体太小，无法看清的情况。另外，在合并字符时，选择的文本最多只能有 6 个汉字。

实例28　编辑培训资料文档

素材:\实例28\培训资料之销售篇.docx
源文件:\实例28\培训资料之销售篇.docx

包含知识
- 缩放字符
- 为文本分栏
- 设置首字下沉
- 插入与设置文本框

重点难点
- 为文本分栏
- 设置首字下沉
- 插入与设置文本框

制作思路

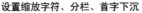

设置缩放字符、分栏、首字下沉　　　插入文本框　　　完成设置后的文本

1 打开"培训资料之销售篇"素材文档,选择标题文本。
2 在"段落"组中单击"中文版式"按钮，在弹出的下拉菜单中选择"字符缩放-150%"选项,使字符增大。

1 选择全部正文文本,单击"页面布局"选项卡,在"页面设置"组中单击"分栏"按钮,在弹出的下拉菜单中选择"两栏"选项。

1 此时文本将分为两栏,在"段落"组中单击"显示/隐藏编辑标记"按钮，显示段落标记,可看到标题文本后添加了分节符,它用于分段。
2 选择第一段文本中的"好"文本,单击"插入"选项卡,在"文本"组中单击"首字下沉"按钮,在弹出的下拉菜单中选择"首字下沉选项"选项。

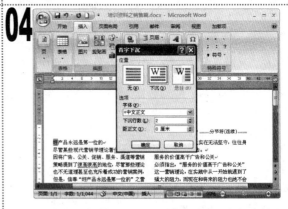

1 在打开的"首字下沉"对话框的"位置"栏中单击"下沉"图标。
2 在"选项"栏的"下沉行数"数值框中输入"2"。
3 单击"确定"按钮。

知识提示

使用分栏可以使文档看起来显得不臃肿、更活泼,多应用于报刊或杂志。在 Word 2007 中默认情况下是以"一栏"的方式进行排版的。

知识提示

单击"分栏"按钮，在弹出的下拉菜单中选择"更多分栏"选项,在打开的"分栏"对话框中可设置分栏的栏数、栏的宽度和间距等。

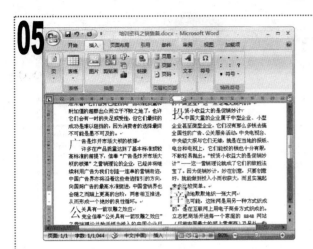

05

1 返回到文档中，所选的文本将下沉两行的位置，按照相同的方法为其他标题行中的第一个文字应用首字下沉样式。

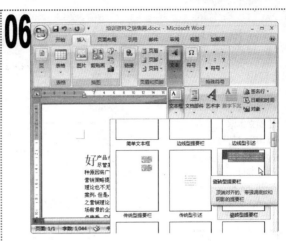

06

1 将文本插入点定位至文档的任意位置，在"文本"组中单击"文本框"按钮，在弹出的下拉列表的"内置"栏中选择"瓷砖型提要栏"选项。

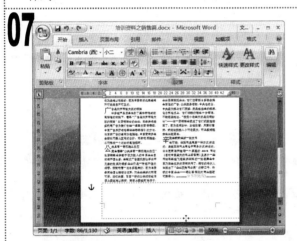

07

1 文档顶部将插入一个文本框，将鼠标光标移至文本框上，当其变为 ✛ 形状时，按住鼠标不放向下拖动，此时会有一个虚线框随鼠标光标移动，将其拖动至文档底部后释放鼠标。

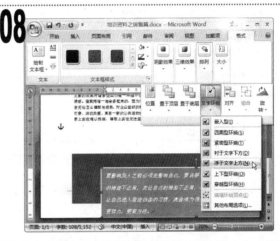

08

1 在文本框中单击鼠标，将自动选择其中的文本，直接输入如图所示的文本，并设置其字号为"四号"。
2 单击"文本框工具 格式"选项卡，在"排列"组中单击"文字环绕"按钮，在弹出的下拉菜单中选择"浮于文字上方"选项。

09

1 将文本插入点定位至正文文本中的任意位置，单击"页面布局"选项卡，在"页面设置"组中单击"分栏"按钮，在弹出的下拉菜单中选择"更多分栏"选项。
2 打开"分栏"对话框，选中"分隔线"复选框。
3 单击"确定"按钮。

10

1 返回到文档中，两栏文本中间将添加分隔线，再次拖动文本框，将其移动至如图所示的位置。
2 保存文档，完成本例的制作。

实例29　编辑"临时用工合同书"文档

素材:\实例 29\临时用工合同书.docx
源文件:\实例 29\临时用工合同书.docx

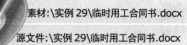

包含知识
- 添加编号
- 取消编号
- 绘制文本框
- 添加项目符号

重点难点
- 添加编号
- 绘制文本框
- 添加项目符号

制作思路

添加编号　　绘制文本框　　完成设置后的文档

01

❶ 打开"临时用工合同书"素材文档,将文本插入点定位至"合同期限"文本前。

❷ 在"段落"组中单击"编号"按钮 ≣ 旁的 ▾ 按钮,在弹出的下拉菜单中选择如图所示的选项。

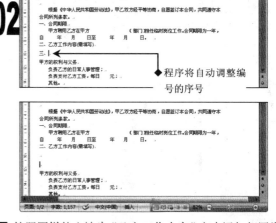

02

❶ 按照同样的方法为"乙方工作内容"文本添加相同类型的编号。

❷ 在文本后按 Enter 键换行,行首将自动出现编号,再次按 Enter 键换行,编号将被取消。

03

❶ 单击"插入"选项卡,在"文本"组中单击"文本框"按钮,在弹出的下拉菜单中选择"绘制文本框"选项。

❷ 此时鼠标光标将变为十形状,拖动鼠标在文本下方绘制一个矩形文本框,到适当大小后释放鼠标。

知识提示

　　对选择的文本设置编号后,程序会将使用的编号添加到"最近使用过的编号格式"栏中,选择其中的选项也可为文本设置编号。

04

❶ 按照相同的方法为其下的"甲方的权利与义务"文本添加编号。

❷ 选择其下的"负责乙方……"至"其他。"文本,单击"编号"按钮 ≣ 旁的 ▾ 按钮,在弹出的下拉菜单中选择如图所示的选项。

知识提示

　　在添加编号时,若直接单击"编号"按钮 ≣,将添加程序默认的编号。

05

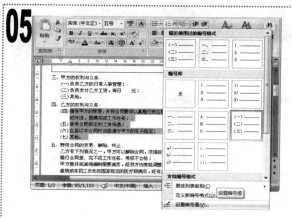

1️⃣ 运用格式刷工具将文本中的所有一级标题设置为相同样式的编号，再将其下的文本设置为第 04 步操作中所选的编号样式。

2️⃣ 将文本"四、乙方的权利与义务"下的文本刷为相同格式时，编号将自动根据上文排序，单击"编号"按钮旁的 按钮，在弹出的下拉菜单中选择"设置编号值"选项。

06

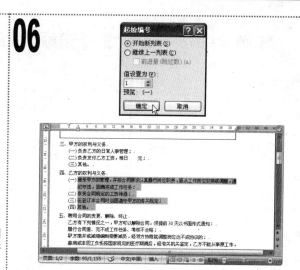

1️⃣ 在打开的"起始编号"对话框中选中"开始新列表"单选按钮，在"值设置为"数值框中输入"1"。

2️⃣ 单击"确定"按钮，返回文档中，编号序号将重新开始。

07

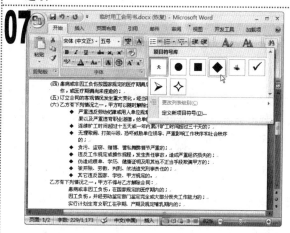

1️⃣ 选择文本"五、聘用合同的变更"下的第 1 至第 7 行文本，为其应用第 04 步操作中所选的编号样式。

2️⃣ 选择文本"（六）乙方有下列情况之一"下的第 1 至第 9 行文本，单击"项目符号"按钮 旁的 按钮，在弹出的下拉菜单中选择"菱形"图标。

08

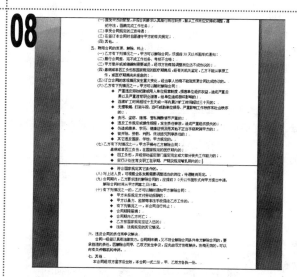

1️⃣ 所选文本将应用项目符号样式，按照相同的方法分别为其他同类型的文本应用相应的编号与项目符号。

2️⃣ 保存文档，完成本例的制作。

知识延伸

若单击"项目符号"按钮 右侧的 按钮后，如果在弹出的下拉菜单中没有合适的项目符号，可在该下拉菜单中选择"定义新项目符号"选项，打开"定义新项目符号"对话框。在该对话框中单击 符号(S)... 按钮，可打开 Word 自带的"符号"对话框，单击 图片(P)... 按钮，可打开"图片项目符号"对话框，在这两个对话框中可分别选择符号和图片作为需要插入的项目符号。另外，在"对齐方式"下拉列表框中还可选择项目符号的对齐方式。

举一反三

根据本例讲解的方法，为"招生简章"（素材:\实例 29\招生简章.docx）文档中的文本应用编号与项目符号（源文件:\实例 29\招生简章.docx）。

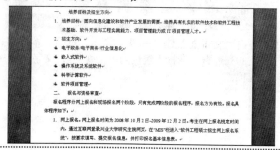

素材:\实例30\酒店菜单.docx
源文件:\实例30\酒店菜单.docx

实例30 为"酒店菜单"文档添加背景

包含知识
- 调整文本框大小
- 设置文本框样式
- 设置页面背景
- 设置水印背景

重点难点
- 设置文本框样式
- 设置页面背景
- 设置水印背景

制作思路

设置文本框样式　　设置页面背景　　设置水印背景　　设置背景后的效果

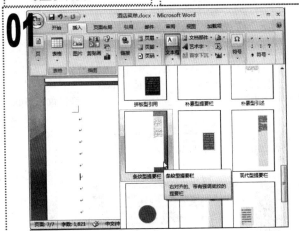

01

1. 打开"酒店菜单"素材文档，将文本插入点定位至第 7 页文档中，单击"插入"选项卡。
2. 在"文本"组中单击"文本框"按钮，在弹出的下拉列表的"内置"栏中选择"条纹型提要栏"选项。

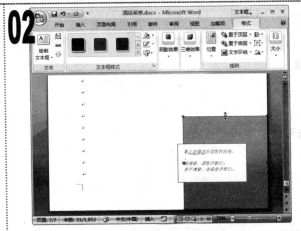

02

1. 文档中将插入所选样式的文本框，在其中输入如图所示的文本，保持默认字体格式。
2. 选择文本框，其周围将出现 8 个控制点，将鼠标光标移至上方中间的控制点上，此时鼠标光标变为 ↕ 形状，按住鼠标左键不放向下拖动，缩小文本框的高度。
3. 再拖动左侧中间的控制点，增加其宽度，并将其移至文档的右下角。

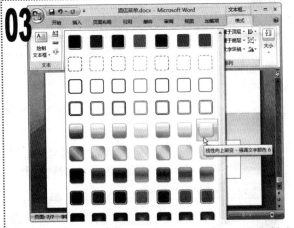

03

1. 单击"文本框工具 格式"选项卡，在"文本框样式"组的列表框中选择"线性向上渐变-强调文字颜色 6"选项。

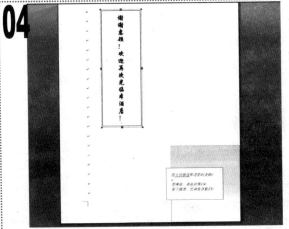

04

1. 再次单击"插入"选项卡，在"文本"组中单击"文本框"按钮，在弹出的下拉列表中选择"绘制竖排文本框"选项。
2. 在文档左侧绘制一个矩形文本框，到适当大小后释放鼠标，绘制的文本框将应用默认样式。
3. 在文本框中的文本插入点处输入如图所示的文本，并设置其字体格式为"长城行楷体、二号、加粗"。

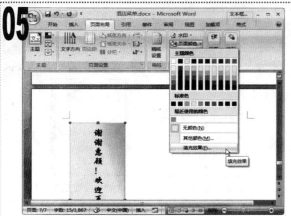

05

1. 选择文本框，在"文本框样式"组的列表框中选择"对角渐变-强调文字颜色6"选项。
2. 文本框将应用所选样式，将其移动到文档的左上角。
3. 单击"页面布局"选项卡，在"页面背景"组中单击"页面颜色"按钮，在弹出的下拉菜单中选择"填充效果"选项。

06

1. 在打开的"填充效果"对话框的"渐变"选项卡的"颜色"栏中选中"双色"单选按钮，在"颜色1"与"颜色2"下拉列表框中分别选择"深黄色"与"浅黄色"，在"底纹样式"栏中选中"斜上"单选按钮。
2. 单击"确定"按钮。

07

1. 返回到文档中，其中的每一页都应用了设置的背景颜色，在"页面背景"组中单击"水印"按钮，在弹出的下拉菜单中选择"自定义水印"选项。

08

1. 在打开的"水印"对话框中选中"文字水印"单选按钮，在"文字"下拉列表框中选择"请勿带出"选项，在"字体"下拉列表框中选择"方正行楷简体"选项，保持其他默认设置。
2. 单击"确定"按钮。

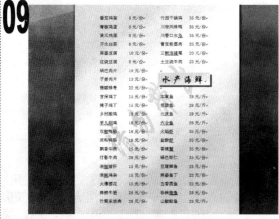

09

1. 返回到文档中，文档将应用水印背景，如图所示。
2. 保存文档，完成本例的制作。

知识提示

颜色背景只能在电脑中进行欣赏，不能打印出来，而水印背景则可以通过打印机打印输出。

知识延伸

在"水印"对话框中选中"图片水印"单选按钮，还可为文档设置图片水印。若在"字号"下拉列表框中选择"自动"选项，设置的水印文字将根据水印文字的多少自动调整文字的大小。另外，若想删除水印效果，可在该对话框中选中"无水印"单选按钮后单击"确定"按钮，或在"页面背景"组中单击"水印"按钮，在弹出的下拉菜单中选择"删除水印"选项。

实例31　制作"公司便笺"文档

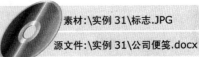

素材:\实例31\标志.JPG

源文件:\实例31\公司便笺.docx

包含知识
- 设置页面
- 插入页眉与页脚
- 插入图片水印

重点难点
- 设置页面
- 插入页眉与页脚
- 插入图片水印

制作思路

插入页眉　　　　　插入页脚　　　　制作完成的文档

01

1 新建一个空白文档,单击"页面布局"选项卡,在"页面设置"组中单击"纸张大小"按钮,在弹出的下拉菜单中选择"其他页面大小"选项。

2 打开"页面设置"对话框,在"纸张"选项卡的"纸张大小"下拉列表框中选择"32开(13×18.4厘米)"选项。

02

1 单击"页边距"选项卡,在"页边距"栏的"左"与"右"数值框中分别输入"1.75厘米"。

2 单击"确定"按钮。

03

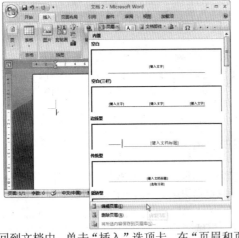

1 返回到文档中,单击"插入"选项卡,在"页眉和页脚"组中单击"页眉"按钮,在弹出的下拉菜单中选择"编辑页眉"选项。

04

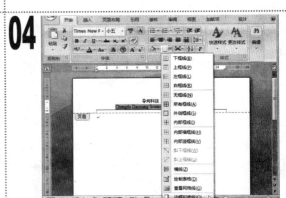

1 进入页眉编辑状态,文本插入点将自动定位在页眉处,输入如图所示的文本。

2 选择输入的英文文本,单击"开始"选项卡,在"段落"组中单击 按钮右侧的 按钮,在弹出的下拉菜单中选择"边框和底纹"选项。

知识延伸

通常我们使用的纸张大小为A4、16开、32开或B5,不同的文档其页面大小也不同,此时就需要设置页面大小,即选择要使用的纸型。每一种纸型的高度与宽度都有标准的规定,如A4纸的大小是29.7厘米×21厘米。

知识提示

在"页面设置"对话框的"页码范围"栏的"多页"下拉列表框中的选项适用于有多页的文档,如"对称页边距"、"拼页"、"书籍折页"等。若在"版式"选项卡的"页眉和页脚"栏中选中"首页不同"复选框,则不会在文档的首页添加任何页眉和页脚信息。

05

1️⃣ 在打开的"边框和底纹"对话框中单击"底纹"选项卡，在"填充"下拉列表框中选择"红色，强调文字颜色 2，淡色 60%"选项，在"应用于"下拉列表框中选择"文字"选项。

2️⃣ 单击"确定"按钮。

06

1️⃣ 返回到文档中，文本将应用所选颜色的底纹，单击"页眉和页脚工具 设计"选项卡，在"导航"组中单击"转至页脚"按钮。

07

1️⃣ 文本插入点将自动定位到页脚中，在其中输入文本"http://www.dx-kj.com"，设置其字体格式为"DFGRuLei-W5、五号、居中"。

2️⃣ 在"关闭"组中单击"关闭页眉和页脚"按钮。

08

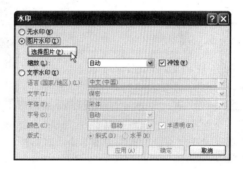

1️⃣ 退出页眉和页脚编辑状态，返回到页面视图中，单击"页面布局"选项卡，在"页面背景"组中单击"水印"按钮，在弹出的下拉菜单中选择"自定义水印"选项。

2️⃣ 在打开的"水印"对话框中选中"图片水印"单选按钮，在其下单击"选择图片"按钮。

09

1️⃣ 在打开的"插入图片"对话框的"查找范围"下拉列表框中选择图片所在的位置，在其下的列表框中选择要插入的图片文件"标志.JPG"。

2️⃣ 单击"插入"按钮。

10

1️⃣ 返回到"水印"对话框中，单击"确定"按钮。

2️⃣ 返回到文档中，其中显示添加的水印图片，如图所示。

3️⃣ 以"公司便笺"为名保存文档，完成本例的制作。

素材:\实例 32\文件管理制度.docx
源文件:\实例 32\文件管理制度.docx

实例32　打印"文件管理制度"文档

包含知识
- 设置页面
- 插入页眉与页脚
- 打印预览
- 设置打印参数

重点难点
- 打印预览
- 设置打印参数

制作思路

插入页眉　　　　预览文档　　　　打印文档

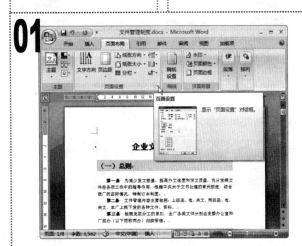

01

1　打开"文件管理制度"素材文档，单击"页面布局"选项卡，在"页面设置"组中单击"对话框启动器"按钮。

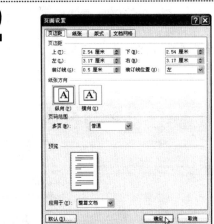

02

1　在打开的"页面设置"对话框的"纸张"选项卡的"纸张大小"下拉列表框中选择"A4"选项。
2　单击"页边距"选项卡，在"页边距"栏的"装订线"数值框中输入"0.5 厘米"，在"装订线位置"下拉列表框中选择"左"选项。
3　单击"确定"按钮。

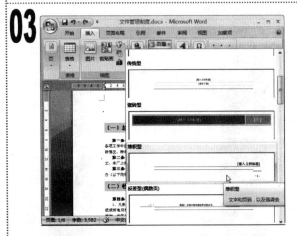

03

1　返回到文档中，单击"插入"选项卡，在"页眉和页脚"组中单击"页眉"按钮，在弹出的下拉菜单的"内置"栏中选择"堆积型"选项。

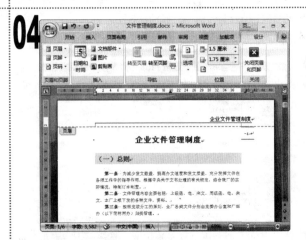

04

1　此时将进入页眉和页脚的编辑状态，并自动插入所选样式的页眉，在其下部显示了当前页码。
2　删除其中的文本，输入"企业文件管理制度"文本，将文本插入点定位至第一条横线下方的空白位置，按 Delete 键删除程序自动插入的另一条横线。

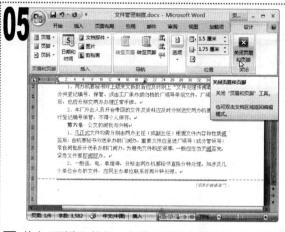

05

1 单击"页脚"按钮，在弹出的下拉菜单的"内置"栏中选择"堆积型"选项。

2 在文档底部将插入堆积型样式的页脚，删除其中的文本，输入"顺风机械修理厂"文本。

3 单击"关闭页眉和页脚"按钮，退出页眉和页脚编辑状态。

06

1 返回到页面视图中，单击"Office"按钮，在弹出的菜单中选择"打印-打印预览"选项。

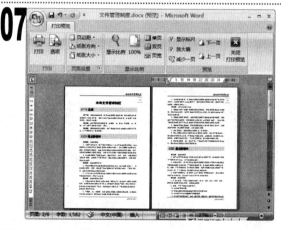

07

1 进入打印预览视图，在"打印预览"选项卡的"显示比例"组中单击"双页"按钮，使其中显示两页文档，滚动鼠标滚轮，查看后面文档的显示效果。

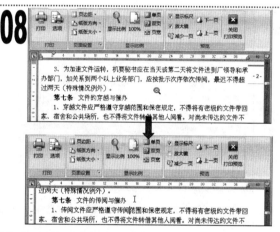

08

1 此时鼠标光标移到文档页面上后将变为形状，单击鼠标放大预览的文档，然后鼠标光标变为形状。

2 当预览到第二页时，发现文档中有错误，在"预览"组中取消选中"放大镜"复选框，文档中将出现文本插入点，将其定位到需要修改的位置，输入正确的文本。

09

1 在"显示比例"组中单击"显示比例"按钮，打开"显示比例"对话框，单击按钮，在弹出的下拉列表中拖动鼠标选择显示的页数，这里选择"1×3"显示方式，单击"确定"按钮。

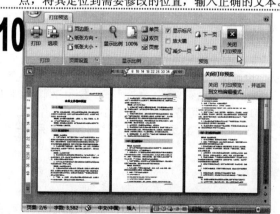

10

1 打印预览视图将以 3 页同时显示的方式显示文档，预览文档无误后，在"预览"组中单击"关闭打印预览"按钮退出打印预览视图。

11

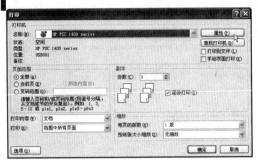

1 返回到页面视图中，单击"Office"按钮 ，在弹出的 Office 菜单中选择"打印-打印"选项。

2 打开"打印"对话框，在"打印机"栏的"名称"下拉列表框中选择所连接的打印机，单击"属性"按钮。

12

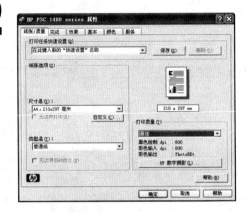

1 在打开对话框的"纸张/质量"选项卡的"尺寸是"下拉列表框中选择"A4，210×297 毫米"选项，在"打印质量"栏的下拉列表框中选择"最佳"选项。

13

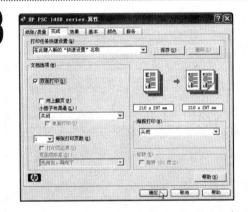

1 单击"完成"选项卡，在"文档选项"栏中选中"双面打印"复选框。

2 单击"确定"按钮。

14

1 返回到"打印"对话框中，在"副本"栏的"份数"数值框中输入"5"，在"页面范围"栏中选中"全部"单选按钮，在"缩放"栏的"按纸张大小缩放"下拉列表框中选择"A4，210×297 毫米"选项。

2 单击"确定"按钮，打印机开始工作并按设定的参数打印文档。

知识提示

在打印预览视图中，除了可前后滚动鼠标滚轮查看文档外，也可在"预览"组中单击"下一页"按钮和"上一页"按钮来翻页查看文档。另外，在"显示比例"组中单击"100%"按钮，可将文档直接放大到正常大小；单击"页宽"按钮，可让文档页面适应窗口宽度，使二者保持一致。

知识提示

如果确定文档内容不需再更改，可在 Office 菜单中选择"打印-快速打印"选项，此时无须预览或设置即可开始快速打印文档。

知识提示

在"打印"对话框的"页面范围"栏中选中"全部"单选按钮，将打印整篇文档；选中"当前页"单选按钮，将打印鼠标光标所在页面的文档内容；若在文档中选择了某些内容，则将激活"所选内容"单选按钮，选中它表示只打印选择的文档内容；选中"页码范围"单选按钮，可在其后的文本框中输入要打印的文档的页码。而在"副本"栏的"份数"数值框中输入要打印的份数后，选中"逐份打印"复选框，将打印完一份后再开始打印第 2 份，否则会将第 1 页打印到设置的份数后再开始打印第 2 页、第 3 页等。

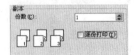 

第 3 章

制作图文并茂的文档

   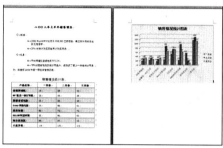

03

在 Word 文档中还可以插入很多图形对象，如图片、剪贴画、艺术字、SmartArt 图形和图表等，从而使文档变得更加美观、生动。本章将详细介绍在文档中插入图形对象并进行设置的方法。

素材:\实例 33\名片.docx

源文件:\实例 33\名片.docx

实例33 制作 "名片" 文档

包含知识
■ 输入文本
■ 插入剪贴画
■ 设置文本框
■ 调整剪贴画大小

重点难点
■ 插入剪贴画
■ 调整剪贴画大小

制作思路

输入文本　　　　设置剪贴画　　　　输入文本并插入、设置文本框

01

1 打开 "名片" 素材文档，在其中输入 "超越摩托车制造公司" 文本，并设置其字体格式为 "方正琥珀简体、小四、两端对齐"。

02

1 按 Enter 键换行，单击 "插入" 选项卡，在 "插图" 组中单击 "剪贴画" 按钮。

2 打开 "剪贴画" 任务窗格，单击 "搜索" 按钮，程序开始搜索剪辑库中的剪贴画，并显示在其下的列表框中。

3 拖动滚动条至列表框下方，选择如图所示的剪贴画。

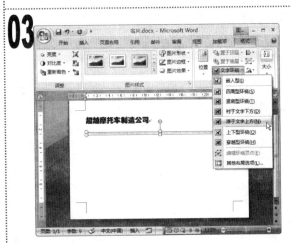

03

1 文档中将插入该剪贴画，单击 "关闭" 按钮 ✕ 关闭 "剪贴画" 任务窗格。

2 单击 "图片工具 格式" 选项卡，在 "排列" 组中单击 "文字环绕" 按钮，在弹出的下拉菜单中选择 "浮于文字上方" 选项。

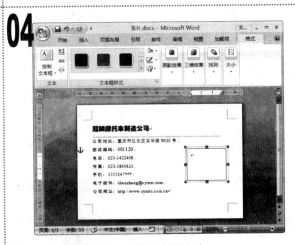

04

1 向上拖动剪贴画，使其更靠近文本。

2 在其下输入如图所示的文本，设置文本的字号为 "8"，并将冒号前文本的字体设置为 "黑体"。

3 单击 "插入" 选项卡，在 "文本" 组中单击 "文本框" 按钮，在弹出的下拉菜单中选择 "绘制文本框" 选项，在文档右侧绘制一个文本框，如图所示。

05

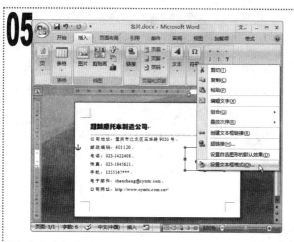

1. 在文本框中输入"陈诚"与"销售经理"文本，并分别设置其字体格式为"黑体、五号、居中"与"楷体_GB2312、小五、居中"。
2. 选择文本框，在其上单击鼠标右键，在弹出的快捷菜单中选择"设置文本框格式"选项。

06

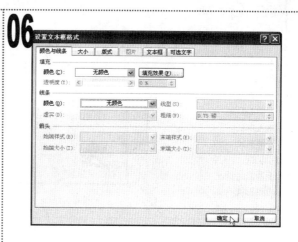

1. 在打开的"设置文本框格式"对话框的"颜色和线条"选项卡的两个"颜色"下拉列表框中分别选择"无颜色"选项。
2. 单击"确定"按钮。

07

1. 返回到文档中，打开"剪贴画"任务窗格。
2. 在"搜索文字"文本框中输入"摩托"，单击"搜索"按钮，在下面的列表框中将出现搜索到的剪贴画，选择如图所示的剪贴画。

08

1. 剪贴画将插入到文档中，关闭"剪贴画"任务窗格，设置其环绕方式为"浮于文字上方"。
2. 将鼠标光标移至剪贴画上，向左上方拖动其右下角的控制点，缩小剪贴画。

09

1. 到适当大小后释放鼠标，然后将其移至如图所示的位置。
2. 保存文档，完成本例的制作。

知识延伸

　　在"剪贴画"任务窗格中单击下方的"管理剪辑"超链接，在打开的窗口中可以查看并管理 Microsoft 收藏的剪贴画。

实例34　　编辑"贺卡"文档

素材:无
源文件:\实例 34\贺卡.docx

包含知识
- 插入剪贴画
- 设置剪贴画
- 插入形状
- 设置形状

重点难点
- 设置剪贴画
- 设置形状

制作思路

设置剪贴画　　　　　插入形状和文本框　　　　　输入并设置文本

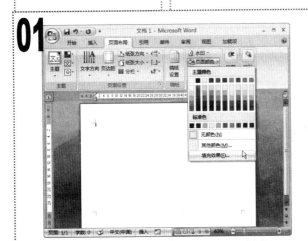

1 新建一个空白文档,单击"页面布局"选项卡,在"页面设置"组中单击"纸张方向"按钮,在弹出的下拉菜单中选择"横向"选项。

2 在"页面背景"组中单击"页面颜色"按钮,在弹出的下拉菜单中选择"填充效果"选项。

1 在打开的"填充效果"对话框中单击"纹理"选项卡,在"纹理"列表框中选择"信纸"选项。

2 单击"确定"按钮。

1 返回到文档中,文档的页面将应用所选的纹理样式,单击"插入"选项卡,在"插图"组中单击"剪贴画"按钮,打开"剪贴画"任务窗格。

2 删除其中原有的文本,单击"搜索"按钮,在搜索到的剪贴画列表中选择如图所示的剪贴画。

1 文档中将插入该剪贴画,该剪贴画呈选择状态,单击"图片工具 格式"选项卡,在"调整"组中单击"重新着色"按钮,在弹出的下拉菜单中选择"黑白"选项,将剪贴画调整为黑白的剪影效果。

05

1 按照相同的方法再插入一个飞机剪贴画，将两张剪贴画的环绕方式都设置为"浮于文字上方"，并分别将它们移至文档的左侧与右上角。

06

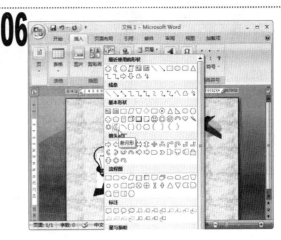

1 单击"插入"选项卡，在"插图"组中单击"形状"按钮，在弹出的下拉列表中选择"新月形"选项。

07

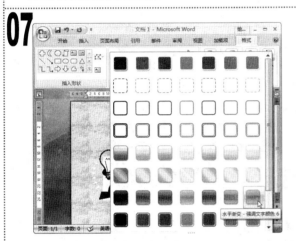

1 在文档中拖动鼠标绘制一个月亮形状，单击"绘图工具格式"选项卡，在"形状样式"组的"快速样式"列表框中选择"水平渐变-强调文字颜色 6"选项。

08

1 在"阴影效果"组中单击"阴影效果"按钮，在弹出的下拉列表中选择"阴影样式 7"选项。

09

1 单击"插入"选项卡，在"文本"组中单击"文本框"按钮，在弹出的下拉菜单中选择"绘制文本框"选项。

2 在页面中拖动鼠标，绘制一个文本框。

10

1 在文本框中的文本插入点处输入如图所示的文本，并设置其字体格式为"方正行楷简体、二号、橙色，强调文字颜色 6，深色 50%"。

2 调整文本框至适当大小并移至如图所示的位置，以"贺卡"为名保存文档，完成本例的制作。

实例35　为"楼盘简介"文档插入图片

素材:\实例 35\
源文件:\实例 35\楼盘简介.docx

包含知识
- 插入图片
- 设置图片的大小
- 设置图片的排列方式

重点难点
- 插入图片
- 设置图片的大小

制作思路

打开文档　　　　　　设置图片大小　　　　　　设置排列方式

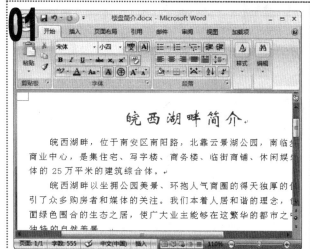

1 启动 Word 2007，打开"楼盘简介"素材文档。

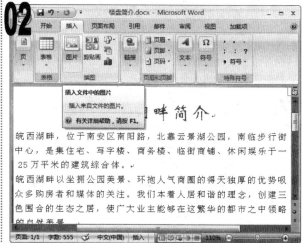

1 将文本插入点定位到第一段文本中，单击"插入"选项卡，在"插图"组中单击"图片"按钮。

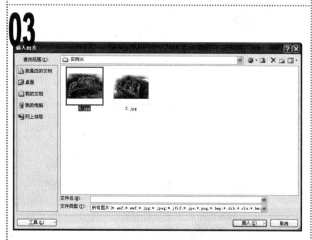

1 在打开的"插入图片"对话框的"查找范围"下拉列表框中选择图片保存的路径，在中间的列表框中选择"1.jpg"图片。

2 单击"插入"按钮，将选择的图片插入到文本插入点位置。

1 返回到文档中，单击"图片工具 格式"选项卡，在"大小"组的"高度"数值框中输入"4 厘米"，设置图片的大小。

05

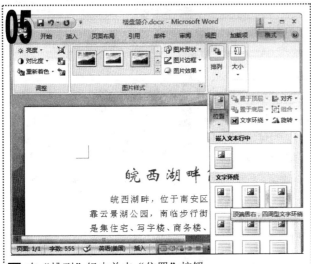

1　在"排列"组中单击"位置"按钮。
2　在弹出的下拉菜单中选择"文字环绕"栏中的"顶端居右，四周型文字环绕"选项，设置图片的排列方式。

06

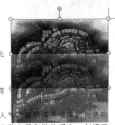

1　此时图片根据设置的排列方式在文档中排列，将鼠标光标移动到图片上，按住鼠标左键不放，当鼠标光标变为 ✛ 形状时拖动鼠标，将图片移动到适当的位置。

07

1　将鼠标光标定位到需要插入图片的位置，单击"插入"选项卡，在"插图"组中单击"图片"按钮。
2　在打开的"插入图片"对话框中选择"2.jpg"图片，单击"插入"按钮将选择的图片插入到文档中。

08

1　单击"图片工具 格式"选项卡，在"大小"组中将图片的高度设置为"4 厘米"。

09

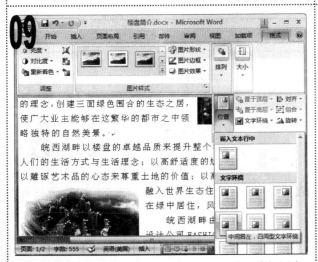

1　在"排列"组中将图片的排列方式设置为"中间居左，四周型文字环绕"。

10

1　将修改过的文档进行保存，完成本例的制作。

素材：\实例 36\插入图片\

源文件：\实例 36\讲座海报.docx

实例36　编辑"讲座海报"文档

包含知识
- 设置剪贴画
- 插入图片
- 裁剪图片
- 对齐图片

重点难点
- 裁剪图片
- 对齐图片

制作思路

添加底纹　　　　设置剪贴画　　　　插入并裁剪图片　　　制作完成的文档

01

1 打开"讲座海报"素材文档，选择文档顶部的第 1～第 3 行文本。

2 为其添加"深蓝，文字 2，淡色 80%"的底纹，并应用于整个段落。

02

1 将文本插入点定位至"电子商务"文本前，打开"剪贴画"任务窗格。

2 在"搜索文字"文本框中输入"科技"文本，单击"搜索"按钮。

3 在查找到的剪贴画中选择"computers，computing…"选项。

03

1 将剪贴画右下角的控制点向左上方拖动，缩小剪贴画。

2 在"排列"组中单击"文字环绕"按钮，在弹出的下拉菜单中选择"浮于文字上方"选项，然后将其移动到如图所示的位置。

04

1 在"图片样式"组中单击"图片形状"按钮，在弹出的下拉列表中选择"流程图：资料带"选项。

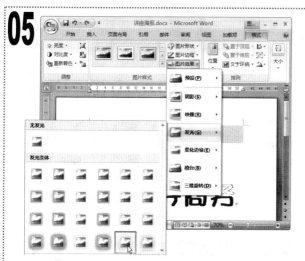

05

1 剪贴画将变为所选形状，单击"图片效果"按钮，在弹出的下拉列表中选择"发光"选项，在弹出的下一级列表中选择如图所示的选项。

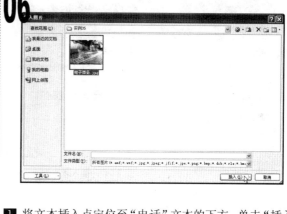

06

1 将文本插入点定位至"电话"文本的下方，单击"插入"选项卡，在"插图"组中单击"图片"按钮。
2 打开"插入图片"对话框，在"查找范围"下拉列表框中选择图片所在的位置，在其下的列表框中选择要插入的图片"电子商务.jpg"，单击"插入"按钮。

07

1 返回到文档中，在文本插入点处插入图片。
2 单击"图片工具 格式"选项卡，在"大小"组中单击"裁剪"按钮。

08

1 图片进入裁剪状态，其周围出现黑色框线，将鼠标光标移至图片下方的黑色框线上，按住鼠标左键不放向上拖动鼠标，此时在光标位置将有一条黑色虚线，释放鼠标，虚线下方的图片部分被裁剪掉。

09

1 单击"开始"选项卡，在"段落"组中单击"文本右对齐"按钮 ≣，将图片设置为右对齐。
2 将鼠标光标移动到图片左下角的控制点上，当其变为 ↖ 形状时，按住鼠标左键不放往右上方拖动，调整到适当位置后释放鼠标。
3 保存文档，完成本例的制作。

举一反三

根据本例讲解的方法，将图片"钻石"（素材:\实例 36\插入图片\钻石.jpg）插入到"宣传单"文档（素材:\实例 36\插入图片\宣传单.docx）中，并缩小和裁剪图片（源文件:\实例 36\宣传单.docx）。

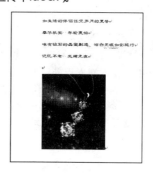

实例37　　编辑"邀请函"文档

素材：\实例 37\邀请函.docx

源文件：\实例 37\邀请函.docx

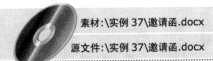

包含知识
- 插入艺术字
- 设置艺术字形状
- 设置艺术字颜色
- 调整艺术字的弧度

重点难点
- 插入艺术字
- 调整艺术字的弧度

制作思路

插入艺术字　　　　　　设置艺术字的样式　　　　　　制作完成的文档

01

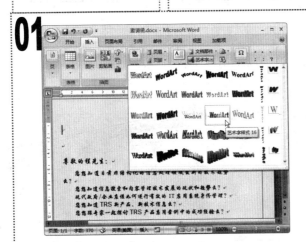

1. 打开"邀请函"素材文档，将文本插入点定位至文档第一行的行首。
2. 单击"插入"选项卡，在"文本"组中单击"艺术字"按钮，在弹出的下拉列表中选择"艺术字样式 16"选项。

02

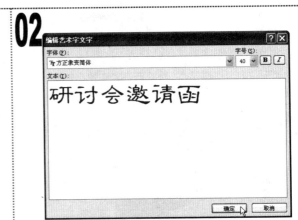

1. 在打开的"编辑艺术字文字"对话框的"字体"下拉列表框中选择"方正隶变简体"选项，在"字号"下拉列表框中选择"40"选项。
2. 在"文本"文本框中输入"研讨会邀请函"文本。
3. 单击"确定"按钮。

03

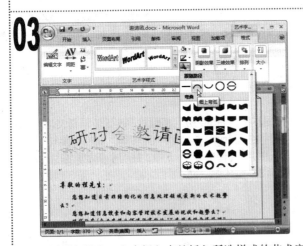

1. 返回到文档中，文本插入点处插入所选样式的艺术字，单击"艺术字工具 格式"选项卡，在"艺术字样式"组中单击"更改形状"按钮，在弹出的下拉列表的"跟随路径"栏中选择"细上弯弧"选项。

04

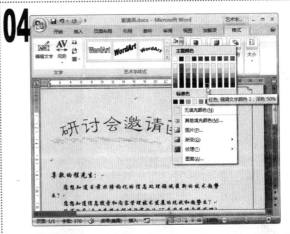

1. 在"艺术字样式"组中单击"形状填充"按钮右侧的按钮，在弹出的下拉菜单中选择"红色，强调文字颜色 2，深色 50%"选项。

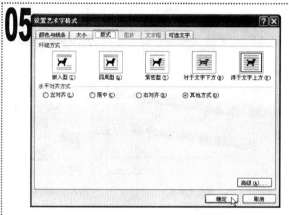

05

1 在艺术字上单击鼠标右键，在弹出的快捷菜单中选择"设置艺术字格式"选项。
2 在打开的"设置艺术字格式"对话框中单击"版式"选项卡，在"环绕方式"栏中单击"浮于文字上方"图标。
3 保持其他默认设置，单击"确定"按钮。

06

1 将鼠标光标移动到艺术字右下角的控制点上，当其变为形状时，按住鼠标左键不放往左下方拖动，调整到适当的弧度时释放鼠标。

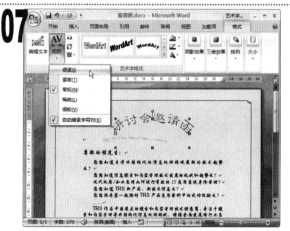

07

1 艺术字自动呈弧形显示。将鼠标光标移动到其上，当光标变为形状时，按住鼠标左键不放向中间拖动，使其位于文档的中间。
2 单击"文字"组中的"间距"按钮，在弹出的下拉列表中选择"很紧"选项。

08

1 将文本插入点定位到文档最后的图片上方，单击"插入"选项卡，在"文本"组中单击"艺术字"按钮，在弹出的下拉列表中选择"艺术字样式12"选项。
2 在打开的"编辑艺术字文字"对话框的"字体"下拉列表框中选择"Arial"选项，在"字号"下拉列表框中选择"32"选项，在"文本"文本框中输入"Welcome!"文本，单击"确定"按钮。

09

1 返回到文档中，文本插入点处将插入所选样式的艺术字，设置艺术字的环绕方式为"浮于文字上方"，并移动至文档的左下角。
2 保存文档，完成本例的制作。

知识延伸

选择文档中的普通文字后执行插入艺术字操作，可以将已有的文字转换成艺术字。

知识提示

有些艺术字样式将文字的高度设置得不一样，此时可在"艺术字工具 格式"选项卡的"文字"组中单击"等高"按钮，使设置的艺术字等高。而单击其中的"对齐方式"按钮，在弹出的下拉列表中可选择艺术字的对齐方式，包括"左对齐"、"右对齐"和"居中对齐"等。

实例38　编辑 "旅行社风景介绍" 文档

素材:\实例 38\旅行社\

源文件:\实例 38\旅行社风景介绍.docx

包含知识

- 编辑艺术字
- 复制艺术字
- 设置艺术字三维样式
- 插入图片与文本框

重点难点

- 复制艺术字
- 设置艺术字三维样式

制作思路

编辑艺术字　　　　复制艺术字　　　　插入图片的文档

1 打开 "旅行社风景介绍" 素材文档,选择文档顶部的艺术字。

2 单击 "艺术字工具 格式" 选项卡,在 "文字" 组中单击 "编辑文字" 按钮。

1 在打开的 "编辑艺术字文字" 对话框中将自动显示选择的文本,在 "字体" 下拉列表框中选择 "方正粗倩简体" 选项。

2 在 "字号" 下拉列表框中选择 "36" 选项,单击 I 按钮,单击 "确定" 按钮。

1 返回到文档中,保持艺术字的选择状态,在 "艺术字样式" 列表框中选择 "艺术字样式 28" 选项。

2 将鼠标光标定位到艺术字上的剪贴画前,按 Back Space 键使其移至文档左侧。

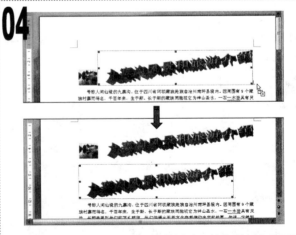

1 选择艺术字,按住 Ctrl 键的同时,按住鼠标左键不放向右拖动鼠标,此时鼠标光标将变为 形状,且有一条竖直的虚线随光标移动。

2 当虚线到达艺术字之后时,释放鼠标,在其后复制一个艺术字的副本,并自动切换到下一行。

1 将复制的艺术字设置为"浮于文字上方",按 Enter 键将正文移至第二个艺术字的下方。

2 选择复制的艺术字,在"排列"组中单击"旋转"按钮,在弹出的下拉菜单中选择"垂直旋转"选项。

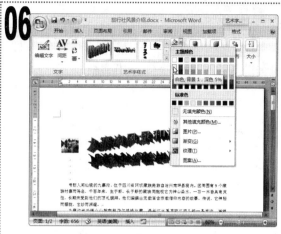

1 艺术字垂直翻转,在"艺术字样式"组中单击"形状填充"按钮右侧的 按钮,在弹出的下拉菜单中选择"白色,背景 1,深色 5%"选项。

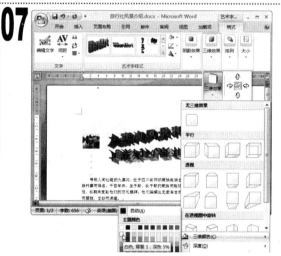

1 在"三维效果"组中单击"三维效果"按钮,在弹出的下拉菜单中选择"三维颜色-白色,背景 1,深色 5%"选项,使艺术字呈现一种阴影效果。

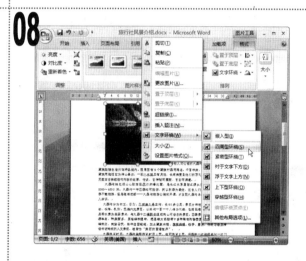

1 将鼠标光标定位到文档的任意位置,将素材文件夹中的图片"镜海.jpg"插入到文档中。

2 将图片缩小到合适大小,在其上单击鼠标右键,在弹出的快捷菜单中选择"文字环绕-四周型环绕"选项。

1 按照相同的方法将图片"诺日朗瀑布.jpg"与"五彩池.jpg"插入到文档中,并调整其大小,设置其文字环绕方式为"四周型环绕",然后移至如图所示的位置。

1 在文档下方插入一个文本框,并输入如图所示的文本。

2 单击"文本框工具 格式"选项卡,在"文本框样式"组的列表框中选择"彩色填充,白色轮廓-强调文字颜色 2"选项,为文本框应用样式。

3 保存文档,完成本例的制作。

实例39　编辑"图书展览海报"文档

素材:\实例39\香水.jpg
源文件:\实例39\图书展览海报.docx

包含知识
- 插入图片
- 插入形状
- 插入艺术字
- 在形状中添加文字

重点难点
- 插入图片
- 在形状中添加文字

制作思路

插入并设置图片和形状　　　插入艺术字　　　设置艺术字后的文档

01

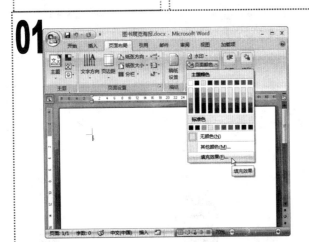

1. 新建一个空白文档,将其以"图书展览海报"为名进行保存。
2. 单击"页面布局"选项卡,在"页面背景"组中单击"页面颜色"按钮,在弹出的下拉菜单中选择"填充效果"选项。

02

1. 在打开的"填充效果"对话框中单击"渐变"选项卡,在"颜色"栏中选中"双色"单选按钮,设置颜色 1 为"白色",颜色 2 为"浅蓝色"。
2. 在"底纹样式"栏中选中"斜上"单选按钮。
3. 单击"确定"按钮。

03

1. 返回到文档中,单击"插入"选项卡,在"插图"组中单击"图片"按钮,在打开的对话框中选择"香水.jpg"图片,将其插入到文档中。
2. 在插入的图片上单击鼠标右键,在弹出的快捷菜单中选择"文字环绕-衬于文字下方"选项。

04

1. 适当调整图片的大小和位置,使其布满文档的上半部分。
2. 单击"图片工具 格式"选项卡,在"调整"组中单击"亮度"按钮,在弹出的下拉菜单中选择"+10%"选项,调整图片的亮度。

05

1　单击"插入"选项卡，在"插图"组中单击"形状"按钮，在弹出的下拉菜单中选择"波形"选项。

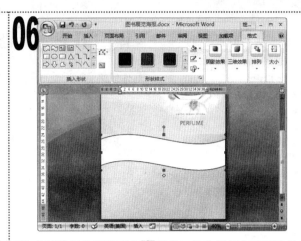

06

1　此时鼠标光标将变为十形状，按住鼠标左键不放并拖动，在文档中绘制一个波形形状。

2　拖动其周围的控制点增大形状的高度与宽度。

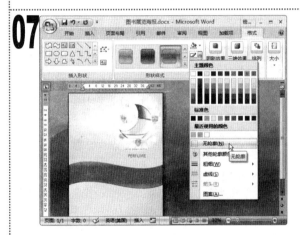

07

1　单击"绘图工具 格式"选项卡，在"形状样式"组的下拉列表框中选择"水平渐变，强调文字颜色 5"选项，为形状应用样式。

2　单击"形状轮廓"按钮右侧的 按钮，在弹出的下拉菜单中选择"无轮廓"选项。

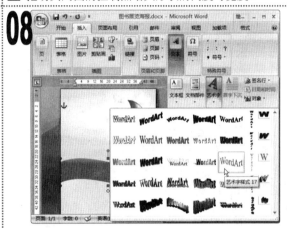

08

1　单击"插入"选项卡，在"文本"组中单击"艺术字"按钮，在弹出的下拉列表中选择"艺术字样式 17"选项。

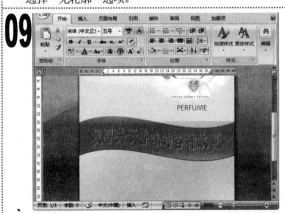

09

1　在打开的"编辑艺术字文字"对话框中设置字体格式为"隶书、28 号、加粗"，在文本框中输入"找寻关于香味的各种故事"文本，单击"确定"按钮。

2　返回到文档中，设置艺术字的环绕方式为"浮于文字上方"，调整其位置和大小，使其与形状相匹配。

10

1　单击"艺术字工具 格式"选项卡，在"阴影效果"组中单击"阴影效果"按钮，在弹出的下拉菜单中选择"阴影样式 2"选项。

2　单击"形状填充"按钮右侧的 按钮，在弹出的下拉菜单中选择"红色，强调文字颜色 2，深色 50%"选项。

3　保存文档，完成本例的制作。

素材:\实例40\礼品券\
源文件:\实例40\礼券.docx

实例40 编辑"礼券"文档

包含知识
- 绘制形状
- 设置形状
- 插入图片
- 在形状中添加文本

重点难点
- 设置形状
- 在形状中添加文本

制作思路

绘制并设置形状　　　　插入并裁剪图片　　　　插入文本框并添加文本

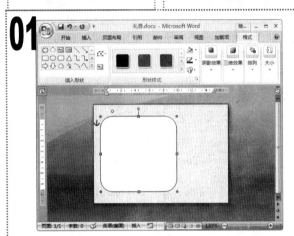

1 打开"礼券"素材文档,将文档的背景颜色设置为"蓝色面巾纸"纹理。

2 单击"插入"选项卡,在"插图"组中单击"形状"按钮,在弹出的下拉列表中选择"圆角矩形"选项。

3 拖动鼠标在文档中绘制一个圆角矩形形状。

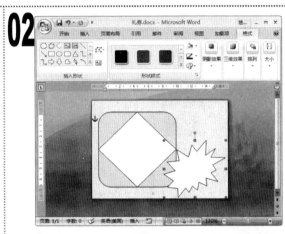

1 单击"绘图工具 格式"选项卡,在"形状样式"组中单击"形状填充"按钮右侧的 ˙ 按钮,在弹出的下拉菜单中选择"橙色,强调文字颜色6,淡色60%"选项。

2 使用同样的方法绘制一个菱形形状与爆炸形形状,并将菱形形状移至圆角矩形形状上。

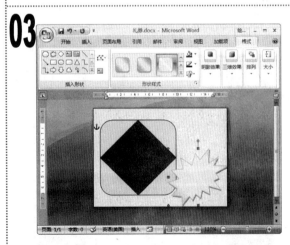

1 选择绘制的菱形形状,在"形状样式"组中单击"形状填充"按钮右侧的 ˙ 按钮,在弹出的下拉菜单中选择"橙色,强调文字颜色6,深色50%"选项。

2 选择爆炸形形状,在"形状样式"组的列表框中选择"对角渐变-强调文字颜色3"选项,为其设置形状样式。

1 单击"插入"选项卡,在"插图"组中单击"图片"按钮。

2 打开"插入图片"对话框,在其中选择素材文件夹中的"火锅.jpg"图片文件,单击"插入"按钮。

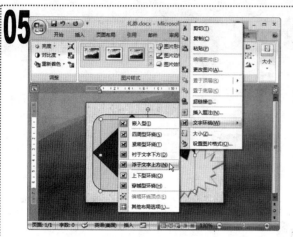

1 返回到文档中，插入的图片被之前插入的形状遮盖，在其上单击鼠标右键，在弹出的快捷菜单中选择"文字环绕-浮于文字上方"选项，将图片显示出来。

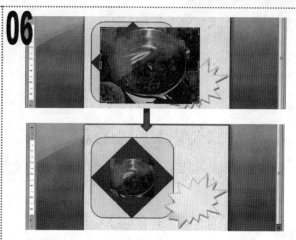

1 单击"图片工具 格式"选项卡，在"大小"组中单击"裁剪"按钮。

2 图片周围出现裁剪线，将图片四周多余的部分裁剪掉，并调整图片的大小，使其位于矩形形状的中间。

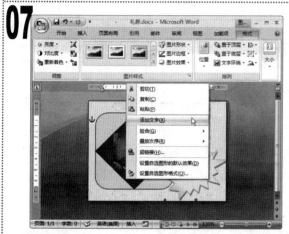

1 选择爆炸形形状，在其上单击鼠标右键，在弹出的快捷菜单中选择"添加文字"选项。

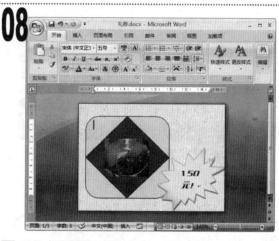

1 形状中将出现文本插入点，在其中输入"150 元！"文本，并设置其字体格式为"方正粗倩简体、红色、五号、斜体"。

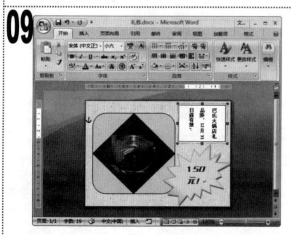

1 在文档中插入一个竖排文本框，在其中输入如图所示的文本，并设置其字体格式为"红色、小六、加粗"。

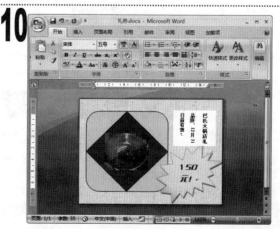

1 选择文本框，单击"文本框工具 格式"选项卡，在"文本框样式"组中单击"形状轮廓"按钮右侧的 按钮，在弹出的下拉菜单中选择"无轮廓"选项。

2 保存文档，完成本例的制作。

实例41 编辑"宣传手册"文档

素材:\实例41\宣传手册.docx
源文件:\实例41\宣传手册.docx

包含知识
- 插入 SmartArt 图形
- 添加形状
- 编辑 SmartArt 图形

重点难点
- 添加形状
- 编辑 SmartArt 图形

制作思路

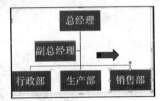
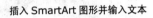

插入 SmartArt 图形并输入文本

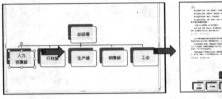

应用样式

完成设置后的文档

01

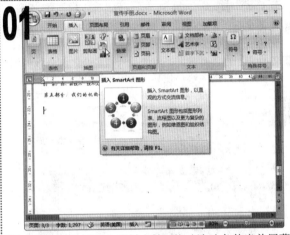

1. 打开"宣传手册"素材文档,拖动滚动条使当前屏幕显示文档的第 3 页,将文本插入点定位至最后一行。
2. 单击"插入"选项卡,在"插图"组中单击"SmartArt"按钮。

02

1. 在打开的"选择 SmartArt 图形"对话框左侧单击"层次结构"选项卡,在中间选择第一种样式。
2. 单击"确定"按钮。

03

1. 返回到文档中,将文本插入点定位至形状中的第一个"[文本]"信息中,输入"总经理"文本。
2. 按照相同的方法输入其他文本。
3. 单击"在此处键入文字"任务窗格中的 ✘ 按钮,将该任务窗格关闭。

04

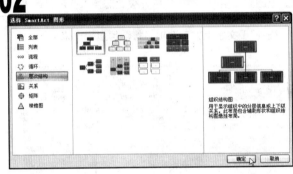

1. 选择"行政部"形状,单击"SmartArt 工具 设计"选项卡,在"创建图形"组中单击"添加形状"按钮下方的 ▪ 按钮,在弹出的下拉列表中选择"在前面添加形状"选项。

知识提示

在插入 SmartArt 图形之后,会自动打开"在此处键入文字"任务窗格,可通过它输入文本。

知识提示

在"选择 SmartArt 图形"对话框左侧单击"全部"选项卡,在右侧将看到其所有的图形样式。

05

1 在添加的形状上单击鼠标右键，在弹出的快捷菜单中选择"编辑文字"选项。
2 在矩形框中输入"人力资源部"文本。
3 按照相同的方法在"销售部"形状右侧插入一个形状，并输入"工会"文本。

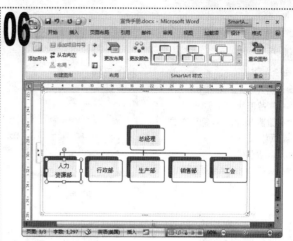

06

1 单击"SmartArt 工具 设计"选项卡，在"布局"组的"更改布局"下拉列表框中选择"层次结构"选项。
2 选择"副总经理"形状，按 Delete 键删除该形状。

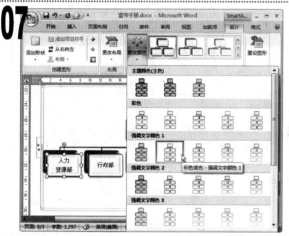

07

1 在"SmartArt 样式"组的列表框中选择"三维"栏中的"嵌入"样式。
2 单击"更改颜色"按钮，在弹出的下拉列表的"强调文字颜色1"栏中选择"彩色填充-强调文字颜色1"选项。

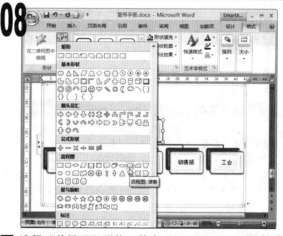

08

1 选择"总经理"形状，单击"SmartArt 工具 格式"选项卡，在"形状"组中单击"更改形状"按钮，在弹出的下拉列表中选择"流程图：准备"选项。

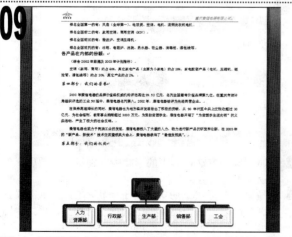

09

1 在"形状样式"组的列表框中选择"强烈效果-强调颜色5"选项，保存文档，完成本例的制作。

举一反三

根据本例讲解的方法，在"公司介绍"（素材:\实例41\公司介绍.docx）文档中插入"关系"选项卡中的"基本射线图" SmartArt 图形（源文件:\实例41\公司介绍.docx）。

实例42 编辑 "入职手续流程" 文档

素材:\实例42\入职手续流程.docx
源文件:\实例42\入职手续流程.docx

包含知识
- 插入 SmartArt 图形
- 删除形状
- 设置 SmartArt 图形样式

重点难点
- 删除形状
- 设置 SmartArt 图形样式

制作思路

删除形状

设置 SmartArt 图形样式

添加 SmartArt 图形后的效果

01

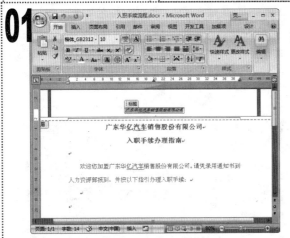

1 打开 "入职手续流程" 素材文档。

2 单击 "插入" 选项卡, 在 "页眉和页脚" 组中单击 "页眉" 按钮, 在弹出的下拉菜单中选择 "条纹型" 页眉。

3 文档中将添加页眉, 将其中的文本删除, 输入 "广东华亿汽车销售股份有限公司", 将其字体格式设置为 "楷体、10 号、倾斜", 效果如图所示。

02

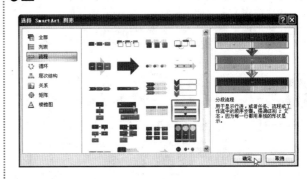

1 将文本插入点定位至正文文本下方, 单击 "插入" 选项卡, 在 "插图" 组中单击 "SmartArt" 按钮, 打开 "选择 SmartArt 图形" 对话框。

2 在左侧单击 "流程" 选项卡, 在中间选择 "分段流程" 样式, 单击 "确定" 按钮。

03

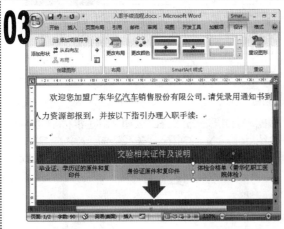

1 在第一个形状中输入 "交验相关证件及说明" 文本。

2 在其下的两个子形状中分别输入如图所示的文本。

3 选择第二个子形状, 在其后再添加一个形状, 并输入 "体检合格单 (需华亿职工医院体检)" 文本。

04

1 按照相同的方法在其下的形状中分别输入如图所示的标题文本与内容文本。

2 选择第三个形状下的第二个子形状, 在其上单击鼠标右键, 在弹出的快捷菜单中选择 "剪切" 选项, 删除该形状。

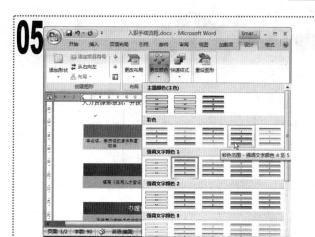

05

1 选择整个 SmartArt 图形，单击"SmartArt 工具 设计"选项卡，在"SmartArt 样式"组中单击"更改颜色"按钮，在弹出的下拉列表中选择"彩色范围-强调文字颜色 4 至 5"选项。

06

1 在"SmartArt 样式"组的"快速样式"列表框中选择"三维"栏中的"优雅"选项。

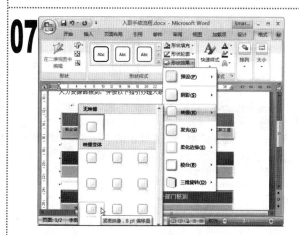

07

1 单击"SmartArt 工具 格式"选项卡，设置其环绕方式为"浮于文字上方"。
2 在"形状样式"组中单击"形状效果"按钮，在弹出的下拉列表中选择"映像-紧密映像，8pt 偏移量"选项。

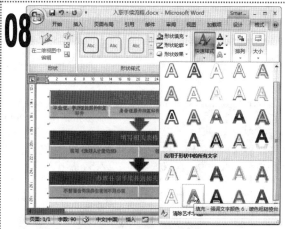

08

1 单击"形状效果"按钮，在弹出的下拉列表中选择"棱台-圆"选项，为 SmartArt 图形应用特殊效果。
2 在"艺术字样式"组中的"快速样式"列表框中选择"填充-强调文字颜色 6，暖色粗糙棱台"选项。

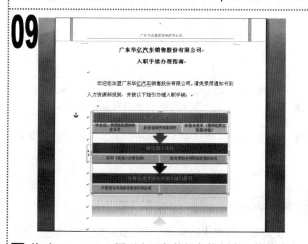

09

1 拖动 SmartArt 图形右下角的绿色控制点，使其缩小，并移至文档的正中位置。
2 保存文档，完成本例的制作。

知识提示

在文档中插入某些 SmartArt 图形后，不但可以对整个 SmartArt 图形进行编辑，还可以对图形中某个单独图形的大小和位置等参数进行设置。

知识延伸

在添加 SmartArt 图形中的形状时，既可以使用"SmartArt 工具 设计"选项卡中的"添加形状"按钮来添加，也可以在"在此处键入文字"任务窗格中添加，在其中的各个形状后按 Enter 键即可添加相应的形状。

实例43　　制作"差旅费报销单"文档

素材:无

源文件:\实例43\差旅费报销单.docx

包含知识
- 插入表格
- 在表格中输入文本
- 合并单元格
- 绘制表格

重点难点
- 插入表格
- 绘制表格

制作思路

插入表格　　　　输入文本　　　　绘制表格　　　　增加行高

1. 新建一个空白文档,并将其以"差旅费报销单"为名进行保存。
2. 在文档编辑区中输入标题文本"差旅费报销单",将其字体格式设置为"汉仪大黑简、27.5、居中"。

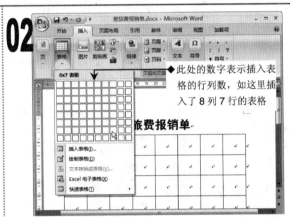

◆此处的数字表示插入表格的行列数,如这里插入了8列7行的表格

1. 按 Enter 键换行,单击"插入"选项卡,在"表格"组中单击"表格"按钮,在弹出的下拉菜单中将鼠标光标移至其中的方块列表上,当在列表上方显示"8×7表格"文本时单击鼠标。

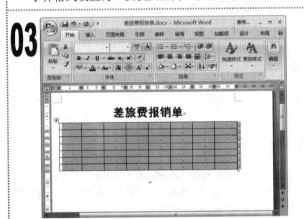

1. 在文本插入点处插入一个 8 列 7 行的表格,将鼠标光标移至表格的左上角,在出现的⊞图标上单击鼠标,选择整个表格。
2. 单击"开始"选项卡,在"字体"组的"字体"与"字号"下拉列表框中分别选择"宋体"与"小五"选项。

◆由表格中交叉的行与列形成的一个个矩形小方框就是"单元格",它用于装载表格中的信息

1. 在第一行第一列的单元格中单击鼠标,将文本插入点定位在其中,输入"报销单位"文本。
2. 按照相同的方法分别在如图所示的单元格中输入文本。

知识延伸

在 Word 2007 中,创建表格有 4 种方法:快速插入表格、插入指定行列数的表格、手动绘制表格和插入 Excel 电子表格,此处使用的即为快速插入表格的方法。

知识提示

快速插入表格比较简单,它预先规定了行列数,插入表格后将根据文档编辑区的大小自动设置行高和列宽,且行高和列宽都是相等的。

1 将文本插入点定位至第 2 行第 6 列单元格中，向右拖动鼠标，此时单元格呈蓝底选择状态，至第 8 列时释放鼠标，选择这 3 个单元格。

2 单击"表格工具 布局"选项卡，在"合并"组中单击"合并单元格"按钮。

1 选择"项目"单元格及其下的一列单元格，在其上单击鼠标右键，在弹出的快捷菜单中选择"合并单元格"选项，将其合并。

2 按照相同的方法将其他单元格合并。

1 单击"插入"选项卡，在"表格"组中单击"表格"按钮，在弹出的下拉菜单中选择"绘制表格"选项。

1 将鼠标光标移动到文档编辑区中，此时鼠标光标呈 形状，在"交通工具"单元格下方按住鼠标左键不放向下拖动，此时将出现一个表格虚框，待其达到下一行单元格底部后，释放鼠标，绘制出一条单元格的框线。

1 按照相同的方法在其后再绘制两条竖线，使该列单元格拆分为 4 列单元格，然后在表格外的其他位置单击，退出绘制表格状态。

2 将鼠标光标移至第 6 行与第 7 行单元格的间隔线上，当鼠标光标变为 形状时，按住 Ctrl 键不放，同时按住鼠标左键不放向下拖动。

1 到适当的位置后释放鼠标，行高即被增大，按照相同的方法拖动第 7 行单元格的下框线，增大该行的高度。

2 选择第 6 行与第 7 行单元格，单击"表格工具 布局"选项卡，在"对齐方式"组中单击"靠上两端对齐"按钮 ，使文本在表格的单元格中靠左上角显示。

3 保存文档，完成本例的制作。

素材:\实例44\日程表.docx

源文件:\实例44\日程表.docx

实例44   编辑 "日程表" 文档

包含知识
- 使用对话框插入表格
- 删除表格
- 调整表格的宽度与高度
- 插入表格

重点难点
- 调整表格的宽度与高度
- 插入表格

制作思路

插入表格并输入文本　　　　　　插入行　　　　　　调整单元格宽度

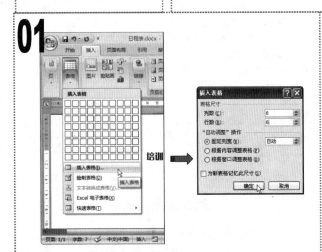

1 打开"日程表"素材文档,单击"插入"选项卡,在"表格"组中单击"表格"按钮,在弹出的下拉菜单中选择"插入表格"选项。

2 打开"插入表格"对话框,在"列数"数值框中输入"8",在"行数"数值框中输入"6"。

3 单击"确定"按钮。

1 此时在文档中将插入一个6行8列的表格,在第1行的第1至第6列单元格中输入如图所示的文本。

2 将鼠标光标移至第1行单元格的左端线上,待光标变为一个指向右的黑色箭头➡时,双击鼠标选择该行单元格,设置其字体格式为"黑体、小四"。

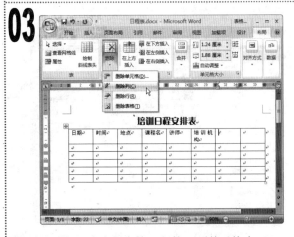

1 将文本插入点定位在第1行第7列单元格中。

2 单击"表格工具 布局"选项卡,在"行和列"组中单击"删除"按钮,在弹出的下拉菜单中选择"删除列"选项。

1 按照相同的方法删除第8列单元格。

2 在"单元格大小"组中单击"自动调整"按钮,在弹出的下拉列表中选择"根据窗口自动调整表格"选项。

05

◆ 按 Enter 键后，程序将
自动在数字后添加单位

1 表格将根据窗口增大其宽度，在"单元格大小"组的"表格行高度"数值框中输入"1"，按 Enter 键调整第 1 行单元格的高度。

06

1 在第 2 至第 6 行单元格中输入如图所示的文本。
2 将文本插入点定位到最后一个单元格中，在"行和列"组中单击"在下方插入"按钮。

07

1 单元格下方将插入一行相同列数的单元格，在其中输入如图所示的文本。
2 将鼠标光标移至第 1 行单元格的左侧，当光标变为 形状时，单击鼠标选择该行单元格。
3 单击"表格工具 布局"选项卡，在"对齐方式"组中单击"水平居中"按钮。

08

1 将鼠标光标移至第 2 行单元格的左侧，当光标变为 形状时，单击鼠标并向下拖动选择第 2 至第 7 行单元格，按照相同的方法设置其对齐方式为"中部两端对齐"。
2 将鼠标光标移至第 1 列与第 2 列单元格的间隔线上，当鼠标光标变为 形状时，按住 Ctrl 键不放，同时按住鼠标左键不放向左拖动。

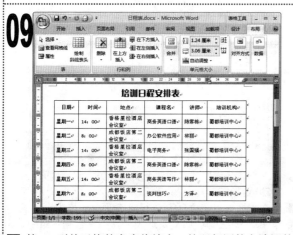

09

1 第 1 列单元格的宽度将缩小，按照相同的方法调整其他单元格的宽度。
2 保存文档，完成本例的制作。

知识提示

将文本插入点定位到某个单元格中，按住 Shift 键不放，用鼠标单击另一个单元格，可选择这两个单元格之间的所有连续单元格。拖动鼠标选择某一个单元格，然后按住 Ctrl 键不放，继续拖动鼠标选择其他单元格，可选择不连续的单元格，如图所示。

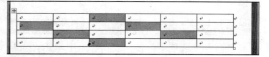

知识提示

在单元格中定位文本插入点后，单击鼠标右键，在弹出的快捷菜单中选择"自动调整"选项，在弹出的子菜单中选择相应的选项也可自动调整表格的宽度与高度。

素材：\实例45\销量统计表.docx

源文件：\实例45\销量统计表.docx

实例45　编辑"销量统计表"文档

包含知识

- 擦除表格线
- 绘制斜线表头
- 插入公式
- 设置边框与底纹

重点难点

- 绘制斜线表头
- 插入公式

制作思路

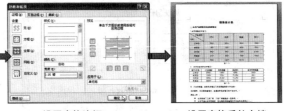

插入公式　　　　设置表格边框　　　　设置表格后的文档

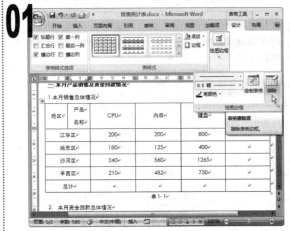

1 打开"销量统计表"素材文档，将文本插入点定位到第一个表格的任意一个单元格中，激活"表格工具 设计"与"表格工具 布局"选项卡。

2 单击"表格工具 设计"选项卡，在"绘图边框"组中单击"擦除"按钮。

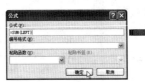

1 鼠标光标将变成 形状，将其移至第 1 行第 1 列单元格的表格线上单击并拖动鼠标，此时该表格线旁出现一条红色实线。

2 当到达当前单元格的底部时释放鼠标，该表格线即被擦除。

1 单击"插入"选项卡，在"表格"组中单击"表格"按钮，在弹出的下拉菜单中选择"绘制表格"选项。

2 鼠标光标将变为 形状，在第 1 行第 1 列单元格中由左上角向右下角拖动鼠标绘制一条斜线。

1 将"产品名称"文本移动至斜线上方，将"地区"文本移动至斜线下方。

2 将文本插入点定位至第 2 行第 5 列单元格中。

3 单击"表格工具 布局"选项卡，在"数据"组中单击"公式"按钮。

◆ "SUM"表示求和,"LEFT"是左侧的意思,表示对文本插入点左侧的数据求和

05

1 在打开的"公式"对话框中保持默认设置,单击"确定"按钮。

2 返回到文档中,即可得到"江华区"的销售总计。

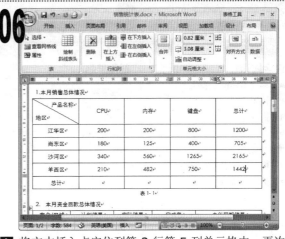

06

1 将文本插入点定位到第 3 行第 5 列单元格中,再次打开"公式"对话框,将其中的公式"SUM(ABOVE)"更改为"SUM(LEFT)"。

2 单击"确定"按钮计算"尚东区"的销售总计。

3 按照相同的方法计算其他地区的销售总计。

◆ "ABOVE"表示对文本插入点上方的数据求和

07

1 将文本插入点定位到最后一行的第 2 列单元格中。

2 打开"公式"对话框,保持默认设置,单击"确定"按钮。

3 按照相同的方法计算其他产品的销售总计。

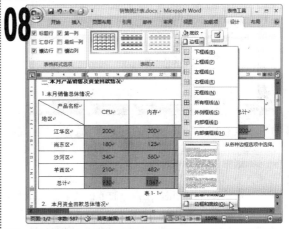

08

1 选择第 2 行第 2 列至第 6 行第 5 列的所有单元格,单击"表格工具 设计"选项卡,在"表样式"组中单击"边框"按钮右侧的·按钮,在弹出的下拉菜单中选择"边框和底纹"选项。

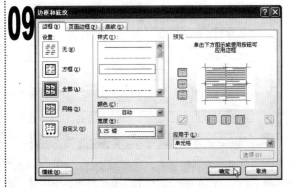

09

1 在打开的"边框和底纹"对话框的"边框"选项卡的"设置"栏中选择"全部"选项,在"样式"列表框中选择第 3 种线型,在"宽度"下拉列表框中选择"0.25 磅"选项。

2 单击"确定"按钮。

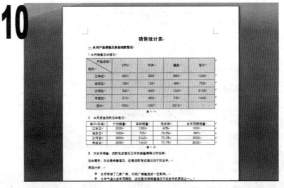

10

1 选择整个表格,在"表样式"组中单击"底纹"按钮右侧的·按钮,在弹出的下拉菜单中选择"橙色,强调文字颜色 6,淡色 60%"选项,为表格应用底纹。

2 保存文档,完成本例的制作。

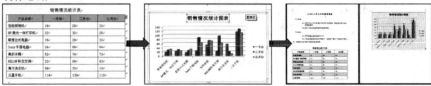

实例46　　编辑"2008年销售调查"文档

素材:\实例46\2008年销售调查.docx

源文件:\实例46\2008年销售调查.docx

包含知识
- 将文本转换为表格
- 设置表格
- 插入图表
- 设置图表

重点难点
- 将文本转换为表格
- 插入并设置图表

制作思路

将文本转换为表格　　　插入图表　　　制作完成的文档

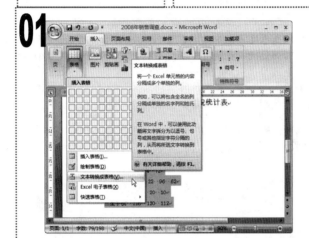

1 打开"2008年销售调查"素材文档,选择"销售情况统计表"文本,将其字体格式设置为"方正古隶简体、三号、居中"。

2 选择其下的所有文本,单击"插入"选项卡,在"表格"组中单击"表格"按钮,在弹出的下拉菜单中选择"文本转换成表格"选项。

1 在打开的"将文字转换成表格"对话框的"'自动调整'操作"栏中选中"根据窗口调整表格"单选按钮,在"文字分隔位置"栏中选中"空格"单选按钮。

2 单击"确定"按钮。

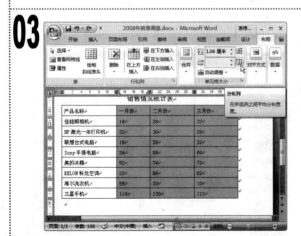

1 返回到文档中,所选的文本转换为表格。

2 调整第1列与第2列单元格的边框线,使第1列中的文本呈一行显示。

3 选择第2~第4列单元格,单击"表格工具 布局"选项卡,在"单元格大小"组中单击"分布列"按钮。

1 所选的单元格将平均分布,选择第1行,单击"开始"选项卡,在"字体"组的"字体"下拉列表框中选择"黑体"选项,在"段落"组中单击"居中"按钮,使文本居中对齐。

05

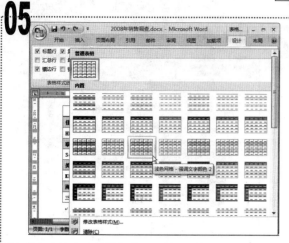

1 单击表格上方的 ⊞ 图标，选择整个表格。
2 单击"表格工具 设计"选项卡，在"表格式"组的列表框中选择"浅色网格-强调文字颜色 2"选项。

06

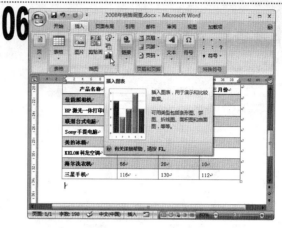

1 表格将应用所选样式，将文本插入点定位至表格下方。
2 单击"插入"选项卡，在"插图"组中单击"图表"按钮。

07

1 在打开的"插入图表"对话框左侧单击"柱形图"选项卡，在右侧选择"三维簇状柱形图"选项。
2 单击"确定"按钮。

08

1 系统将启动 Excel 并打开一个数据表，此时图表和表格没有任何关系，返回到 Word 文档中，选择整个表格并复制表格。
2 切换到 Excel 中，在 A1 单元格上单击鼠标，在"开始"选项卡的"剪贴板"组中单击"粘贴"按钮下方的 ▾ 按钮，在弹出的下拉菜单中选择"选择性粘贴"选项。

09

1 在打开的"选择性粘贴"对话框的"方式"列表框中选择"文本"选项。
2 单击"确定"按钮，返回到 Excel 窗口中，Word 表格中的数据将粘贴至其中，单击"关闭"按钮退出 Excel。

10

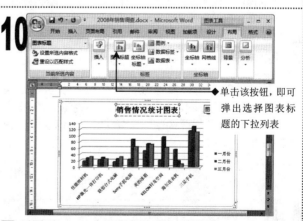

◆ 单击该按钮，即可弹出选择图表标题的下拉列表

1 返回到 Word 中即可查看到插入的图表。
2 选择图表，单击"图表工具 布局"选项卡，在"标签"组中单击"图表标题"按钮，在弹出的下拉菜单中选择"图表上方"选项。
3 图表上方将出现内容为"图表标题"的文本框，在其中输入文本"销售情况统计图表"。

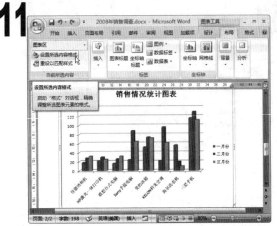

11

1 在"当前所选内容"组中单击"设置所选内容格式"按钮。

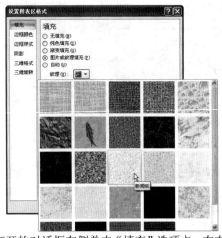

12

1 在打开的对话框左侧单击"填充"选项卡,在右侧选中"图片或纹理填充"单选按钮。

2 单击"纹理"按钮,在弹出的下拉列表中选择"新闻纸"选项。

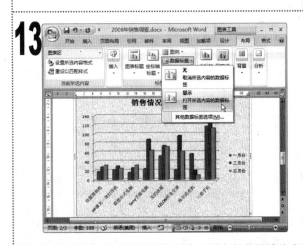

13

1 单击"关闭"按钮返回到文档中,图表的背景墙将应用"新闻纸"样式,在"标签"组中单击"数据标签"按钮,在弹出的下拉菜单中选择"显示"选项。

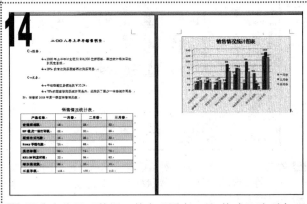

14

1 图表中将显示数据,单击"图表工具 格式"选项卡。

2 在"艺术字样式"组中单击"文本填充"按钮右侧的▼按钮,在弹出的下拉菜单中选择"深蓝,文字 2,深色 25%"选项,改变图表中文本的颜色。

3 保存文档,完成本例的制作。

知识延伸

图表是数字值或其他数据的可视化表示,它与 SmartArt 图形的不同之处在于图表是为数字设计的,即它可将冗长繁琐、不易理解的数据制成图表,供使用者一目了然地查看与阅读。

知识提示

图表中的图例用于识别图表中的数据系列或分类,它一般使用指定的图案或颜色。另外,单击"图表工具 设计"选项卡,在"图表布局"组的列表框中也可对图表进行快速布局。

举一反三

根据本例讲解的方法,新建"销售统计表"文档,在其中插入一个销售统计表格并输入相应的文本,然后为其添加"饼图"样式的图表(源文件:\实例 46\销售统计表.docx)。

第 4 章

Word 的高级应用

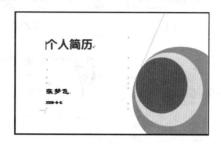

实例 47 新建与发布博客文档

实例 48 制作个人简历

实例 49 在招聘信息中创建超链接

实例 50 制作文档样式

实例 51 编辑文档样式

实例 52 创建信封与合并邮件

实例 53 制作目录与索引

在 Word 中进行一些高级设置，不仅可以提高工作效率，还可以制作出更具实用性的办公文档 如新建与发布博客、在招聘信息中创建超链接以及制作文档样式等。本章将详细介绍 Word 的高级操作，以便使读者能够更好地使用该软件。

 素材:无

源文件:无

实例47 新建与发布博客文档

包含知识
- 新建博客
- 注册博客
- 书写博客
- 发布博客

重点难点
- 新建博客
- 发布博客

制作思路

注册博客

书写博客

发布博客

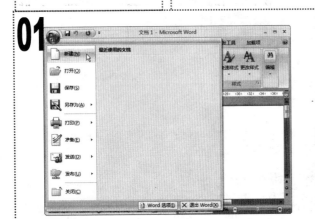

■ 启动 Word 2007,单击"**Office**"按钮 ,在弹出的菜单中选择"新建"选项。

■ 打开"新建文档"对话框,在左侧的"模板"栏中单击"空白文档和最近使用的文档"选项卡,在中间选择"新建博客文章"选项,单击"创建"按钮。

■ 在打开的"注册博客账户"对话框中单击"立即注册"按钮。

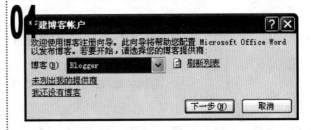

■ 在打开的"新建博客账户"对话框的"博客"下拉列表框中选择"**Blogger**"选项,单击"下一步"按钮。

■ 在打开的"新建 **Blogger** 账户"对话框的"用户名"文本框中输入用户名,在"密码"文本框中输入密码,单击"确定"按钮。

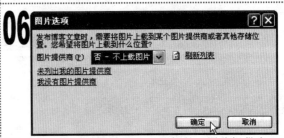

■ 在打开的"图片选项"对话框的"图片提供商"下拉列表框中选择"否-不上载图片"选项,单击"确定"按钮。

07

◆此时，电脑将连接到 Internet，在注册过程中，用户需要等待一会儿

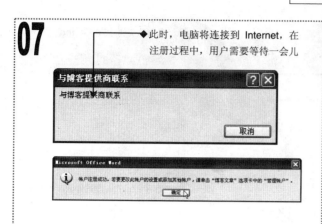

1　此时 Word 将通过网络与博客服务商进行注册联系。
2　在稍后打开的提示注册成功的对话框中单击"确定"按钮。

08

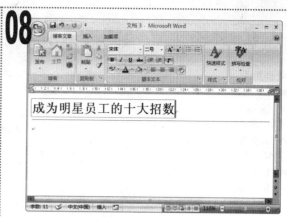

1　返回 Word 中，博客文档创建完成。
2　在"在此处输入文章标题"位置输入"成为明星员工的十大招数"文本。

09

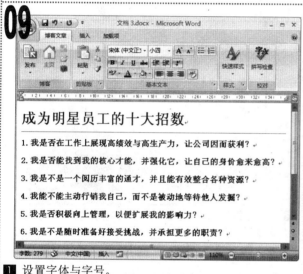

1　设置字体与字号。
2　在博客文档下方的空白处输入正文文本。

10

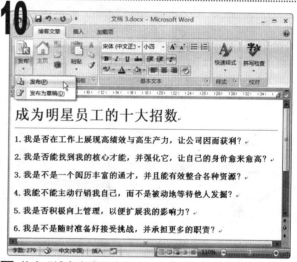

1　单击"博客文章"选项卡，在"博客"组中单击"发布"按钮，在弹出的下拉列表中选择"发布"选项，将编辑好的文档发布到博客中。

注意提示

用户可在 http://space.live.com 或 http://www.blogger.com 等网站中申请免费的博客账户。

11

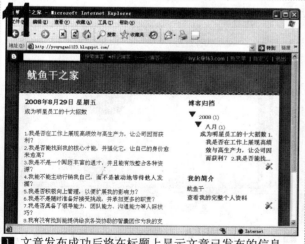

1　文章发布成功后将在标题上显示文章已发布的信息。
2　进入博客主页，查看发布到博客中的文档。

知识延伸

首次使用 Word 2007 制作博客文档时，系统将提示用户注册博客账户，用户可根据提示将已经申请好的博客账户注册到 Word 2007 中。

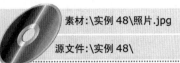

素材:\实例48\照片.jpg

源文件:\实例48\

实例48 制作个人简历

包含知识
- 插入封面
- 编辑封面
- 创建模板
- 编辑模板

重点难点
- 插入封面
- 创建模板

制作思路

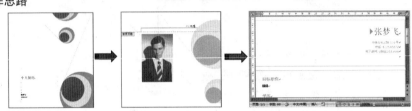

插入封面 编辑封面 制作模板

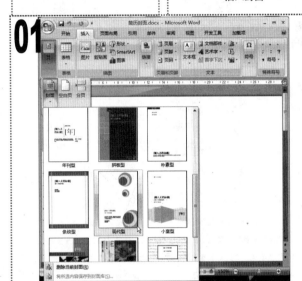

1 新建空白文档,并将其保存为"简历封面"文档。
2 单击"插入"选项卡,在"页"组中单击"封面"按钮,在弹出的下拉菜单中选择"现代型"选项,为文档插入一个封面。

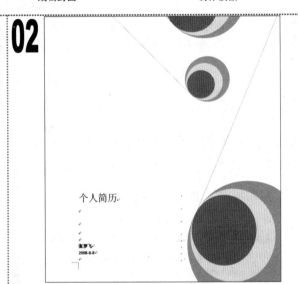

1 在"标题"文本框中输入"个人简历"文本,在"作者"文本框中输入"张梦飞",删除"副标题"与"摘要"文本框,在"日期"下拉列表框中选择文档创建的日期。

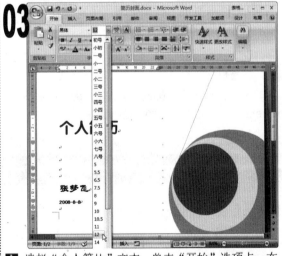

1 选择"个人简历"文本,单击"开始"选项卡,在"字体"组中设置字体格式为"方正粗圆简体、小初、加粗"。
2 选择"张梦飞"文本,设置字体格式为"华文隶书、小一、加粗",选择日期文本,设置字体格式为"黑体、12、加粗"。

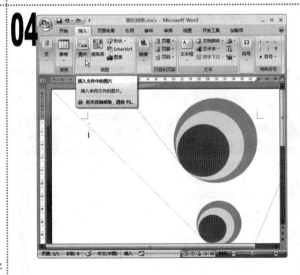

1 将文本插入点定位在封面中,单击"插入"选项卡,在"插图"组中单击"图片"按钮。

05 在打开的"插入图片"对话框的"查找范围"下拉列表框中选择图片的位置，在其下方的列表框中选择"照片.jpg"图片，单击"插入"按钮，将图片插入到文档中。

06 选择插入的图片，在其上单击鼠标右键，在弹出的快捷菜单中选择"文字环绕-浮于文字上方"选项。

07
1️⃣ 调整图片的大小，将图片移动到封面的左上方。
2️⃣ 在页眉处双击鼠标左键，进入页眉和页脚编辑状态。

08 在页眉中输入"个人简历"文本。

09
1️⃣ 选择"个人简历"文本，设置其字体格式为"方正大标宋简、小五"。
2️⃣ 在"字体"组中单击"字符底纹"按钮 A，为文本添加底纹。

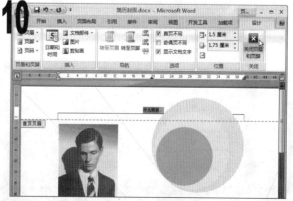

10
1️⃣ 单击"设计"选项卡，在"关闭"组中单击"关闭页眉和页脚"按钮，退出页眉和页脚编辑状态。
2️⃣ 单击"保存"按钮，保存文档。

11

1 单击"Office"按钮 ，在弹出的菜单中选择"新建"选项。

1 在打开的对话框左侧的"模板"栏中单击"已安装的模板"选项卡，在中间选择"原创简历"选项，在右侧会显示此模板的样式，选中右下方的"模板"单选按钮，单击"创建"按钮。

13

1 系统自动创建一个简历模板，单击"保存"按钮 ，打开"另存为"对话框。
2 在"文件名"文本框中输入"简历模板"，单击"保存"按钮，保存模板。

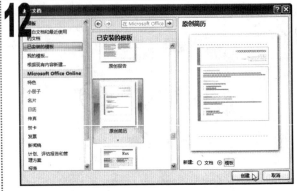

14

1 在新建的"简历模板"文档中，根据提示在右上方输入姓名，设置其字体格式为"宋体、一号"。
2 输入地址、电话号码与电子邮箱地址，设置其字体格式为"宋体、小五"。

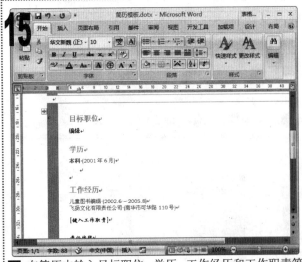

15

1 在简历中输入目标职位、学历、工作经历和工作职责等相关文本。

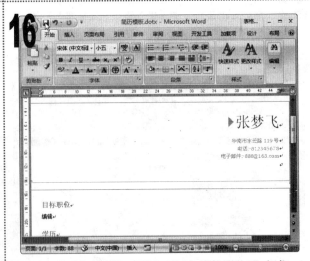

16

1 删除页面右上方的"网站：[键入您的网站]"文本。
2 单击"保存"按钮 ，保存设置，完成本例的制作。

实例49　在招聘信息中创建超链接

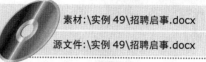
素材:\实例 49\招聘启事.docx
源文件:\实例 49\招聘启事.docx

包含知识
- 创建超链接
- 设置超链接

重点难点
- 创建超链接
- 设置超链接

制作思路

创建超链接　　　　设置超链接　　　　应用超链接

01

1 打开"招聘启事"文档,选择要插入超链接地址的"华派装饰公司"文本。

2 单击"插入"选项卡,在"链接"组中单击"超链接"按钮。

02

1 在打开的"插入超链接"对话框的"链接到"列表框中选择"原有文件或网页"选项,在"要显示的文字"文本框中输入超链接的名称,在"地址"下拉列表框中输入超链接网址。

03

1 单击"屏幕提示"按钮,在打开的"设置超链接屏幕提示"对话框的"屏幕提示文字"文本框中输入"华派装饰 装饰你家"文本,单击"确定"按钮。

2 返回"插入超链接"对话框,单击"确定"按钮。

04

1 网址"http://www.huapaizhuangshi.com/"将作为超链接插入到正在编辑的文档中,将鼠标光标移动到该超链接上时将显示出设置的屏幕提示。

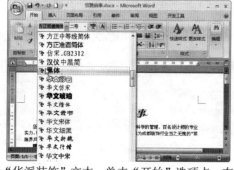

05

1 选择"华派装饰"文本,单击"开始"选项卡,在"字体"组的"字体"下拉列表框中选择"黑体"选项。

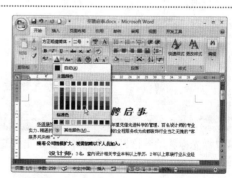

06

1 单击"字体颜色"按钮右侧的·按钮,在弹出的下拉菜单中选择"红色,强调文字颜色 2,深色 50%"选项。

07

1 在"字体"组中单击"下划线"按钮右侧的 按钮，在弹出的下拉菜单中选择"其他下划线"选项。

08

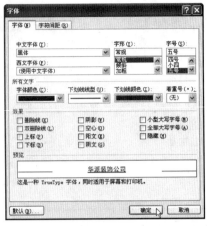

1 在打开的"字体"对话框中设置下划线的线型如图所示，下划线颜色为"红色，强调文字颜色1，深色25%"，单击"确定"按钮。

09

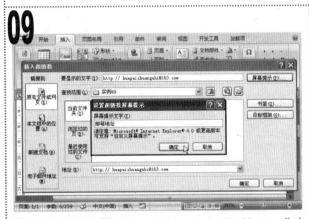

1 选择"电子邮箱：huapaizhuangshi@163.com"文本，用相同的方法将其超链接到"http://huapaizhuangshi@163.com"网址。

10

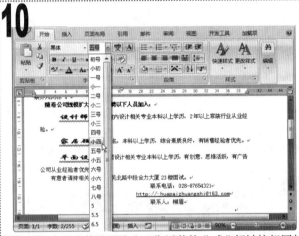

1 用格式刷将其设置为和"华派装饰公式"超链接相同的格式。
2 设置其字体为"黑体、小四"。

11

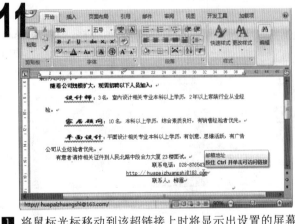

1 将鼠标光标移动到该超链接上时将显示出设置的屏幕提示。

知识延伸

将文本插入点移动到超链接文本中，单击"超链接"按钮，在打开的"编辑超链接"对话框中单击"删除链接"按钮，可取消超链接，但原超链接文本下仍保留下划线。

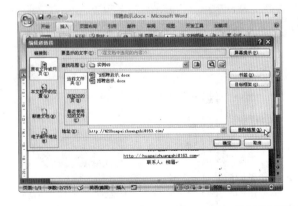

实例50　制作文档样式

素材:\实例 50\工作计划.docx
源文件:\实例 50\工作计划.docx

包含知识
- 新建样式
- 应用样式
- 设置快捷键

重点难点
- 新建样式
- 应用样式
- 设置快捷键

制作思路

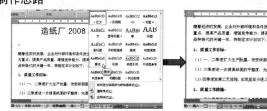

设置样式　　　　　　　新建并应用样式　　　　　　设置快捷键

1　打开"工作计划"素材文档。

2　选择标题文本,设置其字体为"方正大标宋简体",字号为"一号"。

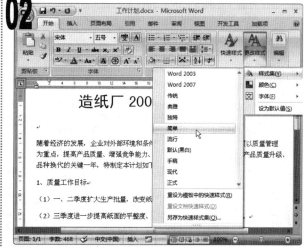

1　将文本插入点定位到"1、质量工作目标"文本后。

2　单击"开始"选项卡,在"样式"组中单击"更改样式"按钮,在弹出的下拉菜单中选择"样式集-简单"选项。

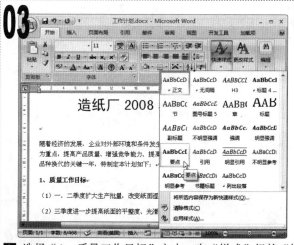

1　选择"1、质量工作目标"文本,在"样式"组的"快速样式"列表框中选择"要点"选项。

2　使用格式刷为"2、质量工作措施"文本应用相同的样式。

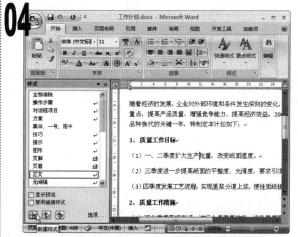

1　将文本插入点定位在"一、二季度扩大批量,改变纸面湿度。"文本中。

2　在"样式"组中单击"对话框启动器"按钮,在打开的"样式"任务窗格底部单击"新建样式"按钮。

05

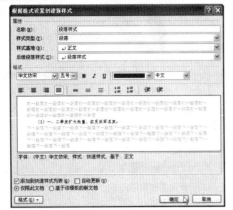

1 在打开的"根据格式设置创建新样式"对话框的"名称"文本框中输入"段落样式",在"格式"栏的"字体"下拉列表框中选择"华文仿宋"选项,在"字号"下拉列表框中选择"五号"选项,单击"确定"按钮。

06

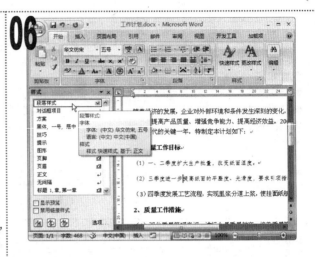

1 将文本插入点定位到下一行文本中。
2 在"样式"任务窗格中选择"段落样式"选项。

07

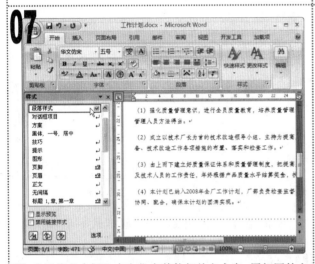

1 分别将文本插入点定位在其他相关文本中,用相同的方法为其应用相同的样式。

08

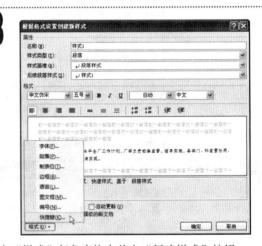

1 在"样式"任务窗格中单击"新建样式"按钮。
2 在打开的"根据格式设置创建新样式"对话框中单击"格式"按钮,在弹出的菜单中选择"快捷键"选项。

09

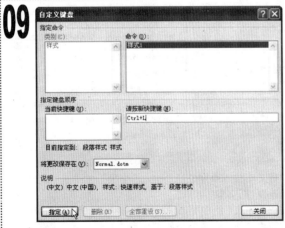

1 将文本插入点定位在"指定键盘顺序"栏的"请按新快捷键"文本框中,按 Ctrl+L 组合键,单击"指定"按钮,再单击"关闭"按钮。

10

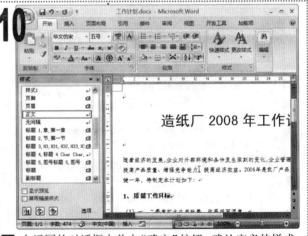

1 在返回的对话框中单击"确定"按钮,确认定义的样式。
2 将文本插入点定位在第一段文本中,按 Ctrl+L 组合键即可应用定义的样式,完成本例的制作。

实例51　编辑文档样式

素材:\实例 51\工作计划.docx
源文件:\实例 51\工作计划.docx

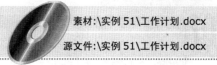

包含知识
- 修改样式
- 删除样式

重点难点
- 修改样式
- 删除样式

制作思路

选择"修改"选项　　　修改文档样式　　　删除文档样式

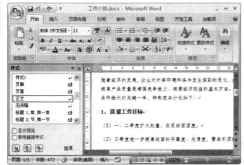

01
1　打开"工作计划"素材文档。
2　单击"开始"选项卡,在"样式"组中单击"对话框启动器"按钮,打开"样式"任务窗格。

02
1　在"段落样式"选项右侧单击按钮,在弹出的下拉菜单中选择"修改"选项。

03
1　在打开的"修改样式"对话框中选中"自动更新"复选框。
2　单击"格式"按钮,在弹出的菜单中选择"字体"选项。

04
1　在打开的"字体"对话框的"字体颜色"下拉列表框中选择"深蓝,文字 2,淡色 60%"选项。
2　在"下划线线型"下拉列表框中选择下划线的线型,单击"确定"按钮。

05
1　返回"修改样式"对话框,单击"格式"按钮,在弹出的菜单中选择"段落"选项。

06
1　在打开的"段落"对话框的"缩进"栏中设置特殊格式为"首行缩进",磅值为"2 字符",单击"确定"按钮。

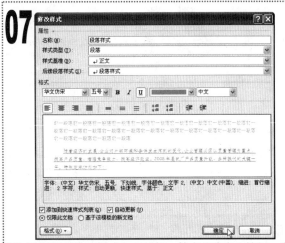

1 返回到"修改样式"对话框,单击"确定"按钮,完成
段落样式的修改。

1 返回"样式"任务窗格,可以看到文档编辑区中内容的
字体与段落样式已经发生了变化。

2 在"样式 1"选项右侧单击 ∨ 按钮,在弹出的下拉菜单
中选择"修改"选项。

1 在打开的"修改样式"对话框的"格式"栏的"字体"
下拉列表框中选择"方正大标宋简体"选项。

1 单击"格式"栏中的"加粗"按钮 **B**,将字体设置为加粗。

2 单击"确定"按钮,完成设置。

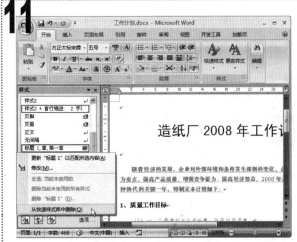

1 返回"样式"任务窗格,在"标题 1"选项右侧单击 ∨
按钮,在弹出的下拉菜单中选择"从快速样式库中删除"
选项。

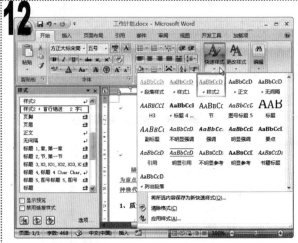

1 关闭"样式"任务窗格,在"样式"组的"快速样式"
列表框中已经没有名为"样式 1"的样式了。

素材:无
源文件:\实例 52\信封.docx

实例52 **创建信封与合并邮件**

包含知识
- 创建信封
- 合并邮件

重点难点
- 创建信封
- 合并邮件

制作思路

创建信封　　　　　　　　　合并邮件

01
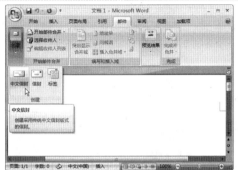

1 新建一篇空白文档。
2 单击"邮件"选项卡,在"创建"组中单击"中文信封"按钮。

02

1 在打开的"信封制作向导"对话框中直接单击"下一步"按钮。

03
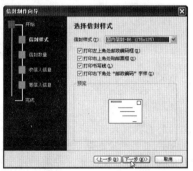

1 在"选择信封样式"对话框的"信封样式"下拉列表框中选择"国内信封-B6(176×125)"选项,单击"下一步"按钮。

04

1 根据提示进行操作,连续单击"下一步"按钮,在"输入寄信人信息"对话框中输入寄信人的姓名、单位、地址和邮编,单击"下一步"按钮。

05

1 在打开的完成制作对话框中单击"完成"按钮,退出信封制作向导。

06

1 Word 2007 将自动新建一个页面为信封页面大小的文档,其中的内容为前面输入的信封内容,保存该文档。

07

① 新建一篇空白文档，将其另存为"邀请"，单击"邮件"
选项卡，在"开始邮件合并"组中单击"开始邮件合并"
按钮，在弹出的下拉菜单中选择"邮件合并分步向导"
选项。

② 打开"邮件合并"任务窗格，单击"下一步：正在启动
文档"超链接。

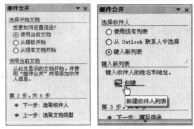

08

① 单击"下一步：选取收件人"超链接。

② 在"选择收件人"栏中没有已存在的联系人，所以选中
"键入新列表"单选按钮。

③ 在"键入新列表"栏中单击"创建"超链接。

09

① 打开"新建地址列表"对话框，在相应的项目下输入有
关的收件人信息，单击"确定"按钮。

10

① 在打开的"保存通讯录"对话框中输入新建的数据源文
件名"邀请"，单击"保存"按钮。

11

① 打开"邮件合并收件人"对话框，在该对话框中可对收
件人进行管理，如果不需要更改，单击"确定"按钮完
成邮件合并中数据源的创建。

12

① 在"您当前的收件人选自"栏中显示出刚输入的数据源
名称，单击"下一步：撰写信函"超链接。

② 系统开始创建主文档，在主文档编辑区中输入收件人将
查看到的邮件内容。

③ 在主文档中相应位置插入需要的域，单击"其他项目"
超链接。

13

① 在打开的对话框的列表框中选择"姓氏"选项，单击"插
入"按钮，将其插入到文档中。

② 用相同的方法将"名字"和"职务"两个域也插入到文
档中，单击"关闭"按钮。

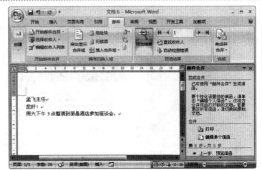

14

① 单击"下一步：预览信函"超链接。

② 在文档编辑区中可看到信函的效果，完成其他设置之
后，单击"下一步：完成合并"超链接，完成本例的
制作。

实例53　制作目录与索引

素材:\实例 53\人力资源管理计划.docx
源文件:\实例 53\人力资源管理计划.docx

包含知识
- 插入目录
- 标记索引项
- 插入索引

重点难点
- 插入目录
- 插入索引

制作思路

设置目录　　　　　　插入目录　　　　　　插入索引

01

1　打开"人力资源管理计划"素材文档,将文本插入点定位在第 2 行行首。

2　单击"引用"选项卡,在"目录"组中单击"目录"按钮,在弹出的下拉菜单中选择"插入目录"选项。

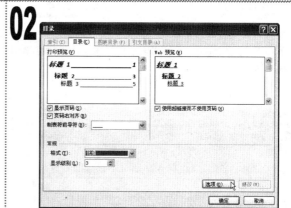

02

1　打开"目录"对话框,将"常规"栏的"显示级别"数值框中的数值设置为"3","格式"设置为"优雅",单击"选项"按钮。

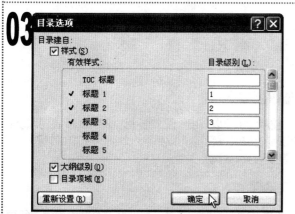

03

1　打开"目录选项"对话框,设置目录级别,单击"确定"按钮。

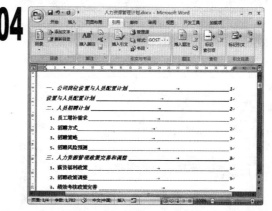

04

1　返回"目录"对话框,单击"确定"按钮,系统自动将目录插入到文档中,效果如图所示,然后保存文档。

知识提示

若希望插入的目录应用标题上自定义的样式,可在"目录"对话框中单击"选项"按钮,在打开的"目录选项"对话框的"有效样式"栏中查找应用于文档的标题样式。

知识延伸

在"引用"选项卡的"题注"组中单击"插入图表目录"按钮,在打开的对话框中可以为文档中的图形、表格、照片或公式单独编制一个目录。

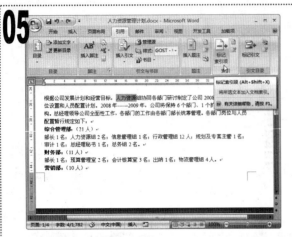

1 选择"人力资源"文本。

2 单击"引用"选项卡，在"索引"组中单击"标记索引项"按钮。

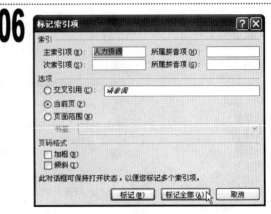

1 打开"标记索引项"对话框，单击"标记全部"按钮。

2 在文档中所有"人力资源"文本后都出现{XE"人力资源"}标记，单击"关闭"按钮关闭对话框。

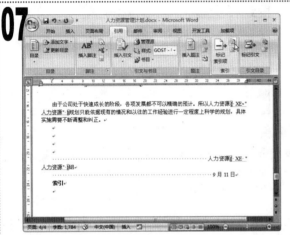

1 将文本插入点定位在页末，输入"索引"文本，设置字体格式为"宋体、五号、加粗"。

2 在"索引"组中单击"插入索引"按钮。

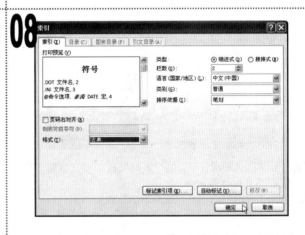

1 打开"索引"对话框，设置索引的格式为"古典"，单击"确定"按钮。

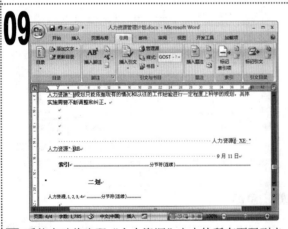

1 系统自动将出现"人力资源"文本的所有页码列出。

知识延伸

使用索引可以列出一篇文档中讨论的术语、主题以及它们出现的页码。索引项可以是单个单词、短语和符号，也可以是包含延续数页的主题。

注意提示

如果在索引中发现错误，找到要更改的索引项进行更改，然后单击"更新索引"按钮，更新索引即可。

Excel 2007 基本操作

05

Excel 2007 是 Office 2007 办公软件的核心组件之一，它能创建各种电子表格并管理表格中的数据，被广泛应用于现代办公中。本章将通过 23 个实例详细讲解新建工作簿、新建工作表、操作工作表和输入数据等 Excel 2007 基本操作。

素材:无
源文件:\实例 54\电话记录.xlsx

实例54　新建 "电话记录" 工作簿

| 包含知识 | ■ 启动 Excel 2007　■ 新建空白工作簿　■ 保存工作簿　■ 关闭工作簿 |

1 单击 "开始" 按钮, 在弹出的菜单中选择 "所有程序-Microsoft Office- Microsoft Office Excel 2007" 选项, 启动 Excel 2007。

1 打开 Excel 2007 的工作界面, 单击 "Office" 按钮, 在弹出的菜单中选择 "新建" 选项。

1 在打开的 "新建工作簿" 对话框左侧的 "模板" 栏中单击 "空白文档和最近使用的文档" 选项卡, 在中间选择 "空工作簿" 选项。
2 单击 "创建" 按钮, 新建空白工作簿。

1 返回 Excel 的工作界面, 单击 "Office" 按钮, 在弹出的菜单中选择 "保存" 选项。

1 在打开的 "另存为" 对话框的 "保存位置" 下拉列表框中设置保存位置, 并在 "文件名" 下拉列表框中输入 "电话记录" 文本, 单击 "保存" 按钮保存新建的工作簿。

工作表标签

1 返回 Excel 的工作界面, 单击标题栏中的 "关闭" 按钮 ✕ 关闭该工作簿, 至此完成本例的制作。

实例55　新建"账单"工作簿

素材:无

源文件:\实例 55\账单.htm

包含知识　　■ 根据模板新建工作簿　■ 输入普通数据　■ 另存工作簿

1 启动 Excel 2007，在打开的 Excel 2007 工作界面中单击"Office"按钮，在弹出的菜单中选择"新建"选项。

2 在打开的"新建工作簿"对话框的"模板"栏中单击"已安装的模板"选项卡，在中间的列表框中选择"账单"选项，单击"创建"按钮。

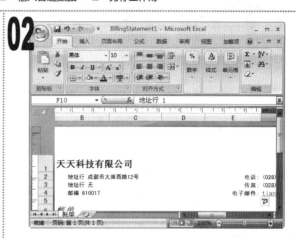

1 返回 Excel 工作界面即查看到根据模板新建的工作簿，在其中输入相应的内容。

1 单击"Office"按钮，在弹出的菜单中选择"另存为-其他格式"选项。

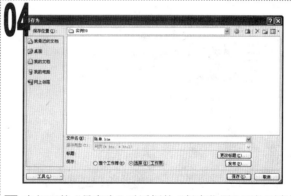

1 在打开的"另存为"对话框的"保存位置"下拉列表框中选择文件的保存位置，在"保存类型"下拉列表框中选择"网页（*.htm，*.html）"选项，选中"选择（E）:工作表"单选按钮，单击"保存"按钮另存工作簿。

1 在保存工作簿的位置双击"账单.htm"文件将其打开，效果如上图所示，至此完成本例的制作。

注意提示

Excel 2007 提供了许多模板样式，如"销售报告"、"资产负债表"和"销售预测表"等，使用它们可快速新建有样式和内容的工作簿。

知识提示

除了将工作簿另存为网页格式的文件外，用户还可以将工作表中的数据另存为".xls"、".txt"、".xml"和".xltx"等格式的文件。

实例56　　编辑出差行程工作表

素材:\实例 56\出差行程.xlsx
源文件:\实例 56\出差行程.xlsx

包含知识	■ 打开工作簿　　■ 选择工作表　　■ 删除工作表　　■ 退出 Excel 2007

1 启动 Excel 2007，单击"Office"按钮 ，在弹出的菜单中选择"打开"选项。

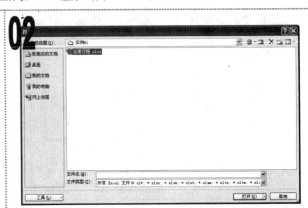

1 在打开的"打开"对话框的"查找范围"下拉列表框中选择文件的保存路径，在中间的列表框中选择要打开的工作簿，这里选择"出差行程"工作簿。

2 单击"打开"按钮将选择的工作簿打开。

1 在 Sheet1 工作表标签上单击鼠标左键选择该工作表，再在其上单击鼠标右键，在弹出的快捷菜单中选择"删除"选项，删除 Sheet1 工作表。

1 用相同的方法删除 Sheet2 和 Sheet3 工作表，在快速访问工具栏中单击"保存"按钮 ，保存该工作簿。

知识延伸

选择第一张工作表的标签，然后按住 Shift 键并单击另一张工作表的标签，可选择这两张工作表和它们之间的所有工作表。若按住 Ctrl 键选择其他工作表，则可以选择不相邻的多张工作表。

1 单击"Office"按钮 ，在弹出的菜单中单击"退出 Excel"按钮，退出 Excel，至此完成本例的制作。

知识提示

如果当前只打开了一个工作簿，在 Excel 2007 工作界面的标题栏中单击"关闭"按钮 ，也可以退出 Excel 2007。

实例57　　编辑设备管理表工作表

素材:\实例 57\设备管理表.xlsx
源文件:\实例 57\设备管理表.xlsx

包含知识
- 选择工作表
- 重命名工作表

重点难点
- 选择工作表
- 重命名工作表

制作思路

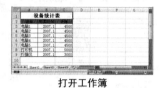

打开工作簿

重命名工作表

1 启动 Excel 2007,选择"Office-打开"选项,在打开的"打开"对话框中选择"设备管理表"工作簿所在的位置,并选择该工作簿,单击"打开"按钮将其打开。

02

◆在该工作表标签上单击鼠标右键,在弹出的快捷菜单中选择"重命名"选项,也可以重命名工作表

1 选择 Sheet1 工作表,在"开始"选项卡的"单元格"组中单击"格式"按钮,在弹出的下拉菜单的"组织工作表"栏中选择"重命名工作表"选项。

双击工作表标签也可以将其变为可编辑状态

1 Sheet1 工作表标签变为可编辑状态,输入"设备统计表"文本,按 Enter 键退出工作表标签的可编辑状态。

04

1 选择 Sheet2 工作表,用相同的方法将其重命名为"设备管理表"。

05

1 删除 Sheet3 工作表,在快速访问工具栏中单击"保存"按钮 ,保存修改过的工作簿,至此完成本例的制作。

举一反三

根据本例介绍的方法,重命名"订单表"工作簿(素材:\实例 57\订单表.xlsx)中的工作表(源文件:\实例 57\订单表.xlsx)。

实例58　　编辑考勤记录表工作表

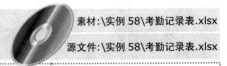

素材:\实例 58\考勤记录表.xlsx

源文件:\实例 58\考勤记录表.xlsx

包含知识	■ 通过菜单选项插入工作表　　■ 保护工作簿

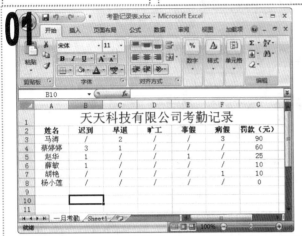

1 启动 Excel 2007，选择"Office-打开"选项，在打开的"打开"对话框中选择"考勤记录表"工作簿所在的位置，并选择该工作簿，单击"打开"按钮将其打开。

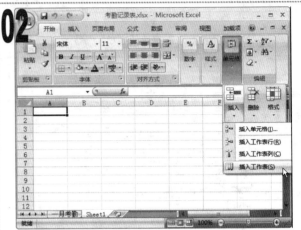

1 选择 Sheet1 工作表，单击"单元格"组中的"插入"按钮下方的 ▼ 按钮，在弹出的下拉菜单中选择"插入工作表"选项。

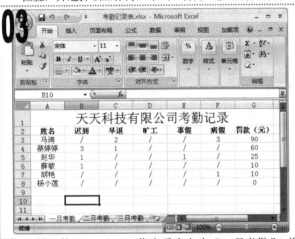

1 将插入的 Sheet2 工作表重命名为"二月考勤"，将 Sheet1 工作表重命名为"三月考勤"，然后选择"一月考勤"工作表。

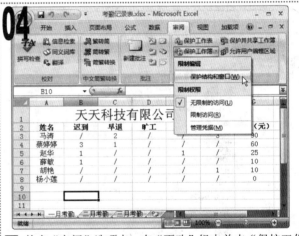

1 单击"审阅"选项卡，在"更改"组中单击"保护工作簿"按钮，在弹出的下拉菜单中选择"保护结构和窗口"选项。

1 在打开的"保护结构和窗口"对话框的"密码"文本框中输入密码"yxl123"，单击"确定"按钮。

2 在打开的"确认密码"对话框的文本框中再次输入密码，单击"确定"按钮，完成本例的制作。

注意提示

为工作簿的编辑权限设置密码后，下次要查看该工作簿中的内容时必须要输入正确的密码，因此一定要牢记设置的密码。

知识延伸

密码区分大小写，最长可达 255 个字符，其中可以包含字母、数字和符号的任意组合，这样安全性比较高。当下次再选择"保护工作簿"选项时，将打开"撤销工作簿保护"对话框。

实例59　编辑销售统计表工作表

素材:\实例 59\销售统计表.xlsx

源文件:\实例 59\销售统计表.xlsx

包含知识
- 通过工作表标签插入工作表
- 选择、合并单元格
- 输入数据

重点难点
- 选择、合并单元格
- 输入数据

制作思路

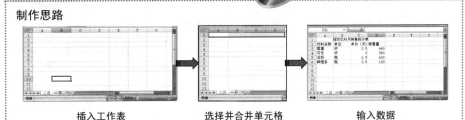

插入工作表　　　　　　选择并合并单元格　　　　　　输入数据

01

1️⃣ 打开"销售统计表"素材工作簿,在"一月"工作表标签上单击鼠标右键,在弹出的快捷菜单中选择"插入"选项。

02

1️⃣ 在打开的"插入"对话框的"常用"选项卡的列表框中选择"工作表"选项,单击"确定"按钮。

03

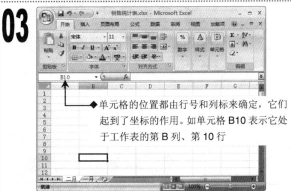

◆ 单元格的位置都由行号和列标来确定,它们起到了坐标的作用。如单元格 B10 表示它处于工作表的第 B 列、第 10 行

1️⃣ 双击插入的 Sheet1 工作表标签,将其变为可编辑状态,输入文本"二月",将该工作表重命名。

04

◆ 在 Excel 表格中,若要表示单元格区域,需要用冒号表示,如 A1单元格与 D1 单元格之间的区域直接表示为 A1:D1

1️⃣ 将鼠标光标移到 A1 单元格上,按住鼠标左键不放,拖动选择 A1:D1 单元格区域。

2️⃣ 单击"开始"选项卡,在"对齐方式"组中单击"合并后居中"按钮📧,将选择的单元格区域合并。

05

1️⃣ 在 A1:D1 单元格区域中双击鼠标左键,将文本插入点定位到合并后的单元格中,输入"超市饮料月销售统计表"。

2️⃣ 按 Enter 键换行并选择 A2 单元格,输入"饮料名称"文本,按→键,选择 B2 单元格,输入"单位"文本,用相同的方法输入如上图所示的其他表头文本。

06

1️⃣ 输入销售统计表中的数据,如上图所示,保存该工作簿,完成本例的制作。

素材:\实例60\成绩表.xlsx

源文件:\实例60\成绩表.xlsx

实例60　　编辑"成绩表"工作簿

包含知识	■ 复制和移动工作表

01 启动 Excel 2007,打开"成绩表"素材工作簿。

02 在"单元格"组中单击"格式"按钮,在弹出的下拉菜单的"组织工作表"栏中选择"移动或复制工作表"选项。

03 在打开的"移动或复制工作表"对话框中选中"建立副本"复选框,单击"确定"按钮,为"一学期"工作表建立一个副本工作表,即复制工作表。

04 将复制的工作表的名称修改为"二学期",在"单元格"组中单击"格式"按钮,在弹出的下拉菜单的"组织工作表"栏中选择"移动或复制工作表"选项。

05 在打开的"移动或复制工作表"对话框的列表框中选择"Sheet2"选项,单击"确定"按钮,将"二学期"工作表移动到 Sheet2 工作表之前。

06 删除 Sheet2 和 Sheet3 工作表,保存修改过的工作簿,完成本例的制作。

实例61　保护"报名表"工作簿中的工作表

素材:\实例 61\报名表.xlsx
源文件:\源文件\实例 61\报名表.xlsx

包含知识	■　保护工作表

01

■ 启动 Excel 2007，打开"报名表"素材工作簿。

02

■ 在"单元格"组中单击"格式"按钮，在弹出的下拉菜单的"保护"栏中选择"保护工作表"选项。

03

■ 在打开的"保护工作表"对话框的"取消工作表保护时使用的密码"文本框中输入保护密码"yxl123"。
② 在"允许此工作表的所有用户进行"列表框中选中"设置单元格格式"、"设置列格式"、"设置行格式"、"插入列"、"插入行"、"删除列"和"删除行"复选框，单击"确定"按钮。

04

■ 在打开的"确认密码"对话框的"重新输入密码"文本框中再次输入密码。
② 单击"确定"按钮，返回工作界面，保存修改过的工作簿，完成本例的制作。

▋知识提示

单击"审阅"选项卡，在"更改"组中单击"保护工作表"按钮，也可打开"保护工作表"对话框，对选择的工作表进行保护设置。

▋知识延伸

撤销对工作表的保护的方法是：单击"审阅"选项卡，在"更改"组中单击"撤销工作表保护"按钮，在打开的"撤销工作表保护"对话框的"密码"文本框中输入正确的密码，单击"确定"按钮即可。

▋注意提示

对工作表进行保护后，用户可以查看该工作表中的数据，但不能对工作表中的数据进行任何操作。如果要操作工作表中的数据，必须撤销对工作表的保护。

实例62　编辑"产品库存表"工作簿

素材:\实例 62\产品库存表.xlsx
源文件:\实例 62\产品库存表.xlsx

包含知识　　■ 隐藏与显示工作表

■ 启动 Excel 2007，打开"产品库存表"素材工作簿。

◆ 工作簿中只有包括两张或两张以上的工作表时，才能将其中的一张工作表隐藏，否则在选择"隐藏工作表"选项时，程序会打开提示对话框提示用户插入工作表

■ 选择 Sheet1 工作表，在"单元格"组中单击"格式"按钮，在弹出的下拉菜单的"可见性"栏中选择"隐藏和取消隐藏-隐藏工作表"选项。

■ 选择 Sheet2 工作表，用相同的方法将 Sheet2 工作表隐藏。

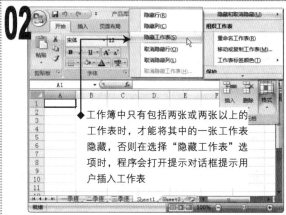

■ 在"单元格"组中单击"格式"按钮，在弹出的下拉菜单的"可见性"栏中选择"隐藏和取消隐藏-取消隐藏工作表"选项。

■ 在打开的"取消隐藏"对话框的"取消隐藏工作表"列表框中选择"Sheet1"选项，单击"确定"按钮将其显示出来，用相同的方法将 Sheet2 工作表显示出来。

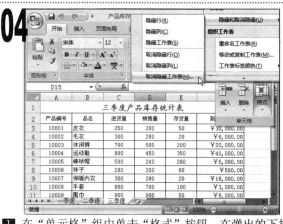

■ 按住 Shift 键的同时单击 Sheet1 和 Sheet2 工作表标签，在其上单击鼠标右键，在弹出的快捷菜单中选择"删除"选项，将这两张工作表删除，至此完成本例的制作。

实例63 编辑录取情况表工作表

素材:\实例 63\录取情况表.xlsx

源文件:\实例 63\录取情况表.htm

包含知识
- 选择单元格
- 修改数据

重点难点
- 选择单元格
- 修改数据

制作思路

打开工作簿并定位文本插入点　　　　修改数据　　　　最终效果

01

1️⃣ 打开"录取情况表"素材工作簿,选择 A1 单元格,在编辑栏中单击鼠标左键,定位文本插入点。

02

1️⃣ 按 Back Space 键删除文本插入点左侧的"娟"文本,输入"丹"文本,按 Enter 键完成修改操作。

03

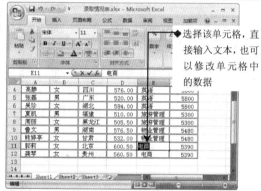

1️⃣ 选择 E11 单元格,双击该单元格将文本插入点定位到该单元格中,选择其中的"电商"文本。

04

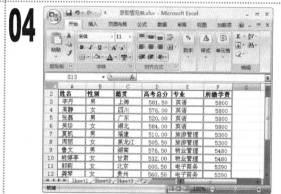

1️⃣ 输入"电子商务"文本,按 Enter 键完成文本的修改操作,用相同的方法将 E12 单元格中的数据修改为"电子商务"。

05

1️⃣ 选择"Office-另存为-其他格式"选项,在打开的"另存为"对话框中将"文件名"设置为"录取情况表.htm",单击"保存"按钮。

06

1️⃣ 在保存的路径中双击"录取情况表.htm"文件将其打开,其效果如上图所示,至此完成本例的制作。

素材:\实例 64\订单表.xlsx
源文件:\实例 64\订单表.xlsx

实例64　编辑订单表工作表

包含知识
- 选择一行单元格
- 插入与删除行

重点难点
- 选择一行单元格
- 插入与删除行

制作思路

选择一行单元格　　　插入行并输入数据　　　删除行并修改数据

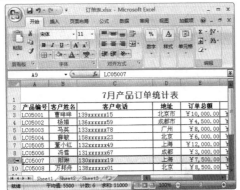

01 打开"订单表"素材工作簿,将鼠标光标移动到第 9 行的行号上,当鼠标光标变为 ➡ 形状时,单击鼠标左键选择该行的所有单元格。

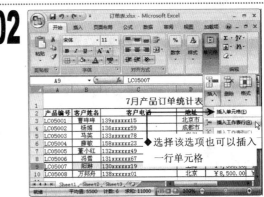

02 在"单元格"组中单击"插入"按钮下方的 ▾ 按钮,在弹出的下拉菜单中选择"插入工作表行"选项。

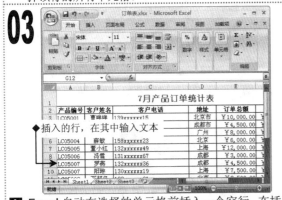

03 Excel 自动在选择的单元格前插入一个空行,在插入的行中输入如上图所示的文本。

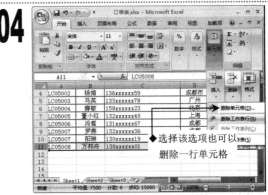

04 选择第 11 行,在"单元格"组中单击"删除"按钮下方的 ▾ 按钮,在弹出的下拉菜单中选择"删除工作表行"选项。

05 Excel 自动删除选择的行,将第 10 行中的产品编号修改为"LC05008",至此完成本例的制作。

知识延伸

选择需选择范围内左上角的一个单元格,然后按住鼠标左键不放并拖动鼠标至需要选择范围内右下角的单元格,再释放鼠标即可选择拖动过程中框选的所有单元格。

知识提示

按住 Ctrl 键不放,然后选择需要的单元格或单元格区域,即可选择不连续的单元格或单元格区域。

素材:\实例 65\员工档案表.xlsx

源文件:\实例 65\员工档案表.xlsx

实例65　　编辑员工档案表工作表

包含知识
- 选择一列单元格
- 插入与删除列

重点难点
- 选择一列单元格
- 插入与删除列

制作思路

选择一列单元格　　　　插入列并输入数据　　　　删除列并修改数据

01

■ 打开"员工档案表"素材工作簿,将鼠标光标移动到 E 列的列标上,当光标变为 ↓ 形状时单击鼠标左键选择该列。

02

■ 在"单元格"组中单击"插入"按钮下方的 · 按钮,在弹出的下拉菜单中选择"插入工作表列"选项。

03

■ Excel 自动在 E 列的左侧插入一个空列,在插入的列中输入如上图所示的文本。

04

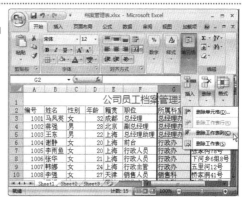

■ 选择 G 列,在"单元格"组中单击"删除"按钮下方的 · 按钮,在弹出的下拉菜单中选择"删除工作表列"选项。

05

■ Excel 自动删除选择的列,保存修改过的工作簿,至此完成本例的制作。

知识延伸

选择单元格后,在其上单击鼠标右键,在弹出的快捷菜单中选择"插入"选项,在打开的"插入"对话框中选中"整列"单选按钮,然后单击"确定"按钮,也可插入一个空列。

知识延伸

选择单元格后,在其上单击鼠标右键,在弹出的快捷菜单中选择"删除"选项,在打开的"删除"对话框中选中"整列"单选按钮,然后单击"确定"按钮,也可将选择的单元格所在的列删除。

素材:无

源文件:\实例 66\课程表.xlsx

实例66 制作课程表

包含知识
- 选择单元格
- 合并单元格
- 输入数据

重点难点
- 合并单元格

制作思路

 →

合并单元格并输入数据 　　　　　　　　完成制作

 01

■ 新建"课程表"工作簿，选择 A1:F1 单元格区域，在"开始"选项卡的"对齐方式"组中单击"合并后居中"按钮右侧的 ▾ 按钮，在弹出的下拉列表中选择"合并后居中"选项。

02

■ 将文本插入点定位到编辑栏中，输入"高一（1）班课程表"文本，按 Enter 键完成输入。

 03

■ 在 B2:F2 单元格区域中输入表头文本，其具体数据如上图所示。

04

■ 将 B3:F3 单元格区域合并后居中，输入"早上"文本。
② 在 A4:A7 单元格区域中输入"第一节"、"第二节"、"第三节"和"第四节"文本。

05

■ 将 B8:F8 单元格区域合并后居中，并输入"下午"文本，在 A9:A11 单元格区域中输入如上图所示的文本，保存该工作簿，完成本例的制作。

知识提示

在"开始"选项卡的"对齐方式"组中单击 ▦ 按钮右侧的 ▾ 按钮，在弹出的下拉列表中选择"合并单元格"选项，在合并的单元格中输入数据将按默认的文本左对齐方式显示。

知识延伸

对于合并的单元格，如果要将其拆分，只需在"开始"选项卡的"对齐方式"组中单击"合并后居中"按钮右侧的 ▾ 按钮，在弹出的下拉列表中选择"取消单元格合并"或"合并后居中"选项。

实例67　编辑工资单工作表

素材:\实例 67\工资单.xlsx
源文件:\实例 67\工资单.xlsx

包含知识
- 隐藏行
- 隐藏列

重点难点
- 隐藏行
- 隐藏列

制作思路

隐藏行　　　　　　　　　隐藏列

01 启动 Excel 2007，打开"工资单"素材工作簿，选择第 3~第 5 行单元格。

02 在"单元格"组中单击"格式"按钮，在弹出的下拉菜单中选择"隐藏和取消隐藏-隐藏行"选项，将选择的单元格隐藏。

03 用相同的方法将其他行的单元格隐藏，只显示汇总数据所在的行，效果如上图所示。

04 选择 A 列和 B 列单元格，在"单元格"组中单击"格式"按钮，在弹出的下拉菜单中选择"隐藏和取消隐藏-隐藏列"选项，隐藏选择的列。

05 返回 Excel 工作界面即可查看隐藏列后的效果，保存修改过的工作簿，至此完成本例的制作。

知识延伸

要将隐藏的数据显示出来，可选择隐藏行或列的上下或左右相邻的行或列，然后在"开始"选项卡的"单元格"组中单击"格式"按钮，在弹出的下拉菜单中选择"隐藏和取消隐藏-取消隐藏行"选项或"隐藏和取消隐藏-取消隐藏列"选项即可。

知识延伸

在隐藏行或列的黑线上单击鼠标右键，在弹出的快捷菜单中选择"取消隐藏"选项，也可以将隐藏的行或列显示出来。

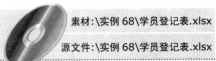

素材:\实例 68\学员登记表.xlsx
源文件:\实例 68\学员登记表.xlsx

实例68　编辑学员登记表工作表

包含知识
- 设置单元格的行高
- 设置单元格的列宽

重点难点
- 设置单元格的行高
- 设置单元格的列宽

制作思路

选择行　　　　　设置行高和列宽　　　　　最终效果

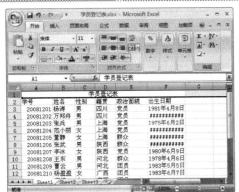

01 启动 Excel 2007,打开"学员登记表"素材工作簿,选择第一行单元格。

02 在"单元格"组中单击"格式"按钮,在弹出的下拉菜单的"单元格大小"栏中选择"行高"选项。

03 在打开的"行高"对话框的"行高"文本框中输入"20",单击"确定"按钮设置行高。

04 选择 F 列单元格,在"单元格"组中单击"格式"按钮,在弹出的下拉菜单的"单元格大小"栏中选择"列宽"选项。

05 在打开的"列宽"对话框的"列宽"文本框中输入"15",单击"确定"按钮设置列宽。

06 返回 Excel 工作界面即可查看设置行高和列宽后的效果,在快速访问工具栏中单击"保存"按钮，保存修改过的工作簿,至此完成本例的制作。

实例69　编辑酒店等级表工作表

素材:\实例69\酒店等级表.xlsx

源文件:\实例69\酒店等级表.xlsx

包含知识
- 插入列
- 插入特殊符号

重点难点
- 插入特殊符号

制作思路

选择列　　　　　　插入列　　　　　　插入特殊符号

01

1 启动 Excel 2007，打开"酒店等级表"素材工作簿，选择 B 列单元格。

02

1 在"单元格"组中单击"插入"按钮下方的 · 按钮，在弹出的下拉菜单中选择"插入工作表列"选项。

03

1 系统自动在"地址"列左侧插入一个空列，在 B2 单元格中输入"等级"文本，并选择 B3 单元格。

04

1 单击"插入"选项卡，在"特殊符号"组中单击"符号"按钮，在弹出的下拉菜单中选择"更多"选项。

05

1 在打开的"插入特殊符号"对话框中单击"特殊符号"选项卡，在中间的列表框中选择★符号，单击"确定"按钮插入该特殊符号。

06

1 用相同的方法插入其他特殊符号，其效果如上图所示，保存修改过的工作簿，至此完成本例的制作。

素材:\实例 70\客户资料表.xlsx
源文件:\实例 70\客户资料表.xlsx

实例70　编辑客户资料表工作表

包含知识
- 插入列
- 输入字符串数据
- 通过控制柄快速填充数据

重点难点
- 输入字符串数据
- 通过控制柄快速填充数据

制作思路

插入列并输入字符串数据　　　　填充数据　　　　完成制作

1 启动 Excel 2007,打开"客户资料表"素材工作簿,选择 A 列单元格。

1 在选择的列上单击鼠标右键,在弹出的快捷菜单中选择"插入"选项,在选择的单元格左侧插入一列单元格。

1 在 A2 单元格中输入"编号"文本,在 A3 单元格中输入字符串"LC1001"。

1 将鼠标光标移动到 A3 单元格的右下角,当其变为+形状时,按住鼠标左键不放并拖动鼠标。

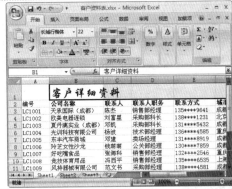

1 将鼠标光标拖动到 A17 单元格上时释放鼠标左键,即可快速填充数据。选择 B1 单元格,在"对齐方式"组中单击"合并后居中"按钮,将合并的单元格拆分。

1 选择 A1:I1 单元格区域,单击"合并后居中"按钮合并选择的单元格,保存修改过的工作簿,至此完成本例的制作。

素材:\实例 71\设备购置表.xlsx

源文件:\实例 71\设备购置表.xlsx

实例71　　编辑设备购置表工作表

包含知识

- 设置单元格格式
- 输入日期和时间
- 自动调整列宽

重点难点

- 输入日期和时间

制作思路

设置单元格格式并输入数据

输入其他数据

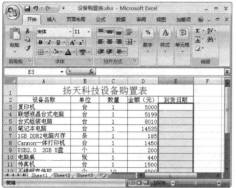

01 启动 Excel 2007，打开"设备购置表"素材工作簿，选择 E3:E17 单元格区域。

02 单击"开始"选项卡，在"字体"组中单击"对话框启动器"按钮。

03 在打开的"设置单元格格式"对话框中单击"数字"选项卡，在"分类"列表框中选择"日期"选项，在右侧的"类型"列表框中选择如上图所示的选项，单击"确定"按钮。

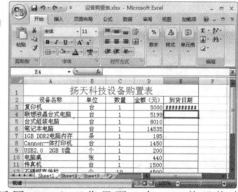

04 返回 Excel 工作界面，在 E3 单元格中输入"2008-8-15"，按 Enter 键完成输入。

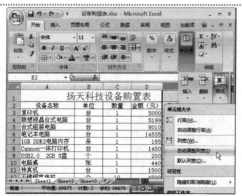

05 选择 E 列单元格，在"单元格"组中单击"格式"按钮，在弹出的下拉菜单中选择"自动调整列宽"选项。

06 用相同的方法输入其他日期数据，保存修改过的工作簿，至此完成本例的制作。

素材:\实例 72\饮料销售统计.xlsx
源文件:\实例 72\饮料销售统计.xlsx

实例72　编辑饮料销售统计工作表

包含知识
- 插入列
- 输入货币型数字

重点难点
- 输入货币型数字

制作思路

插入列　　　　　设置单元格格式并输入数据

01

1 启动 Excel 2007，打开"饮料销售统计"素材工作簿，选择 C 列单元格，在其上单击鼠标右键，在弹出的快捷菜单中选择"插入"选项。

02

1 系统自动在"销售量"列的左侧插入一个空列，在 C2 单元格中输入"价格"文本，并选择 C3:C9 单元格区域。

03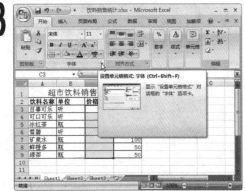

1 单击"开始"选项卡，在"字体"组中单击"对话框启动器"按钮。

04

1 在打开的"设置单元格格式"对话框中单击"数字"选项卡，在"分类"列表框中选择"货币"选项，在右侧的"小数位数"数值框中输入"2"。
2 其他选项保持默认设置，单击"确定"按钮。

05

1 返回 Excel 工作界面，在 C3 单元格中输入"3.5"，按 Enter 键，系统自动将输入的数字以货币的格式显示。

06

1 用相同的方法输入其他饮料的价格，保存修改过的工作簿，至此完成本例的制作。

实例73　编辑学生成绩总分统计工作表

素材:\实例73\学生成绩总分统计.xlsx
源文件:\实例73\学生成绩总分统计.xlsx

包含知识

■ 设置单元格格式
■ 输入小数型数字

重点难点

■ 设置单元格格式
■ 输入小数型数字

制作思路

设置单元格格式　　　　　　　　输入数据

01

1 启动 Excel 2007,打开"学生成绩总分统计"素材工作簿,选择 C3:C11 单元格区域。

02

1 单击"开始"选项卡,在"数字"组的"常规"下拉列表框中选择"其他数字格式"选项。

03

1 在打开的"设置单元格格式"对话框的"分类"列表框中选择"数值"选项,在右侧的"小数位数"数值框中输入"2",保持其他参数的默认设置,单击"确定"按钮。

04

1 返回 Excel 工作界面,在 C3 单元格中输入"280.5",按 Enter 键确定输入的数据,系统自动以两位小数的格式显示数据。

05

1 用相同的方法输入其他学生的总分,保存修改过的工作簿,至此完成本例的制作。

知识延伸

如果选择有数据的单元格,在"设置单元格格式"对话框中设置数据的小数位数时,在"数字"选项卡的"分类"列表框中选择"数值"选项,在"示例"栏中可以预览设置小数位数后的效果。

实例74　编辑学生档案工作表

包含知识
- 修改数据类型
- 通过控制柄填充相同数据

重点难点
- 修改数据类型
- 通过控制柄填充相同数据

制作思路

 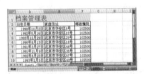

修改数据类型　　　　　　　　　　填充相同数据

01

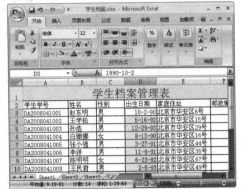

🔟 启动 Excel 2007，打开"学生档案"素材工作簿，选择 D3:D16 单元格区域。

02

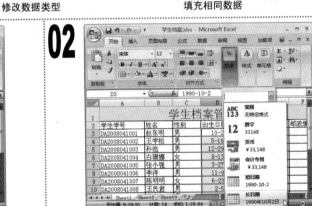

🔟 单击"开始"选项卡，在"数字"组的"常规"下拉列表框中选择"长日期"选项。

03

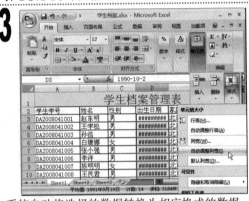

🔟 系统自动将选择的数据转换为相应格式的数据，在"单元格"组中单击"格式"按钮，在弹出的下拉菜单的"单元格大小"栏中选择"自动调整列宽"选项。

04

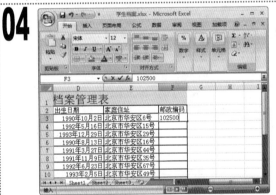

🔟 双击 F3 单元格，将文本插入点定位到该单元格中，输入"102500"。

05

🔟 将鼠标光标移动到 F3 单元格的右下角，当鼠标光标变为+形状时，按住鼠标左键不放并拖动鼠标光标。

06

🔟 将鼠标光标拖动到 F16 单元格上后，释放鼠标左键即可填充相同的数据，保存该工作簿，完成本例的制作。

实例75　编辑人事档案表工作表

素材:\实例 75\人事档案表.xlsx
源文件:\实例 75\人事档案表.xlsx

包含知识
- 通过控制柄填充有规律的数据
- 填充相同数据

重点难点
- 通过控制柄填充有规律的数据

制作思路

填充序列数据　　　　　　填充相同数据

01

🔢 打开"人事档案表"素材工作簿,选择 B 列单元格,在其上单击鼠标右键,在弹出的快捷菜单中选择"插入"选项。

02

🔢 系统自动插入一个空列,在 B3 单元格中输入"编号"文本,在 B4 单元格中输入"1001"。

03

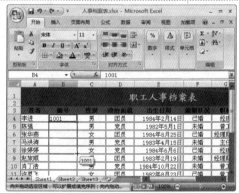

🔢 将鼠标光标移动到 B4 单元格的右下角,当鼠标光标变为+形状时,按住鼠标左键不放并拖动鼠标光标。

04

🔢 将鼠标光标拖动到 B13 单元格上后释放鼠标左键,单击🖲图标右侧的▾按钮,在弹出的下拉列表中选中"填充序列"单选按钮。

05

🔢 系统自动以序列的格式填充数据,在 I4 单元格中输入"销售部"文本,将鼠标光标移到该单元格的右下角,当鼠标光标变为+形状时,按住鼠标左键不放并拖动鼠标光标。

06

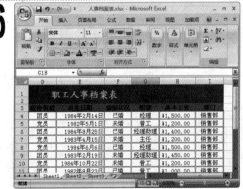

🔢 将鼠标光标拖动到 I13 单元格上后,释放鼠标左键即可填充相同的数据,保存修改过的工作簿,至此完成本例的制作。

实例76 编辑员工通信录工作表

素材:\实例 76\员工通信录.xlsx
源文件:\实例 76\员工通信录.xlsx

包含知识

- 通过对话框快速填充有规律或相同的数据

重点难点

- 通过对话框快速填充有规律或相同的数据

制作思路

填充有规律的数据 → 填充相同数据

01

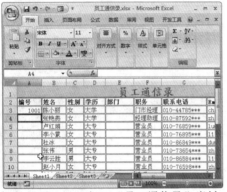

1 启动 Excel 2007,打开"员工通信录"素材工作簿,在 A3 单元格中输入"1001",按 Enter 键确认输入的数据。

02

1 选择 A3:A20 单元格区域,单击"开始"选项卡,在"编辑"组中单击"填充"按钮,在弹出的下拉菜单中选择"系列"选项。

03

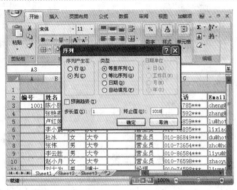

1 在打开的"序列"对话框中选中"列"和"等差序列"单选按钮,在"终止值"文本框中输入"1018",单击"确定"按钮填充有规律的数据。

04

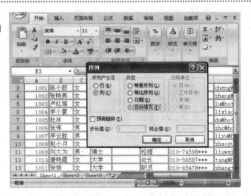

1 在 E3 单元格中输入"销售部"文本,选择 E3:E10 单元格区域,再次打开"序列"对话框,选中"列"和"自动填充"单选按钮,单击"确定"按钮填充相同的数据。

05

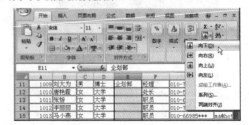

1 用相同的方法将"部门"列中的数据填充完全,保存修改过的工作簿,至此完成本例的制作。

知识延伸

选择需要填充数据的单元格区域,单击"编辑"组中的"填充"按钮,在弹出的下拉菜单中选择"向下"、"向右"、"向上"或"向右"选项,都可以快速地在选择的单元格区域中填充相同的数据。

第 6 章

编辑与美化 Excel 表格

实例 77 修改用品领用记录工作表

实例 78 修改销售业绩表工作表

实例 79 美化员工工资表工作表

实例 80 编辑成绩统计工作表

实例 88 打印通信费用统计表工作表

实例 81 编辑费用表工作表

06

实例 82 编辑产品销售工作表

实例 83 编辑员工考勤表工作表

实例 87 美化客户联系工作表

　　对于制作好的电子表格，还可以对其进行各种编辑和设置，使创建的电子表格更美观、更专业。本章将通过 13 个实例详细讲解数据的查找和替换、移动和复制、设置字体格式、设置边框和底纹等美化表格的相关知识。

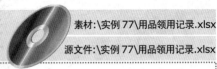

实例77 修改用品领用记录工作表

包含知识
- 设置字体格式
- 查找数据
- 替换数据

重点难点
- 设置字体格式
- 查找数据
- 替换数据

制作思路

设置字体格式　　　　　　查找和替换数据

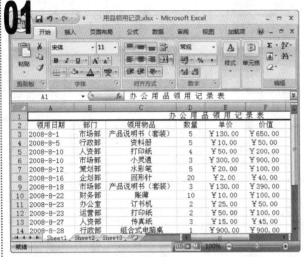

1 启动 Excel 2007，打开"用品领用记录"素材工作簿，选择 A1 单元格。

1 单击"开始"选项卡，在"字体"组的"字体"下拉列表框中选择"楷体_GB2312"选项。

1 系统自动将 A1 单元格中的文本应用设置的字体格式。

2 单击"开始"选项卡，在"字体"组的"字号"下拉列表框中选择"18"选项。

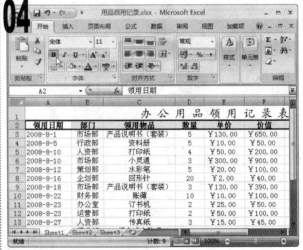

1 系统自动将 A1 单元格中的文本应用设置的字号。

2 选择 A2:I2 单元格区域，在"字体"组中单击"加粗"按钮 **B**，设置单元格区域中的文本为加粗显示。

■ 选择 B2 单元格，单击"开始"选项卡，在"编辑"组中单击"查找和选择"按钮，在弹出的下拉菜单中选择"查找"选项。

■ 在打开的"查找和替换"对话框中单击"查找"选项卡，在"查找内容"下拉列表框中输入"市场部"文本，单击"查找下一个"按钮查找到第一处"市场部"文本。

■ 单击"替换"选项卡，在"替换为"下拉列表框中输入"销售部"文本。

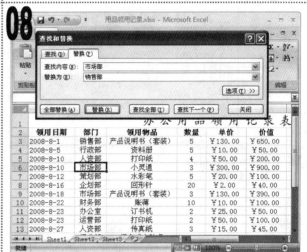

■ 单击"替换"按钮，将第一处"市场部"文本替换为"销售部"文本，系统自动查找到第二处"市场部"文本。

■ 单击"全部替换"按钮，在打开的提示对话框中提示已经完成替换，单击"确定"按钮。

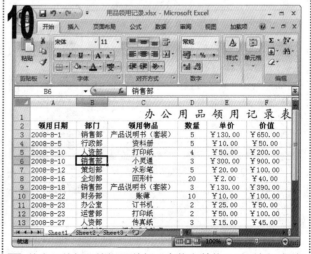

■ 单击"关闭"按钮关闭"查找和替换"对话框，保存修改过的工作簿，完成本例的制作。

实例78　　修改销售业绩表工作表

素材:\实例 78\销售业绩表.xlsx
源文件:\实例 78\销售业绩表.xlsx

包含知识
- 插入列
- 移动和复制数据
- 删除列
- 拆分和合并单元格

重点难点
- 移动和复制数据

制作思路

移动和复制数据　　　　　　重新合并标题单元格

1 启动 Excel 2007，打开"销售业绩表"素材工作簿，选择 A 列单元格。

1 单击"开始"选项卡，在"单元格"组中单击"插入"按钮下方的·按钮，在弹出的下拉列表中选择"插入工作表列"选项，插入一列空白单元格。

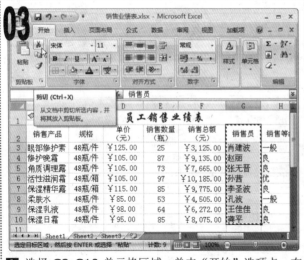

1 选择 G2:G10 单元格区域，单击"开始"选项卡，在"剪贴板"组中单击"剪切"按钮，将选择的单元格区域中的数据剪切到剪贴板中。

1 选择 A2:A10 单元格区域，在"剪贴板"组中单击"粘贴"按钮下方的·按钮，在弹出的下拉菜单中选择"粘贴"选项，将剪切的数据移动到该单元格区域中。

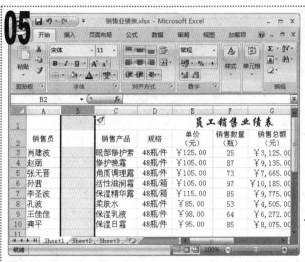

1 选择 B 列单元格,在 B 列的列标上单击鼠标右键,在弹出的快捷菜单中选择"插入"选项,插入一列单元格。

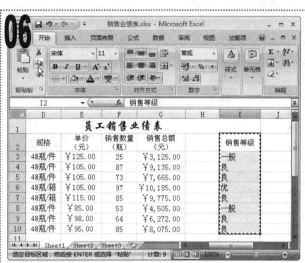

1 选择 I2:I10 单元格区域,在"剪贴板"组中单击"复制"按钮。

1 选择 B2:B10 单元格区域,在"剪贴板"组中单击"粘贴"按钮,将复制的数据粘贴到该单元格区域中。

1 选择 H 列和 I 列,单击"单元格"组中的"删除"按钮下方的·按钮,在弹出的下拉列表中选择"删除工作表列"选项。

1 选择表格的标题文本所在的单元格,在"对齐方式"组中单击"合并后居中"按钮,将合并的单元格拆分。

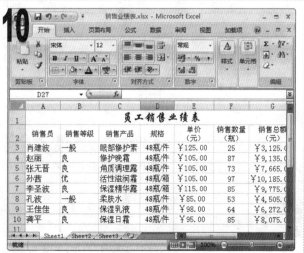

1 选择 A1:G1 单元格区域,在"对齐方式"组中单击"合并后居中"按钮将单元格合并,完成本例的制作。

素材:\实例 79\员工工资表.xlsx
源文件:\实例 79\员工工资表.xlsx

实例79　美化员工工资表工作表

包含知识
- 设置字体格式
- 设置对齐方式
- 设置边框
- 设置底纹

重点难点
- 设置边框
- 设置底纹

制作思路

设置字体格式和对齐方式	设置边框和底纹

1 启动 Excel 2007，打开"员工工资表"素材工作簿，选择表格的标题文本。

1 在"字体"组的"字体"下拉列表框中选择"华文楷体"选项。

1 在"字体"组中单击"加粗"按钮 **B**，将表格的标题文本加粗。

1 选择 A5:I16 单元格区域，在"对齐方式"组中单击"居中"按钮，将选择的单元格区域中的数据全部设置为居中显示。

知识提示

　　在"开始"选项卡的"字体"组中单击"对话框启动器"按钮，在打开的"设置单元格格式"对话框的"字体"选项卡中也可以设置文本的字体格式。

知识提示

　　在"开始"选项卡的"对齐方式"组中单击"对话框启动器"按钮，在打开的"设置单元格格式"对话框的"对齐"选项卡中也可以设置文本的对齐方式。

1 选择 A1:M16 单元格区域，在"字体"组中单击"下边框"按钮■右侧的▼按钮，在弹出的下拉菜单中选择"其他边框"选项。

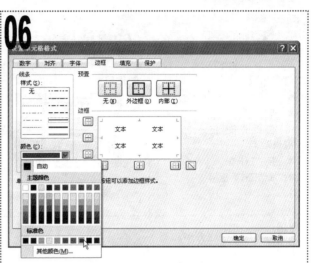

1 在打开的"设置单元格格式"对话框中单击"边框"选项卡，在"样式"列表框中选择"——"样式，在"颜色"下拉列表框中选择"标准色"栏中的"蓝色"选项。

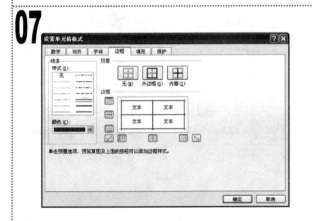

1 在"预置"栏中单击"外边框"按钮■和"内部"按钮■，为选择的单元格添加边框，单击"确定"按钮应用设置。

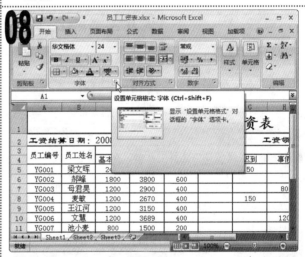

1 选择表格标题文本所在的单元格，在"字体"组中单击"对话框启动器"按钮■。

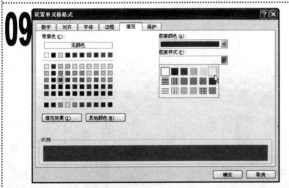

1 在打开的"设置单元格格式"对话框中单击"填充"选项卡，在"背景色"栏中选择"茶色，背景色 2，深色 50%"选项，在"图案颜色"下拉列表框中选择"水绿色，强调文字颜色 5，深色 25%"选项，在"图案样式"下拉列表框中选择"6.25%灰色"选项，单击"确定"按钮。

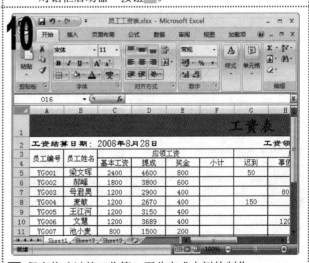

1 保存修改过的工作簿，至此完成本例的制作。

实例80　　编辑成绩统计工作表

素材:\实例80\成绩统计.xlsx

源文件:\实例80\成绩统计.xlsx

包含知识
- 设置工作表标签的颜色
- 拆分工作表
- 冻结工作表窗格

重点难点
- 拆分工作表
- 冻结工作表窗格

制作思路

设置工作表标签颜色　　　　拆分工作表　　　　冻结工作表窗格

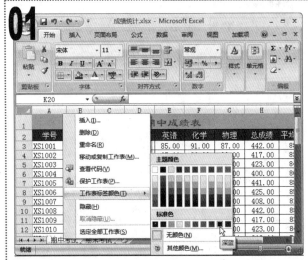

1 打开"成绩统计"素材工作簿,在"期中考试"工作表标签上单击鼠标右键,在弹出的快捷菜单中选择"工作表标签颜色"选项,在弹出的子菜单的"标准色"栏中选择"深蓝"选项。

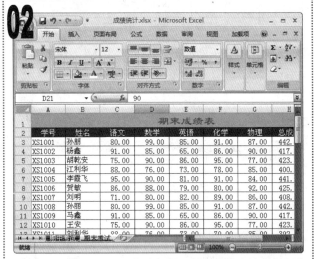

1 选择"期末考试"工作表标签,用相同的方法将其颜色设置为"红色",效果如上图所示。

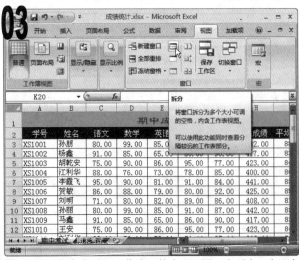

1 选择"期中考试"工作表,单击"视图"选项卡,在"窗口"组中单击"拆分"按钮。

1 系统自动拆分工作表,在任意窗格中选择一个单元格,滚动鼠标中键即可滚动查看该窗格中的数据,而其他窗格中的数据不变。

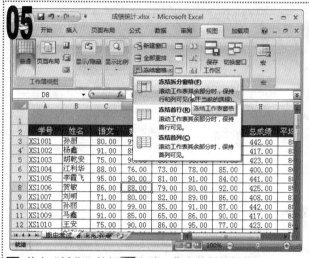

1 单击"拆分"按钮 取消工作表的拆分操作。

2 选择 D8 单元格，在"窗口"组中单击"冻结窗格"按钮，在弹出的下拉列表中选择"冻结拆分窗格"选项。

1 系统自动将"学号"、"姓名"和"语文"字段冻结，拖动水平和垂直滚动条即可查看其他数据。

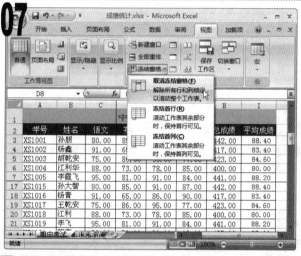

1 单击"冻结窗格"按钮，在弹出的下拉列表中选择"取消冻结窗格"选项，取消工作表窗格的冻结。

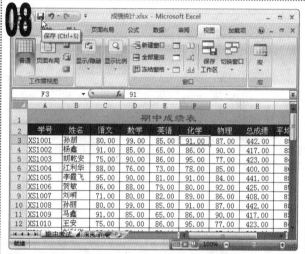

1 在快速访问工具栏中单击"保存"按钮 ，保存修改过的工作簿，完成本例的制作。

知识延伸

单击"视图"选项卡，在"窗口"组中单击"冻结窗格"按钮，在弹出的下拉列表中选择"冻结首行"选项，系统会自动将工作表的首行冻结，拖动垂直滚动条，可以查看其他行中的数据，而首行保持不动。

知识延伸

单击"视图"选项卡，在"窗口"组中单击"冻结窗格"按钮，在弹出的下拉列表中选择"冻结首列"选项，系统自动将工作表的首列冻结，拖动水平滚动条，可以查看其他列中的数据，而首列保持不动。

实例81 编辑费用表工作表

素材:\实例81\费用表.xlsx
源文件:\实例81\费用表.xlsx

包含知识
- 自动套用表格格式
- 修改表格格式

重点难点
- 自动套用表格格式
- 修改表格格式

制作思路

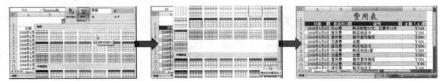

套用表格格式　　　　　　修改表格格式　　　　　　完成设置

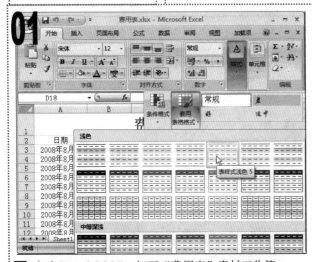

1 启动 Excel 2007，打开"费用表"素材工作簿。

2 单击"开始"选项卡，在"样式"组中单击"套用表格格式"按钮，在弹出的下拉菜单的"浅色"栏中选择"表样式浅色 5"选项。

1 单击打开的"套用表格式"对话框的"表数据的来源"文本框右侧的"折叠"按钮。

1 在工作表中选择 A2:D12 单元格区域，在"套用表格式"对话框中单击"展开"按钮。

1 在打开的"创建表"对话框的"表数据的来源"文本框中即可查看到选择的单元格区域，选中"表包含标题"复选框。

2 单击"确定"按钮为选择的单元格区域套用表格样式。

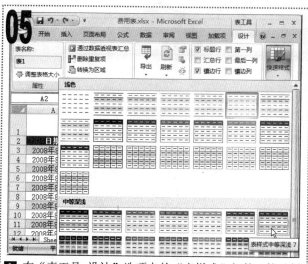

1 在"表工具 设计"选项卡的"表样式"组的"快速样式"列表框中选择"表样式中等深浅 7"选项，修改套用的样式。

1 选择表格标题文本所在的单元格，在"字体"组的"字体"下拉列表框中选择"楷体_GB2312"选项，将表格标题文本的字体修改为该字体。

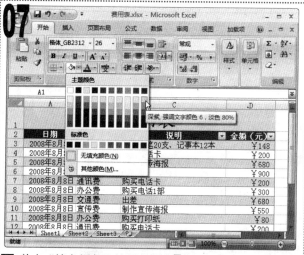

1 单击"填充颜色"按钮右侧的▾按钮，在弹出的下拉菜单的"主题颜色"栏中选择如图所示的颜色。

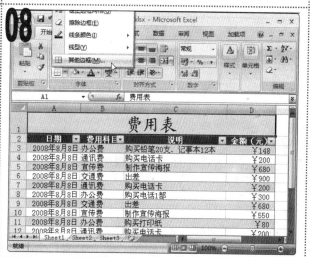

1 单击"下边框"按钮▦右侧的▾按钮，在弹出的下拉菜单中选择"其他边框"选项。

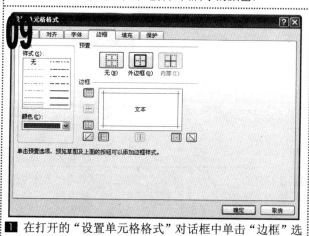

1 在打开的"设置单元格格式"对话框中单击"边框"选项卡，在"样式"列表框中保持默认的线条样式，在"颜色"下拉列表框中选择"深紫，强调文字颜色 6，淡色 40%"选项，在"预置"栏中单击"外边框"按钮为单元格设置边框，单击"确定"按钮。

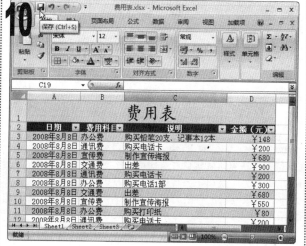

1 返回 Excel 工作界面，将修改过的工作簿进行保存，至此完成本例的制作。

实例82　　编辑产品销售工作表

包含知识
- 使用突出显示单元格规则
- 使用双色刻度设置条件格式

重点难点
- 使用突出显示单元格规则
- 使用双色刻度设置条件格式

制作思路

使用突出显示单元格规则

使用双色刻度设置条件格式

1 启动 Excel 2007，打开"产品销售"素材工作簿，选择 C3:F8 单元格区域。

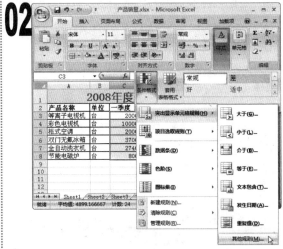

1 单击"开始"选项卡，在"样式"组中单击"条件格式"按钮，在弹出的下拉菜单中选择"突出显示单元格规则-其他规则"选项。

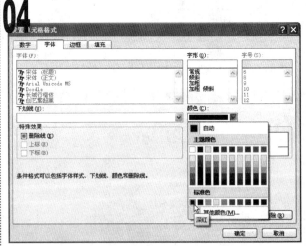

1 打开"新建格式规则"对话框，在"编辑规则说明"栏的"只为满足以下条件的单元格设置格式"的"单元格值"下拉列表框右侧的下拉列表框中选择"介于"选项。

2 在其后的文本框中分别输入"2500"和"3500"，如上图所示，单击"格式"按钮。

1 在打开的"设置单元格格式"对话框中单击"字体"选项卡，在"颜色"下拉列表框中选择"标准色"栏中的"深红"选项。

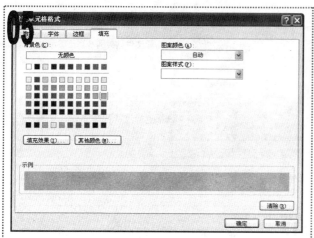

1 单击"填充"选项卡，在"背景色"栏中选择"橙色，强调文字颜色 6，淡色 40%"选项，如上图所示，单击"确定"按钮。

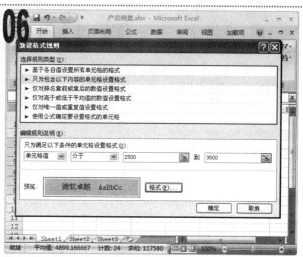

1 返回"新建格式规则"对话框，在"预览"栏的预览框中即可预览设置的格式，单击"确定"按钮。

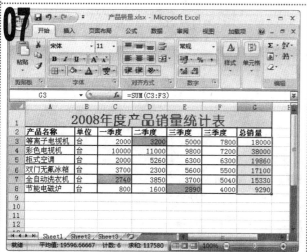

1 返回工作表即可查看根据设置的条件格式突出显示的单元格。

2 选择 G3:G8 单元格区域。

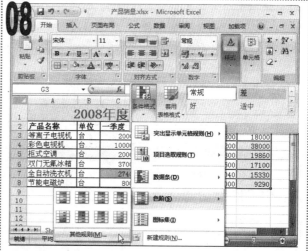

1 单击"开始"选项卡，在"样式"组中单击"条件格式"按钮，在弹出的下拉菜单中选择"色阶-其他规则"选项。

1 在打开的"新建格式规则"对话框的"颜色"栏中的两个下拉列表框中分别选择"橙色"和"橙色，强调文字颜色 6，淡色 40%"选项，单击"确定"按钮。

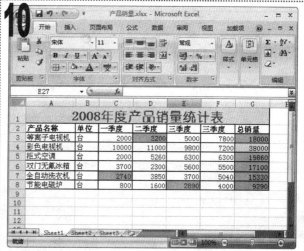

1 返回 Excel 工作界面，将修改过的工作簿进行保存，至此完成本例的制作。

实例83　编辑员工考勤表工作表

素材:\实例83\员工考勤表.xlsx
源文件:\实例83\员工考勤表.xlsx

包含知识
- 使用图标集设置条件格式
- 使用数据条设置条件格式

重点难点
- 使用图标集设置条件格式
- 使用数据条设置条件格式

制作思路

使用图标集设置条件格式　　　使用数据条设置条件格式　　　完成制作

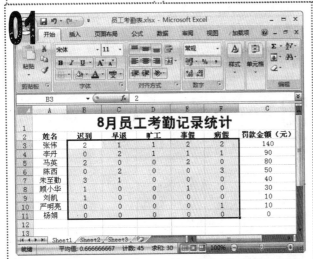

1 启动 Excel 2007，打开"员工考勤表"素材工作簿，选择 B3:F11 单元格区域。

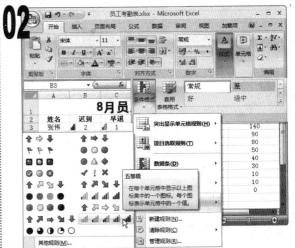

1 在"样式"组中单击"条件格式"按钮，在弹出的下拉菜单中选择"图标集-五等级"选项，如上图所示。

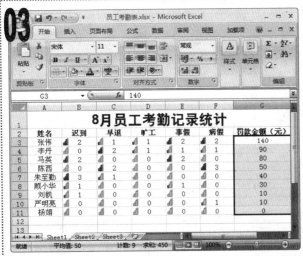

1 返回工作表即可看到选择的单元格区域中以五等级的样式显示了数据。
2 选择 G3:G11 单元格区域。

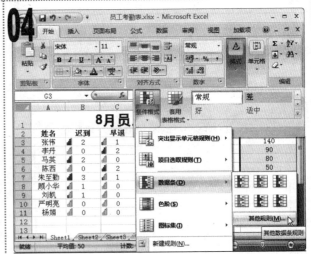

1 在"样式"组中单击"条件格式"按钮，在弹出的下拉菜单中选择"数据条-其他规则"选项，如上图所示。

▌知识提示

在"样式"组中单击"条件格式"按钮，在弹出的下拉菜单中选择"其他规则"选项，在打开的"新建规则"对话框中可以对图标集进行更详细的设置。

▌知识延伸

在 Excel 中也可以先为单元格设置图标集条件格式，然后再在单元格中输入相应的数据，系统会自动为输入的数据设置图标集格式。

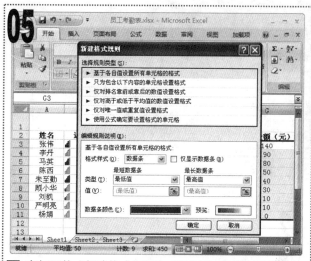

1 在打开的"新建格式规则"对话框的"编辑规则说明"栏的"数据条颜色"下拉列表框中选择"蓝色，强调文字颜色 1，深色 50%"选项。

2 单击"确定"按钮。

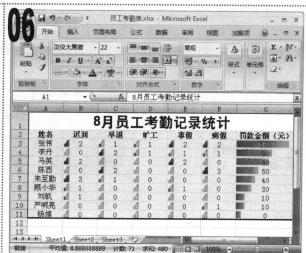

1 返回工作表即可查看到以数据条格式显示的数据，效果如上图所示。

2 选择 A1:G11 单元格区域。

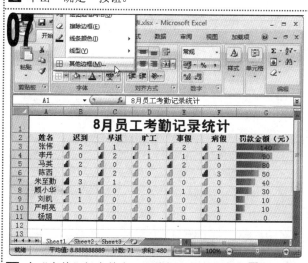

1 在"字体"组中单击"下边框"按钮右侧的 ▾ 按钮，在弹出的下拉菜单中选择"其他边框"选项。

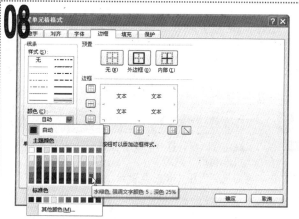

1 在打开的"设置单元格格式"对话框中单击"边框"选项卡，在"样式"列表框中选择最后一种样式，在"颜色"下拉列表框的"主题颜色"栏中选择"水绿色，强调文字颜色 5，深色 25%"选项。

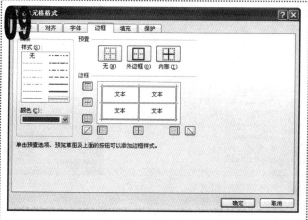

1 在"预置"栏中单击"外边框"按钮 ⊞ 和"内部"按钮 ⊞，为选择的单元格区域设置边框，单击"确定"按钮应用设置。

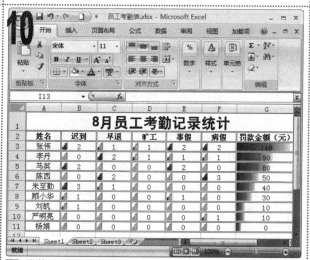

1 将修改过的工作簿进行保存，至此完成本例的制作。

实例84　设置工作量统计工作表

素材:\实例84\工作量统计\

源文件:\实例84\工作量统计.xlsx

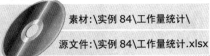

包含知识
- 设置工作表背景
- 插入页眉、页脚
- 打印预览

重点难点
- 设置工作表背景
- 插入页眉、页脚

制作思路

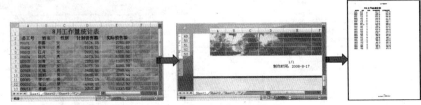

设置背景图片　　　　设置页眉和页脚　　　　打印预览

1 启动 Excel 2007，打开"工作量统计"素材工作簿，单击"页面布局"选项卡。

2 在"页面设置"组中单击"背景"按钮。

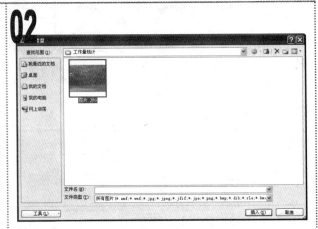

1 在打开的"工作表背景"对话框的"查找范围"下拉列表框中选择文件的保存路径，在中间的列表框中选择需要设置为背景的图片文件，这里选择"图片.JPG"文件。

2 单击"插入"按钮，将选择的图片设置为工作表的背景图片。

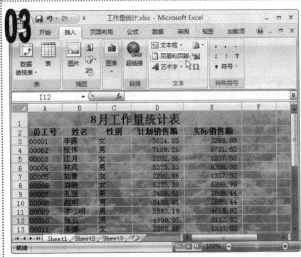

1 返回工作表即可看到设置的工作表背景，保存修改过的工作簿。

2 单击"插入"选项卡，在"文本"组中单击"页眉和页脚"按钮。

1 单击"页眉和页脚工具 设计"选项卡，在"页眉和页脚"组中单击"页眉"按钮，在弹出的下拉列表中选择"工作量统计.xlsx"选项。

1 在工作表的页脚位置单击鼠标左键，在"页眉和页脚工具 设计"选项卡的"页眉和页脚元素"组中单击"页码"按钮，输入"/"符号，再单击"页数"按钮。

1 按 Enter 键换行，输入"制作时间："，在"页眉和页脚元素"组中单击"当前日期"按钮，获取系统的当前日期。

1 在快速访问工具栏中单击"保存"按钮，将修改过的工作簿进行保存。

1 选择"Office-打印-打印预览"选项。

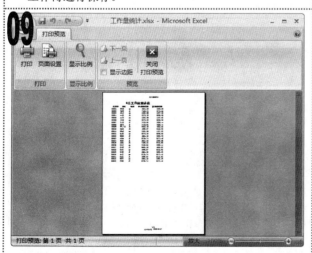

1 在打开的"打印预览"工作界面中即可预览设置后的工作表，单击"打印预览"选项卡，在"预览"组中单击"关闭打印预览"按钮退出预览界面。

1 将修改过的工作簿进行保存，至此完成本例的制作。

素材:\实例85\轿车销售表.xlsx

源文件:\实例85\轿车销售表.xlsx

实例85   共享 "轿车销售表" 工作簿

包含知识
- 创建共享工作簿
- 突出显示修订的文本

重点难点
- 创建共享工作簿
- 突出显示修订的文本

制作思路

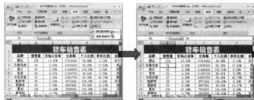

创建共享工作簿　　　　修改数据　　　　查看修订信息

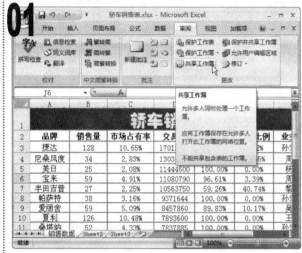

1 启动 Excel 2007,打开 "轿车销售表" 素材工作簿,单击 "审阅" 选项卡,在 "更改" 组中单击 "共享工作簿" 按钮。

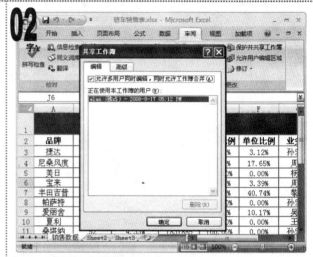

1 在打开的 "共享工作簿" 对话框中单击 "编辑" 选项卡,在其中选中 "允许多用户同时编辑,同时允许工作簿合并" 复选框。

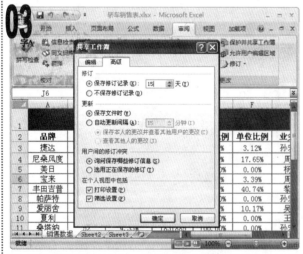

1 单击 "高级" 选项卡,在 "修订" 栏的 "保存修订记录" 单选按钮右侧的数值框中输入 "15"。

2 保持其他的参数不变,单击 "确定" 按钮。

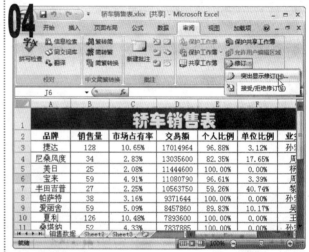

1 在打开的提示对话框中提示 "此操作将导致保存文档,是否继续" 信息,单击 "确定" 按钮。

2 在 "更改" 组中单击 "修订" 按钮,在弹出的下拉菜单中选择 "突出显示修订" 选项。

05

1　在打开的"突出显示修订"对话框中选中"时间"、"修订人"和"位置"复选框。

2　单击"位置"复选框右侧的"折叠"按钮 [图]。

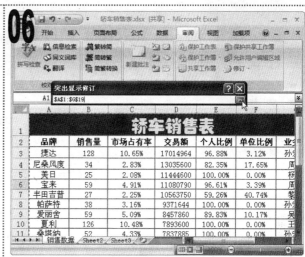

06

1　选择 A1:G19 单元格区域，单击"突出显示修订"对话框中的"展开"按钮 [图]。

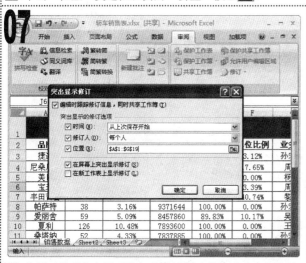

07

1　在展开的"突出显示修订"对话框中单击"确定"按钮。

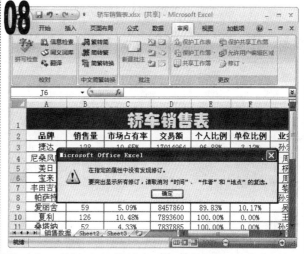

08

1　在打开的提示对话框中提示没有发现修订的信息，单击"确定"按钮。

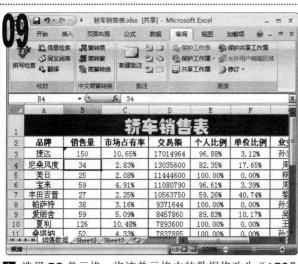

09

1　选择 B3 单元格，将该单元格中的数据修改为"150"，按 Enter 键完成修改操作。

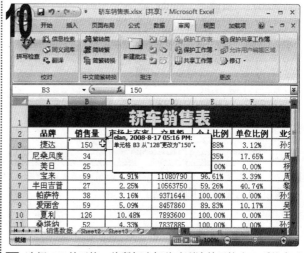

10

1　选择 B3 单元格，将鼠标光标移动到该单元格上，系统自动提示修订的信息，保存修改过的工作簿，完成本例的制作。

素材:\实例86\生产计划表.xlsx

源文件:\实例86\生产计划表.xlsx

实例86　　美化生产计划表工作表

包含知识
- 插入剪贴画
- 编辑剪贴画

重点难点
- 插入剪贴画
- 编辑剪贴画

制作思路

插入剪贴画并设置大小　　　移动剪贴画　　　编辑剪贴画

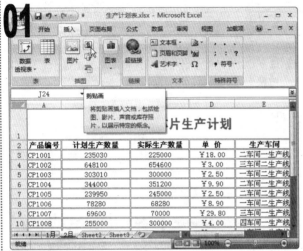

1 启动 Excel 2007，打开"生产计划表"素材工作簿，单击"插入"选项卡，在"插图"组中单击"剪贴画"按钮。

1 在打开的"剪贴画"任务窗格的"搜索文字"文本框中输入"计算机"，保持"搜索范围"和"结果类型"下拉列表框中的默认设置，单击"搜索"按钮。

1 在"结果类型"下的列表框中找到需要插入的剪贴画，单击该剪贴画将其插入到工作表中。

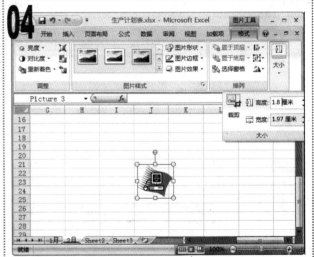

1 选择插入的剪贴画，单击"图片工具 格式"选项卡，在"大小"组的"高度"数值框中输入"1.8"，将文本插入点定位到"宽度"数值框中，系统自动将剪贴画等比例缩小，如上图所示。

1 选择插入的剪贴画，按住鼠标左键不放并拖动鼠标，在目标位置处释放鼠标左键，将剪贴画移动到目标位置。

1 单击"图片工具 格式"选项卡，在"调整"组中单击"亮度"按钮，在弹出的下拉菜单中选择"+20%"选项。

1 在"图片样式"组中单击"图片效果"按钮，在弹出的下拉菜单中选择"发光-强调文字颜色2，5pt发光"选项。

1 在"图片样式"组中单击"图片形状"按钮，在弹出的下拉列表的"星与旗帜"栏中选择"五角星"选项。

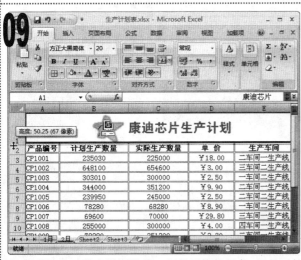

1 用鼠标拖动的方法调整第一行单元格的行高，调整后的效果如上图所示。

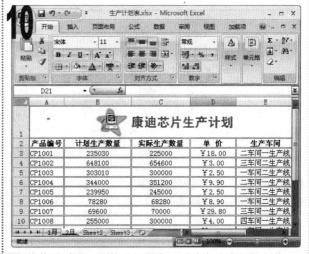

1 将修改过的工作簿进行保存，至此完成本例的制作。

素材:\实例87\客户联系.xlsx

源文件:\实例87\客户联系.xlsx

实例87　美化客户联系工作表

包含知识
- 插入艺术字
- 编辑艺术字

重点难点
- 插入艺术字
- 编辑艺术字

制作思路

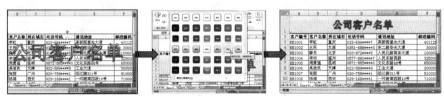

插入艺术字　　　　　　　编辑艺术字　　　　　　　完成制作

■ 启动 Excel 2007，打开"客户联系"素材工作簿，单击"插入"选项卡。

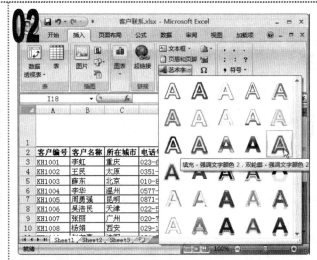

■ 在"文本"组中单击"艺术字"按钮，在弹出的下拉列表中选择"填充-强调文字颜色 2，双轮廓-强调文字颜色 2"艺术字样式。

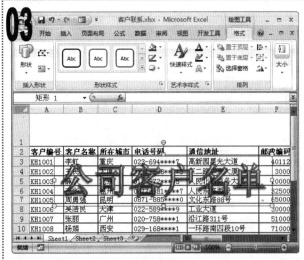

■ 将文本插入点定位到艺术字中，按 Back Space 键将艺术字删除，重新输入"公司客户名单"文本。

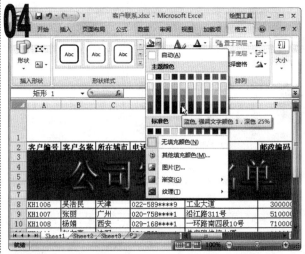

■ 单击"绘图工具 格式"选项卡，在"形状样式"组中单击"形状填充"按钮右侧的按钮，在弹出的下拉菜单的"主题颜色"栏中选择"蓝色，强调文字颜色 1，深色 25%"选项。

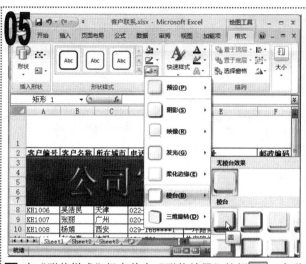

1 在"形状样式"组中单击"形状效果"按钮 ，在弹出的下拉菜单中选择"棱台-圆"选项。

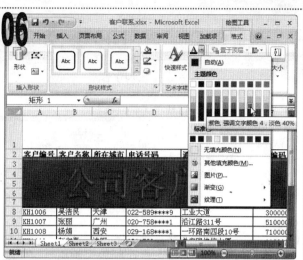

1 在"艺术字样式"组中单击"文本填充"按钮 右侧的 按钮，在弹出的下拉菜单的"主题颜色"栏中选择"紫色，强调文字颜色 4，淡色 40%"选项。

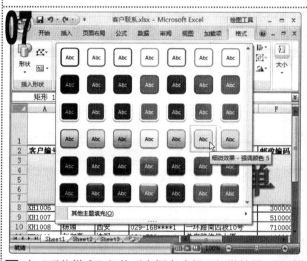

1 在"形状样式"组的列表框中选择"细微效果-强调颜色 5"选项。

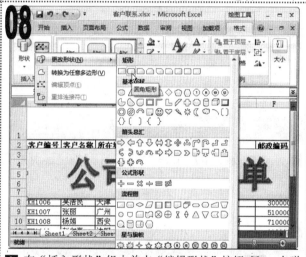

1 在"插入形状"组中单击"编辑形状"按钮 ，在弹出的下拉菜单中选择"更改形状-圆角矩形"选项。

1 选择艺术字文字，单击"开始"选项卡，在"字体"组的"字号"下拉列表框中选择"28"选项。

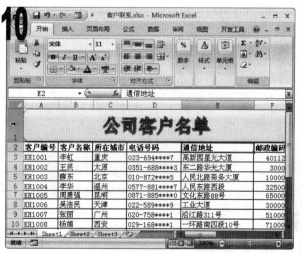

1 选择艺术字文本框，用鼠标拖动的方法将其拖动到 A1 单元格中，并调整其宽度，至此完成本例的制作。

素材:\实例88\通信费用统计表.xlsx
源文件:\实例88\通信费用统计表.xlsx

实例88　打印通信费用统计表工作表

包含知识
- 通过对话框设置页面格式
- 通过对话框设置打印区域
- 打印工作表

重点难点
- 通过对话框设置页面格式
- 通过对话框设置打印区域

制作思路

设置页眉　　　　　设置页脚　　　　　设置打印区域并预览

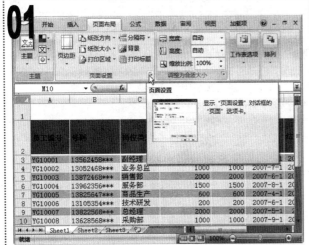

1 启动 Excel 2007，打开"通信费用统计表"素材工作簿，单击"页面布局"选项卡，在"页面设置"组中单击"对话框启动器"按钮。

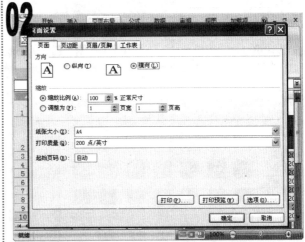

1 在打开的"页面设置"对话框中单击"页面"选项卡，在"方向"栏中选中"横向"单选按钮。

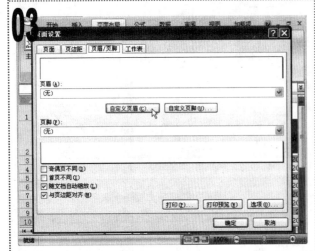

1 单击"页边距"选项卡，在"居中方式"栏中选中"水平"复选框。

2 单击"页眉/页脚"选项卡，单击"页眉"下拉列表框下方的"自定义页眉"按钮。

1 在打开的"页眉"对话框中，将文本插入点定位到"中"列表框中，输入"通信费用统计表"文本，单击"确定"按钮应用自定义的页眉。

1 返回"页面设置"对话框的"页眉/页脚"选项卡，单击"自定义页脚"按钮。
2 在打开的"页脚"对话框的"左"列表框中输入"制作人：欣欣工作室"文本，在"中"列表框中输入"制作时间："文本，然后单击"插入日期"按钮，最后单击"确定"按钮应用设置。

1 返回"页面设置"对话框，单击"工作表"选项卡，在"打印区域"文本框后单击"折叠"按钮。

1 选择 A1:J15 单元格区域，单击"页面设置-打印区域"对话框中的"展开"按钮。

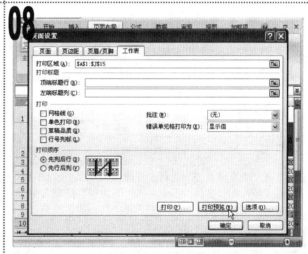

1 返回"页面设置"对话框，保持对话框中其他参数的默认设置，单击"打印预览"按钮。

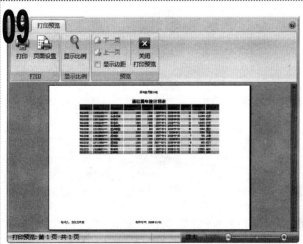

1 在打开的"打印预览"工作界面中即可预览设置的工作表，在"打印预览"选项卡的"打印"组中单击"打印"按钮。

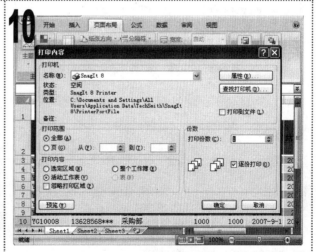

1 在打开的"打印内容"对话框中保持默认设置，单击"确定"按钮即可开始打印工作表，至此完成本例的制作。

实例89　　打印季度绩效表工作表

素材:\实例89\季度绩效表.xlsx
源文件:\实例89\季度绩效表.xlsx

包含知识
- 通过菜单设置页面格式
- 通过菜单设置打印区域
- 打印工作表

重点难点
- 通过菜单设置页面格式
- 通过菜单设置打印区域

制作思路

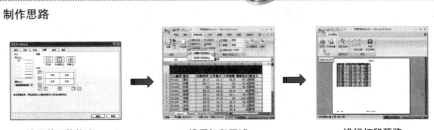

设置单元格格式　　　　　　设置打印区域　　　　　　进行打印预览

1. 打开"季度绩效表"素材工作簿,选择 A1:G18 单元格区域,在"字体"组中单击"下边框"按钮右侧的按钮,在弹出的下拉菜单中选择"其他边框"选项。

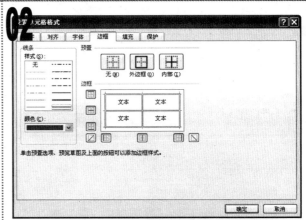

1. 在打开的"设置单元格格式"对话框中单击"边框"选项卡,在"样式"列表框中选择最后一种线条样式,在"颜色"下拉列表框中选择"水绿色,强调文字颜色 5,深色 25%"选项,在"预置"栏中单击"外边框"按钮和"内部"按钮,为选择的单元格区域添加边框。

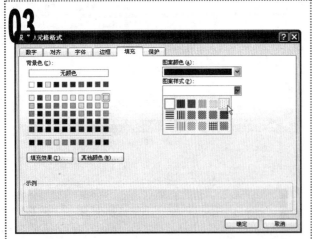

1. 单击"填充"选项卡,在"背景色"栏中选择"橙色,强调文字颜色 6,淡色 80%"选项,在"图案颜色"下拉列表框中选择"紫色"选项,在"图案样式"下拉列表框中选择"6.25%灰色"选项。
2. 单击"确定"按钮应用设置。

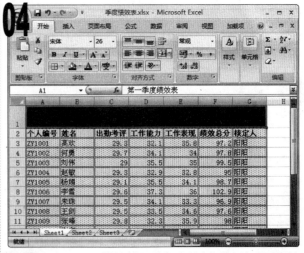

1. 返回 Excel 工作界面即可查看到为表格添加的边框和设置的填充效果。
2. 选择标题文本所在的单元格,将该单元格的填充颜色设置为"红色,强调文字颜色 2,深色 25%",效果如上图所示。

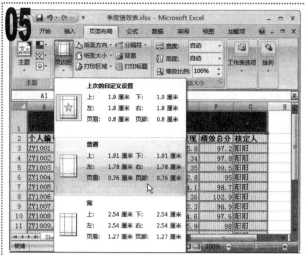

1. 单击"页面布局"选项卡，在"页面设置"组中单击"页边距"按钮。
2. 在弹出的下拉菜单中选择"普通"选项。

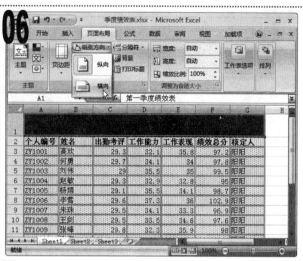

1. 在"页面设置"组中单击"纸张方向"按钮，在弹出的下拉列表中选择"横向"选项。

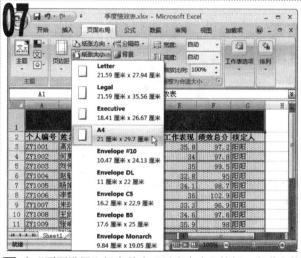

1. 在"页面设置"组中单击"纸张大小"按钮，在弹出的下拉菜单中选择"A4"选项。

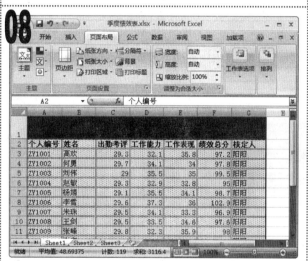

1. 此时即可查看为工作表设置的页面格式，选择 A2:G18 单元格区域。

1. 在"页面设置"组中单击"打印区域"按钮，在弹出的下拉列表中选择"设置打印区域"选项。

1. 单击"Office"按钮，在弹出的菜单中选择"打印-打印预览"选项。

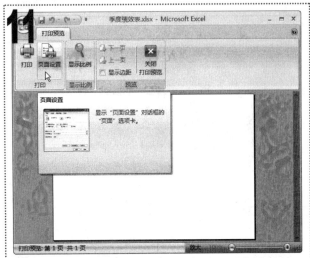

11

1. 在打开的打印预览工作界面中即可预览设置的工作表。
2. 在"打印预览"选项卡的"打印"组中单击"页面设置"按钮 。

12

1. 在打开的"页面设置"对话框中单击"页眉/页脚"选项卡，单击"自定义页眉"按钮。

13

1. 在打开的"页眉"对话框的"中"列表框中输入页眉中需要显示的文本，这里输入"季度绩效表"文本，单击"确定"按钮。

14

1. 返回"页面设置"对话框，单击"自定义页脚"按钮。
2. 在打开的"页脚"对话框的"左"列表框中输入"制作人：木易"文本，在"中"列表框中输入"制作时间："文本，单击"插入日期"按钮，在文本后插入系统的当前日期，单击"确定"按钮。

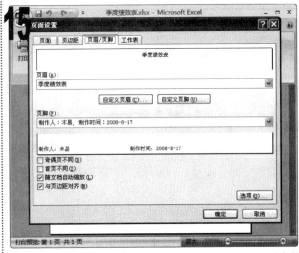

15

1. 返回"页面设置"对话框即可预览设置的页眉和页脚的效果，单击"确定"按钮确定设置。

16

1. 在"打印预览"选项卡的"打印"组中单击"打印"按钮 ，即可打印出该表格区域，至此完成本例的制作。

第 7 章

计算表格数据

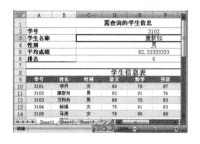

实例 90 计算成绩总和

实例 91 计算公司费用总和

实例 93 计算平均工资

实例 96 计算产品最小生产量

实例 95 计算最大年产量

实例 92 统计总分

07

实例 97 计算实发工资总计

实例 98 计算比赛排名

使用 Excel 制作电子表格时，可以通过输入公式和应用各种函数来计算表格中的数据。本章将通过 11 个实例详细讲解输入公式、修改公式、删除公式格式的方法，同时介绍常用函数的使用技巧。

素材:\实例90\学生成绩表.xlsx
源文件:\实例90\学生成绩表.xlsx

实例90　计算成绩总和

包含知识
- 输入公式
- 复制公式
- 删除公式格式

重点难点
- 复制公式
- 删除公式格式

制作思路

输入并计算数据　　　　复制公式　　　　删除公式格式

01
1 打开"学生成绩表"素材工作簿。
2 在 F3 单元格中输入等号"=",在编辑栏中也会自动显示该符号。

02
1 选择 C3 单元格,将其作为引用的单元格。
2 在 F3 单元格中继续输入运算符"+"。

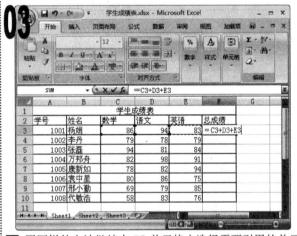

03
1 用同样的方法继续在 F3 单元格中选择需要引用的单元格,并输入运算符。

04
1 按 Enter 键,Excel 自动计算出结果。
2 选择 F3 单元格,单击"开始"选项卡,在"剪贴板"组中单击"复制"按钮 。

知识提示

在编辑栏中直接输入要计算的单元格的地址,也可以输入公式。

知识延伸

若要在某些单元格中输入相同的公式,应先选择这些单元格,输入公式后,按 Ctrl+Enter 组合键就可以在这些单元格中输入同一公式并计算出结果。

1 选择 F4 单元格，在"剪贴板"组中单击"粘贴"按钮下方的 按钮，在弹出的下拉菜单中选择"粘贴"选项。

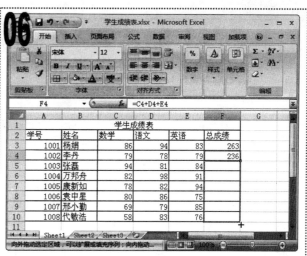

1 将鼠标光标移动到 F4 单元格的右下角，当鼠标光标变成 + 形状时，按住鼠标左键不放，将其拖动到 F10 单元格中。

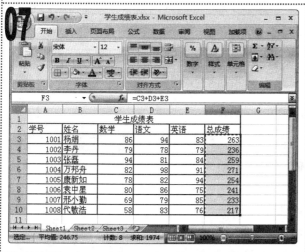

1 释放鼠标后，可以在 F4:F10 单元格区域中查看计算出的结果。

1 在工作表中选择 F3:F10 单元格区域，按 Ctrl+C 组合键复制该单元格区域，单击"粘贴"按钮下方的 按钮，在弹出的下拉菜单中选择"选择性粘贴"选项。

1 在打开的"选择性粘贴"对话框的"粘贴"栏中选中"数值"单选按钮，单击"确定"按钮。

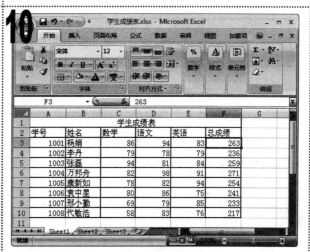

1 返回到工作表中，可以在编辑栏中看到显示的是数字而不是公式，至此完成本例的制作。

实例91　计算公司费用总和

素材:\实例91\费用\
源文件:\实例91\费用表.xlsx

包含知识
- 在同一工作簿中引用其他工作表中的单元格
- 引用其他工作簿中的单元格

重点难点
- 在同一工作簿中引用其他工作表中的单元格

制作思路

输入公式并引用单元格　　　引用其他工作簿中的单元格　　　完成计算

1 启动 Excel 2007,打开"费用表"和"分公司费用表"素材工作簿,在"费用表"工作簿中选择 H3 单元格。

1 输入"=G3+",如上图所示。

1 单击 Sheet2 工作表标签,切换到 Sheet2 工作表中,选择 G3 单元格。

1 按 Enter 键,系统自动切换到 Sheet1 工作表,在 H3 单元格中显示出计算结果。

知识提示

在同一工作簿中引用其他工作表中的单元格的格式为:工作表名称!单元格地址。

知识提示

引用其他工作簿中的单元格的格式为:'工作簿存储地址[工作簿名称]工作表名称'!单元格地址。

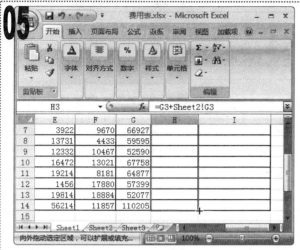

1 选择 H3 单元格，将鼠标光标移动到其右下角，当鼠标光标变成 **+** 形状时，按住鼠标左键不放，将其拖动到 H14 单元格中。

1 释放鼠标后，可以在H4:H14单元格区域中计算出结果。

1 选择 I3 单元格，在其中输入"=G3+"。

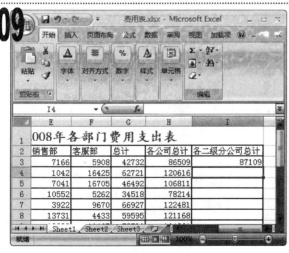

1 选择"分公司费用表"工作簿，在 Sheet1 工作表中选择需要进行计算的 G3 单元格。

1 按 Enter 键，系统自动切换到"费用表"工作簿的 Sheet1 工作表中，在 I3 单元格中显示出计算结果。

1 选择 I3 单元格，用鼠标拖动的方法计算出 I 列其他单元格中的数据，至此完成本例的制作。

实例92　　统计总分

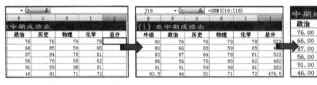

素材:\实例92\期中成绩表.xlsx
源文件:\实例92\期中成绩表.xlsx

包含知识

- SUM 函数的使用
- 数据类型的修改

重点难点

- SUM 函数的使用

制作思路

打开素材　　　　　　　计算数据　　　　　　　修改数据类型

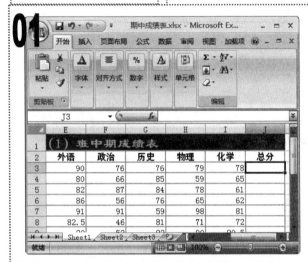

01

■ 打开"期中成绩表"素材工作簿，选择 J3 单元格。

02

◆ 单击该按钮也可以打开"插入函数"对话框

■ 单击"公式"选项卡，在"函数库"组中单击"插入函数"按钮 ƒx。

03

■ 在打开的"插入函数"对话框的"或选择类别"下拉列表框中选择"常用函数"选项。

■ 在"选择函数"列表框中选择"SUM"选项，单击"确定"按钮。

04

■ 在打开的"函数参数"对话框中设置要参与计算的单元格区域，这里保持默认的单元格区域，单击"确定"按钮。

1 在 J3 单元格中计算出结果，将鼠标光标移动到该单元格的右下角，当鼠标光标变成╋形状时，按住鼠标左键不放并拖动。

1 当将鼠标光标拖动到 J18 单元格上时，释放鼠标即可计算出其他单元格中的数据，如上图所示。

1 选择 C3:J18 单元格区域。

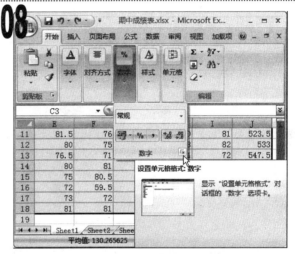

1 单击"开始"选项卡，在"数字"组中单击"对话框启动器"按钮。

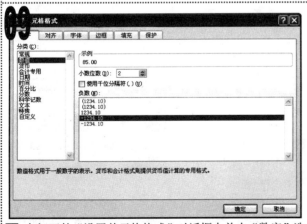

1 在打开的"设置单元格格式"对话框中单击"数字"选项卡，在"分类"列表框中选择"数值"选项，在"小数位数"数值框中输入"2"，在"负数"列表框中选择"-1234.10"选项，单击"确定"按钮。

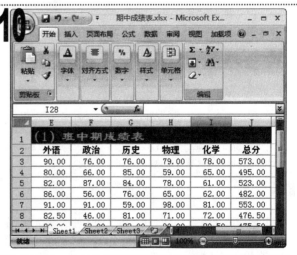

1 返回 Excel 工作界面即可查看修改数据类型后的效果，保存修改过的工作簿，完成本例的制作。

实例93　计算平均工资

包含知识
- 输入公式
- AVERAGE 函数的使用

重点难点
- AVERAGE 函数的使用

制作思路

输入公式　　　　计算平均值　　　　修改数据类型

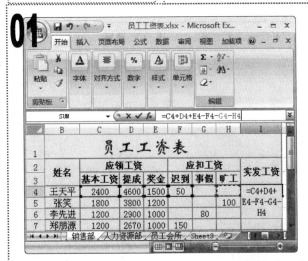

1 打开"员工工资表"素材工作簿，选择 I4 单元格，在其中输入公式"=C4+D4+E4-F4-G4-H4"。

1 按 Enter 键计算出结果，选择 I4 单元格，将鼠标光标移动到其右下角，当鼠标光标变成 ✚ 形状时，按住鼠标左键不放并拖动。

1 当将鼠标光标拖动到 I15 单元格上时，释放鼠标即可计算出其他单元格中的数据，如上图所示。

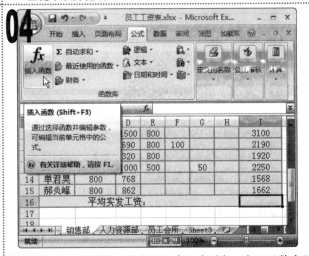

1 选择 I16 单元格，单击"公式"选项卡，在"函数库"组中单击"插入函数"按钮 **fx**。

知识提示

若要取消已经输入的公式，除了用一般的删除方法删除编辑栏中的公式内容外，也可单击编辑栏左侧的"取消"按钮 ✗ 删除全部内容。

知识延伸

在"公式"选项卡的"函数库"组中单击"自动求和"按钮右侧的 · 按钮，在弹出的下拉菜单中也可以选择 SUM，AVERAGE 等函数类型。

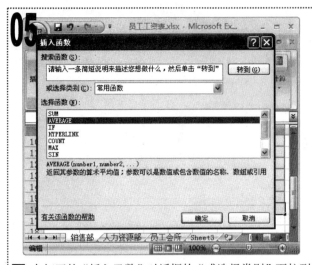

05

① 在打开的"插入函数"对话框的"或选择类别"下拉列表框中选择"常用函数"选项，在"选择函数"列表框中选择"AVERAGE"选项，单击"确定"按钮。

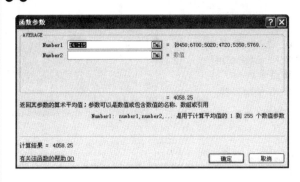

06

① 在打开的"函数参数"对话框中设置要参与计算的单元格区域，这里保持默认的单元格区域，单击"确定"按钮。

07

① 返回 Excel 工作界面即可查看到在 I16 单元格中计算出的结果，选择 C4:I15 单元格区域。

08

① 单击"开始"选项卡，在"数字"组的"常规"下拉列表中选择"货币"选项。

09

① 在"单元格"组中单击"格式"按钮，在弹出的下拉菜单中选择"单元格大小"栏中的"自动调整列宽"选项。

10

① 用相同的方法修改 I16 单元格中的数据为"货币"类型，保存修改过的工作簿，至此完成本例的制作。

素材:\实例 94\化妆品库存.xlsx

源文件:\实例 94\化妆品库存.xlsx

实例94 **判断是否进货**

包含知识
- 输入公式
- IF 函数的使用

重点难点
- IF 函数的使用

制作思路

输入公式　　　　　　计算数据　　　　　　进行条件判断

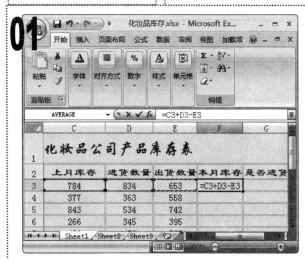

01 打开"化妆品库存"素材工作簿，选择 F3 单元格，在其中输入公式"=C3+D3-E3"。

02 按 Enter 键计算出结果，选择 F3 单元格，将鼠标光标移动到其右下角，当鼠标光标变成✚形状时，按住鼠标左键不放并拖动。

03 当将鼠标光标拖动到 F13 单元格上时，释放鼠标即可计算出其他单元格中的数据。

04 选择 G3 单元格，在编辑栏中单击"插入函数"按钮 𝑓ₓ。

知识提示

　　IF 函数可以进行真假值的判断，它根据逻辑计算的真假值，返回两种结果。该函数的语法结构为：IF（logical_test,value_if_true,value_if_false）。

知识延伸

　　在 IF 函数的语法结构中，"logical_test"表示计算结果为 true 或 false 的任意值或表达式。"value_if_true"表示当 logical_test 为 true 时返回的值，value_if_false"表示当 logical_test 为 false 时返回的值。

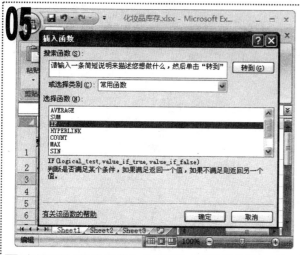

1 在打开的"插入函数"对话框的"或选择类别"下拉列表框中选择"常用函数"选项,在"选择函数"列表框中选择"IF"选项,单击"确定"按钮。

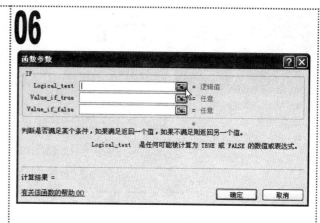

1 在打开的"函数参数"对话框中单击"Logical_test"文本框右侧的"折叠"按钮。

1 在工作表中选择 F3 单元格,然后在折叠的"函数参数"对话框中单击"展开"按钮。

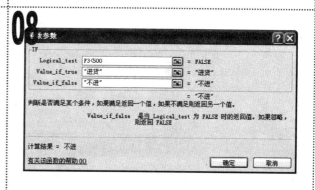

1 返回"函数参数"对话框,在"Logical_test"文本框中输入"<500"。

2 在"Value_if_true"和"Value_if_false"文本框中分别输入""进货""和""不进""文本,单击"确定"按钮。

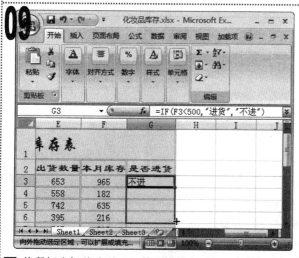

1 将鼠标光标移动到 G3 单元格的右下角,当鼠标光标变为➕形状时,按住鼠标左键并向下拖动。

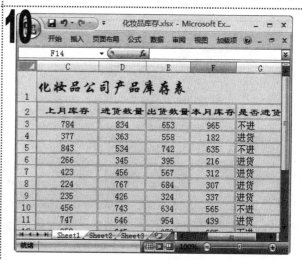

1 当将鼠标光标拖动到 G13 单元格上时释放鼠标,判断出其他产品是否需要进货,保存修改过的工作簿,完成本例的制作。

实例95　计算最大年产量

包含知识
- SUM 函数的使用
- MAX 函数的使用

重点难点
- MAX 函数的使用

制作思路

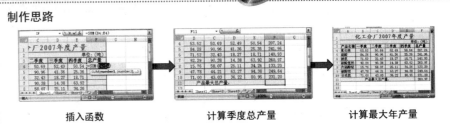

插入函数　　　　　计算季度总产量　　　　　计算最大年产量

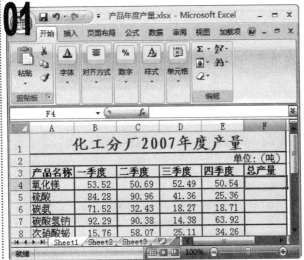

1 启动 Excel 2007, 打开"产品年度产量"素材工作簿, 选择 F4 单元格。

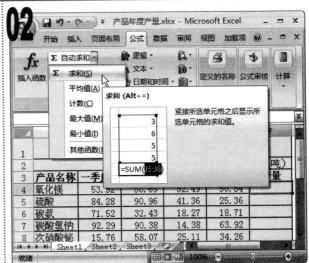

1 单击"公式"选项卡, 在"函数库"组中单击"自动求和"按钮右侧的·按钮, 在弹出的下拉菜单中选择"求和"选项。

1 返回 Excel 工作界面, 在 F4 单元格中自动插入 SUM 函数, 指定需要求和的单元格区域, 如上图所示。

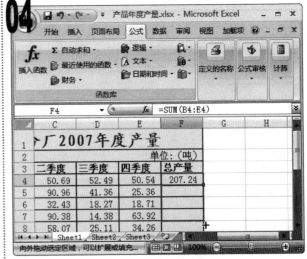

1 按 Enter 键即可在 F4 单元格中计算出结果。

2 选择 F4 单元格, 将鼠标光标移动到该单元格的右下角, 当鼠标光标变为+形状时, 按住鼠标左键并向下拖动。

1 当将鼠标光标拖动到 F10 单元格上时，释放鼠标即可计算出其他单元格中的数据，选择 F11 单元格。

1 在"公式"选项卡的"函数库"组中单击"插入函数"按钮 f_x。

1 在打开的"插入函数"对话框的"或选择类别"下拉列表框中选择"常用函数"选项，在"选择函数"列表框中选择"MAX"选项，单击"确定"按钮。

1 在打开的"函数参数"对话框中设置要参与计算的单元格区域，这里保持默认的单元格区域，单击"确定"按钮。

1 返回 Excel 工作界面即可在 F11 单元格中看到计算出的产品最大总产量，保存修改过的工作簿，完成本例的制作。

知识延伸

在"插入函数"对话框的"搜索函数"文本框中输入需要的计算目标，如输入"取整"，然后单击其右侧的"转到"按钮，Excel 会自动在"选择函数"列表框中列举出推荐用户使用的函数。

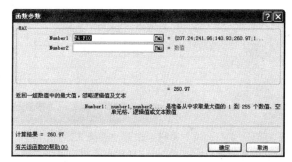

实例96 计算产品最小生产量

素材:\实例96\生产记录.xlsx

源文件:\实例96\生产记录.xlsx

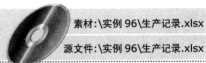

包含知识
- SUM 函数的使用
- MIN 函数的使用

重点难点
- MIN 函数的使用

制作思路

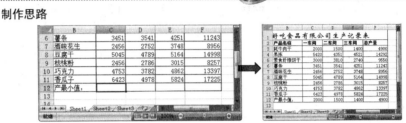

计算各产品的总产量　　　　计算产品最小生产量

1 打开"生产记录"素材工作簿,选择 F3 单元格。
2 单击"公式"选项卡,在"函数库"组中单击"插入函数"按钮。

1 在打开的"插入函数"对话框的"或选择类别"下拉列表框中选择"常用函数"选项,在"选择函数"列表框中选择"SUM"选项,单击"确定"按钮。

1 在打开的"函数参数"对话框中设置要参与计算的单元格区域,这里保持默认的单元格区域,单击"确定"按钮。

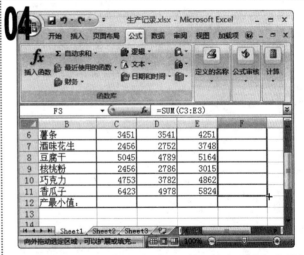

1 返回 Excel 的工作界面,在 F3 单元格中即可查看到计算的结果。
2 将鼠标光标移动到 F3 单元格的右下角,当鼠标光标变为 ✚ 形状时,按住鼠标左键并向下拖动。

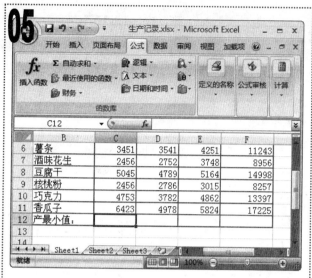

05

1 当将鼠标光标拖动到 F11 单元格上时，释放鼠标即可计算出其他单元格中的数据，选择 C12 单元格。

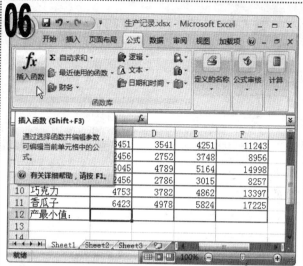

06

1 在"公式"选项卡的"函数库"组中单击"插入函数"按钮。

07

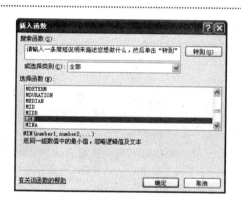

1 在打开的"插入函数"对话框的"或选择类别"下拉列表框中选择"全部"选项，在"选择函数"列表框中选择"MIN"选项，单击"确定"按钮。

08

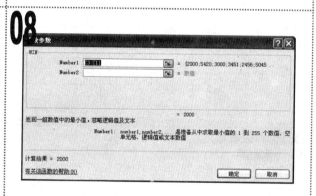

1 在打开的"函数参数"对话框中设置要参与计算的单元格区域，这里保持默认的单元格区域，单击"确定"按钮。

09

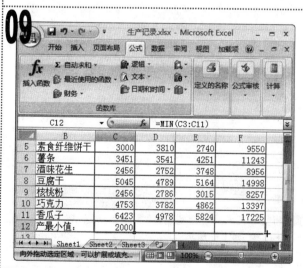

1 返回 Excel 的工作界面，在 C12 单元格中即可查看到计算结果，将鼠标光标移动到该单元格的右下角，当鼠标光标变为 **+** 形状时，按住鼠标左键不放并向右拖动。

10

1 当将鼠标光标拖动到 F12 单元格上时，释放鼠标即可计算出其他单元格中的数据，完成本例的制作。

素材:\实例97\工资统计表.xlsx
源文件:\实例97\工资统计表.xlsx

实例97 计算实发工资总计

包含知识
- SUM 函数的使用
- 输入公式
- 使用嵌套函数

重点难点
- 使用嵌套函数

制作思路

计算应发工资　　　计算应扣工资　　　计算实发工资总计

1 启动 Excel 2007，打开"工资统计表"素材工作簿，选择 F5 单元格。

2 单击"公式"选项卡，在"函数库"组中单击"插入函数"按钮 *fx*。

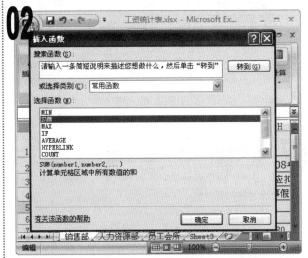

1 在打开的"插入函数"对话框的"或选择类别"下拉列表框中选择"常用函数"选项，在"选择函数"列表框中选择"SUM"选项，单击"确定"按钮。

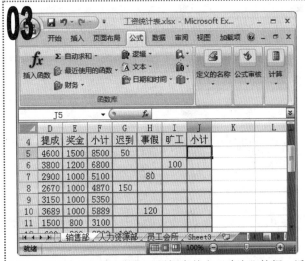

1 在打开的"函数参数"对话框中单击"确定"按钮，返回 Excel 工作表，在 F5 单元格中即可查看到计算结果。

2 将鼠标光标移动到 F5 单元格的右下角，当鼠标光标变为╋形状时，按住鼠标左键并向下拖动。

3 当将鼠标光标拖动到 F20 单元格上时，释放鼠标即可计算出其他单元格中的数据，选择 J5 单元格。

1 将文本插入点定位到编辑栏中，输入公式"=G5+H5+I5"，如上图所示。

1 按 Enter 键在 J5 单元格中计算出结果，如上图所示。

1 选择 J5 单元格，将鼠标光标移动到 J5 单元格的右下角，当鼠标光标变为 ✚ 形状时，按住鼠标左键并向下拖动。

1 当将鼠标光标拖动到 J20 单元格上时，释放鼠标即可计算出其他单元格中的数据，选择 H21 单元格。

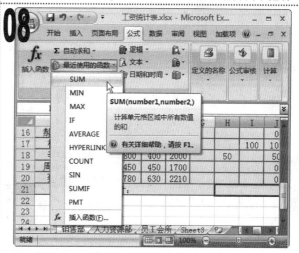

1 单击"公式"选项卡，在"函数库"组中单击"最近使用的函数"按钮，在弹出的下拉菜单中选择"SUM"选项。

1 在打开的"函数参数"对话框中删除"Number1"文本框中的单元格地址，单击其后的"折叠"按钮 。

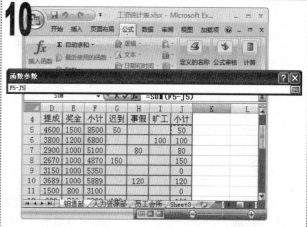

1 在工作表中选择 F5 单元格，在"函数参数"对话框中输入运算符"-"，再在工作表中选择 J5 单元格，单击"函数参数"对话框中的"展开"按钮。

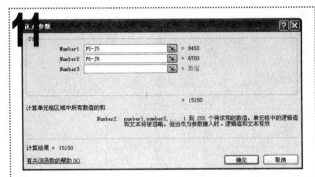

1 展开"函数参数"对话框，在"Number2"文本框中
输入"F6-J6"。

1 用相同的方法在"Number3"～"Number16"文本
框中设置需要参与计算的单元格区域，如上图所示，然
后单击"确定"按钮。

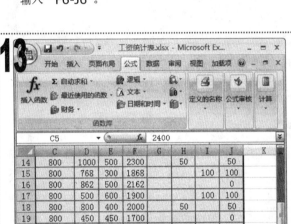

1 返回 Excel 工作界面即可在 H21 单元格中查看到计算
结果。
2 选择 C5:J20 单元格区域。

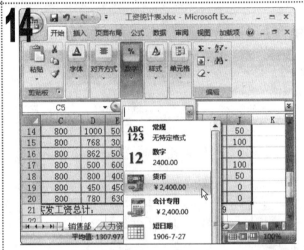

1 单击"开始"选项卡，在"数字"组的"常规"下拉列
表中选择"货币"选项，为选择的单元格区域更改数据
类型。

1 在"单元格"组中单击"格式"按钮，在弹出的下拉菜
单中选择"单元格大小"栏中的"自动调整列宽"选项，
系统自动为选择的单元格区域调整列宽。

1 用相同的方法将 H21 单元格的数据类型更改为"货
币"，保存修改过的工作簿，至此完成本例的制作。

实例98　计算比赛排名

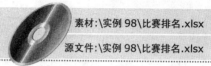

包含知识

■ AVERAGE 函数的使用

■ RANK 函数的使用

重点难点

■ RANK 函数的使用

制作思路

计算最后得分　　　　　计算比赛排名

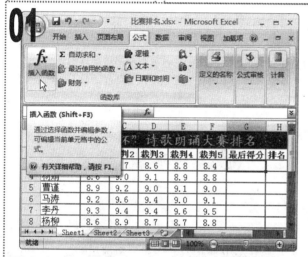

1 启动 Excel 2007,打开"比赛排名"素材工作簿,选择 G3 单元格。

2 单击"公式"选项卡,在"函数库"组中单击"插入函数"按钮 f_x。

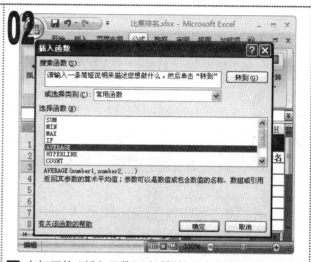

1 在打开的"插入函数"对话框的"或选择类别"下拉列表框中选择"常用函数"选项,在"选择函数"列表框中选择"AVERAGE"选项,单击"确定"按钮。

03

1 在打开的"函数参数"对话框中设置要参与计算的单元格区域,这里保持默认的单元格区域,单击"确定"按钮。

1 返回 Excel 工作表,在 G3 单元格中即可查看到计算结果。将鼠标光标移动到 G3 单元格的右下角,当鼠标光标变为 ✚ 形状时,按住鼠标左键并向下拖动。

2 当将鼠标光标拖动到 G10 单元格上时,释放鼠标即可计算出其他单元格中的数据,选择 H3 单元格。

1 在"公式"选项卡的"函数库"组中单击"自动求和"按钮右侧的·按钮，在弹出的下拉菜单中选择"其他函数"选项。

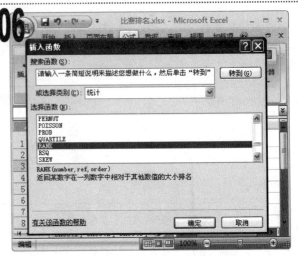

1 在打开的"插入函数"对话框的"或选择类别"下拉列表框中选择"统计"选项，在"选择函数"列表框中选择"RANK"选项，单击"确定"按钮。

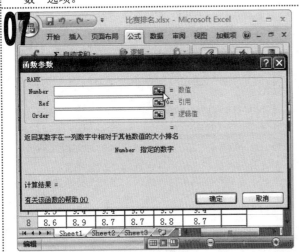

1 在打开的"函数参数"对话框的"Number"文本框中单击"折叠"按钮。

1 在工作表中选择 G3 单元格，单击"函数参数"对话框中的"展开"按钮。

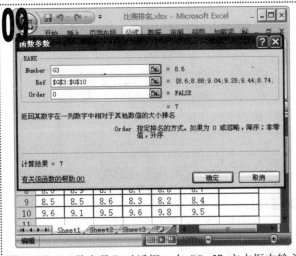

1 返回"函数参数"对话框，在"Ref"文本框中输入"$G$3:$G$10"，在"Order"文本框中输入"0"，单击"确定"按钮。

1 返回工作表，在 H3 单元格中计算出第一位选手的排名，用拖动鼠标的方法复制公式到 H4:H10 单元格区域中，计算出其他选手的排名，完成本例的制作。

实例99 按学号查询学生信息

素材:\实例99\学生信息查询.xlsx
源文件:\实例99\学生信息查询.xlsx

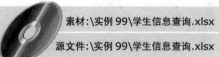

包含知识
- RANK 函数的使用
- LOOKUP 函数的使用

重点难点
- LOOKUP 函数的使用

制作思路

计算排名

查询学生信息

1 打开"学生信息查询"素材工作簿,选择 H10 单元格,单击"公式"选项卡。

2 在"函数库"组中单击"最近使用的函数"按钮,在弹出的下拉菜单中选择"RANK"选项。

3 在打开的"函数参数"对话框的"Number"文本框后单击"折叠"按钮。

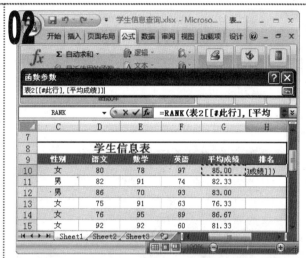

1 在工作表中选择 G10 单元格,单击"函数参数"对话框中的"展开"按钮。

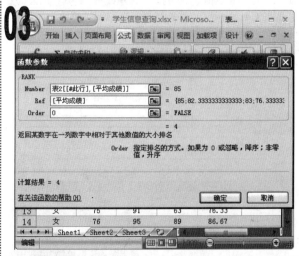

1 返回"函数参数"对话框,在"Ref"文本框中输入"[平均成绩]",在"Order"文本框中输入"0",单击"确定"按钮。

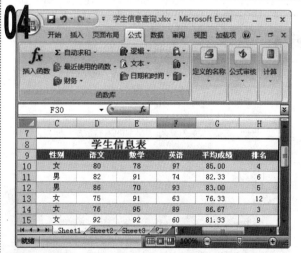

1 返回 Excel 工作界面,系统自动在"排名"列计算出排名的结果,如上图所示。

1 选择 C3 单元格，在"函数库"组中单击"查找与引用"按钮 🔍▾，在弹出的下拉菜单中选择"LOOKUP"选项。

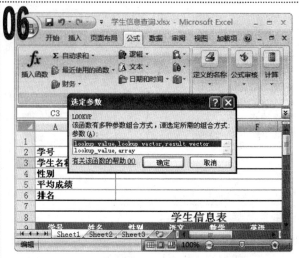

1 在打开的"选定参数"对话框的列表框中自动选择第一个选项，单击"确定"按钮。

1 在打开的"函数参数"对话框的"Lookup_value"文本框中输入"C2"，在"Lookup_vector"文本框中输入"表 2"，即学生信息表，在"Result_vector"文本框中输入"表2[姓名]"，单击"确定"按钮。

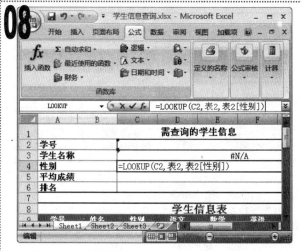

1 返回 Excel 工作界面，选择 C3 单元格，将其中的公式复制到 C4 单元格中，在编辑框中将"姓名"修改为"性别"。

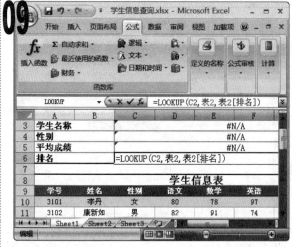

1 用相同的方法将公式复制到 C5 和 C6 单元格中，并分别修改"Result_vector"中的字段参数为"平均成绩"和"排名"。

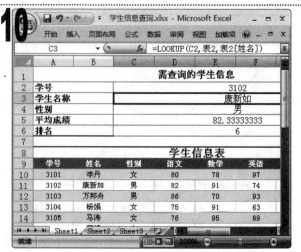

1 在 C2 单元格中输入"3102"，按 Enter 键进行查询，结果如上图所示，至此完成本例的制作。

实例100　统计应到人数和实到人数

素材:\实例100\统计学生成绩.xlsx
源文件:\实例100\统计学生成绩.xlsx

包含知识
- SUM 函数的使用
- COUNT 函数的使用

重点难点
- COUNT 函数的使用

制作思路

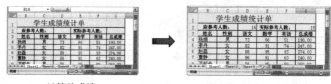

计算总成绩　　　　　　　　统计应到人数和实到人数

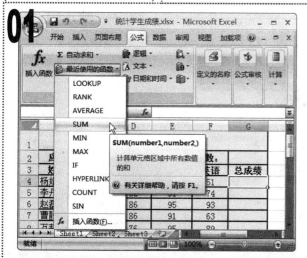

01

1 打开"统计学生成绩"素材工作簿,选择 **G4** 单元格。
2 在"函数库"组中单击"最近使用的函数"按钮,在弹出的下拉菜单中选择"SUM"选项。

02

1 在打开的"函数参数"对话框中设置要参与计算的单元格区域,这里保持默认的单元格区域,单击"确定"按钮。

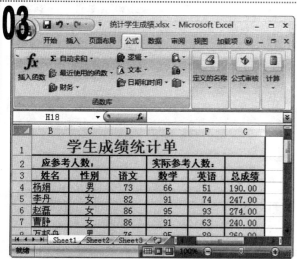

03

1 返回 **Excel** 工作表,在 **G4** 单元格中即可查看计算的结果。将鼠标光标移动到 **G4** 单元格的右下角,当鼠标光标变为➕形状时,按住鼠标左键并向下拖动。
2 当将鼠标光标拖动到 **G19** 单元格上时,释放鼠标即可计算出其他单元格中的数据。

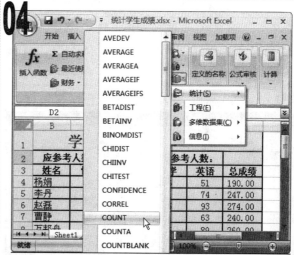

04

1 选择 **D2** 单元格,在"函数库"组中单击"其他函数"按钮,在弹出的下拉菜单中选择"统计-COUNT"选项。

05

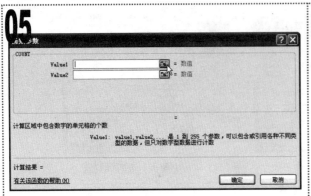

1 在打开的"函数参数"对话框中单击"Value1"文本框右侧的"折叠"按钮。

06

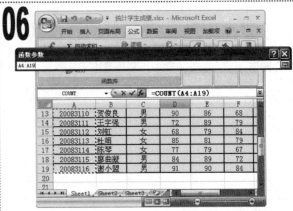

1 在工作表中选择 A4:A19 单元格区域，单击"函数参数"对话框中的"展开"按钮。

07

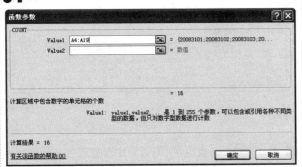

1 返回"函数参数"对话框，单击"确定"按钮统计应参考人数。

08

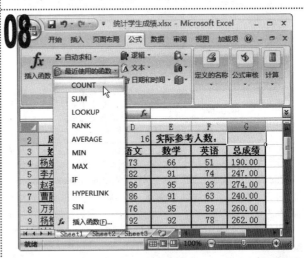

1 返回 Excel 工作表，在 D2 单元格中即可查看统计的结果。
2 选择 G2 单元格，在"函数库"组中单击"最近使用的函数"按钮，在弹出的下拉菜单中选择"COUNT"选项。

09

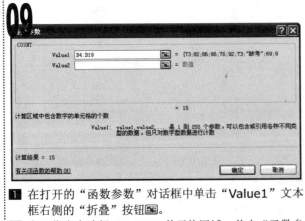

1 在打开的"函数参数"对话框中单击"Value1"文本框右侧的"折叠"按钮。
2 在工作表中选择 D4:D19 单元格区域，单击"函数参数"对话框中的"展开"按钮。
3 返回"函数参数"对话框，单击"确定"按钮统计实际参考人数。

10

1 返回 Excel 工作界面即可在 G2 单元格中查看到计算结果，保存修改过的工作簿，至此完成本例的制作。

第 8 章

管理和分析数据

 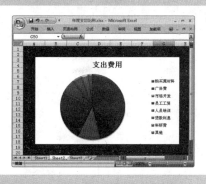 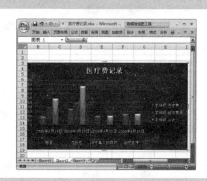

08

在 Excel 中，不仅可以对表格中的数据进行排序、筛选以及分类汇总等操作，还可以通过创建数据透视表和数据透视图等方法来分析和管理表格中的数据。本章将通过 11 个实例详细讲解管理和分析数据的相关知识与操作。

素材:\实例 101\期末成绩统计.xlsx

源文件:\实例 101\期末成绩统计.xlsx

实例101　对成绩进行排序

包含知识
- 通过命令按钮排列数据
- 通过关键字排列数据

重点难点
- 通过命令按钮排列数据
- 通过关键字排列数据

制作思路

通过命令按钮排列数据

通过关键字排列数据

1 打开"期末成绩统计"素材工作簿，选择 I3:I11 单元格区域，单击"数据"选项卡。

2 在"排序和筛选"组中单击"升序"按钮 ↓。

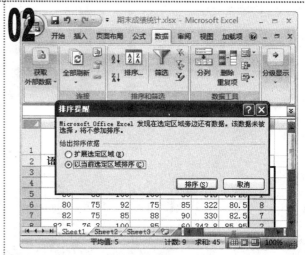

1 在打开的"排序提醒"对话框中选中"以当前选定区域排序"单选按钮，单击"排序"按钮。

1 返回工作界面，即可看到工作表中"排名"所在列的数据按升序排列了。

1 选择工作表中的任意单元格，单击"数据"选项卡，在"排序和筛选"组中单击"排序"按钮。

■ 知识提示

　　单击"升序"按钮对数据进行升序排列，当排序的对象是数字时，就会从最小的负数到最大的正数进行排序；若排序的数据是文本，则按 A~Z 的顺序进行排序；若是逻辑值，则 FALSE 排在 TRUE 前；若有空格，则排在最后。

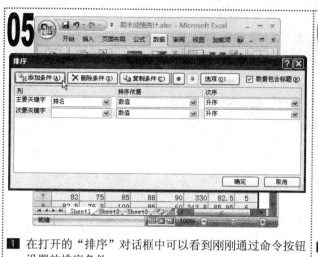

1 在打开的"排序"对话框中可以看到刚刚通过命令按钮设置的排序条件。

2 单击"添加条件"按钮，为工作表排序添加一个次要关键字条件。

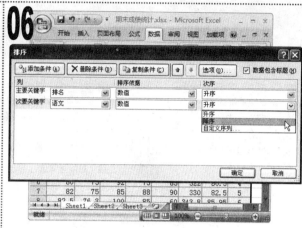

1 在次要关键字的"列"下拉列表框中选择"语文"选项，在"排序依据"下拉列表框中选择"数值"选项，在"次序"下拉列表框中选择"降序"选项。

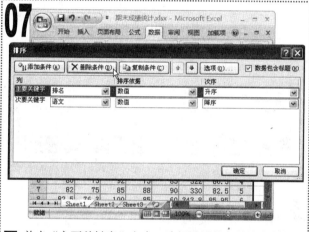

1 单击"主要关键字"文本，选择设置的主关键字条件，单击"删除条件"按钮将该条件删除，此时设置的次要关键字条件自动变为主要关键字条件。

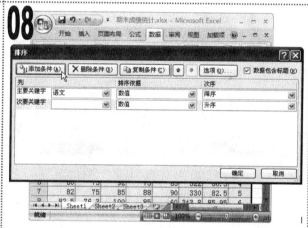

1 单击"添加条件"按钮重新添加次要关键字条件。

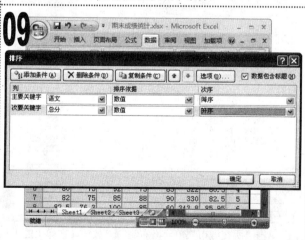

1 在次要关键字的"列"下拉列表框中选择"总分"选项，在"排序依据"下拉列表框中选择"数值"选项，在"次序"下拉列表框中选择"升序"选项，单击"确定"按钮。

1 返回工作表，即可看到第 2 行和第 3 行的语文成绩相同，根据次要关键字条件按总分的升序进行了排序，至此完成本例的制作。

实例102　筛选订单总额大于 6500 的订单

素材:\实例 102\订单.xlsx
源文件:\实例 102\订单.xlsx

包含知识
- 对文本的筛选
- 对数字的筛选
- 自定义筛选

重点难点
- 对数字的筛选
- 自定义筛选

制作思路

按订单编号筛选　　　　按所在城市筛选　　　　按订单总额筛选

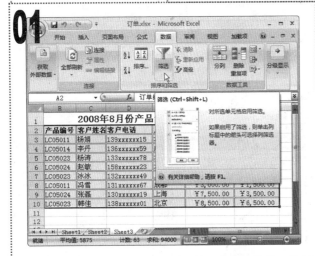

1 启动 Excel 2007，打开"订单"素材工作簿，选择 A2:F10 单元格区域，单击"数据"选项卡，在"排序和筛选"组中单击"筛选"按钮。

1 单击"订单编号"单元格右侧的 ▼ 按钮，在弹出的下拉菜单中取消选中"全选"复选框。
2 选中"DD20081001"～"DD20081005"复选框，单击"确定"按钮。

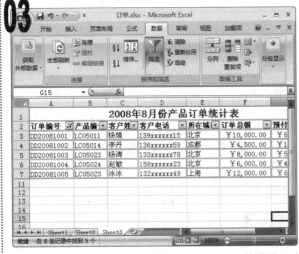

1 返回工作表，即可看到其中只显示了"订单编号"在 DD20081001~DD20081005 之间的订单信息。

1 单击"所在城市"单元格右侧的 ▼ 按钮，在弹出的下拉菜单中选择"文本筛选-等于"选项。

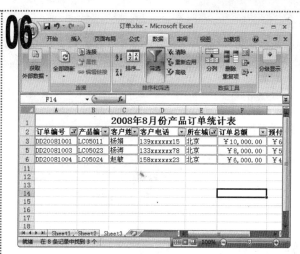

1 在打开的"自定义自动筛选方式"对话框的"所在城市"栏右侧的下拉列表框中选择"北京"选项，单击"确定"按钮。

1 返回工作表，即可查看到其按设置的筛选方式显示了"所在城市"为"北京"的订单信息。

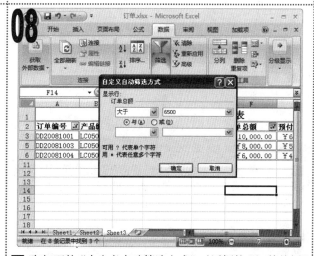

1 单击"订单总额"单元格右侧的 ▼ 按钮，在弹出的下拉菜单中选择"数字筛选-自定义筛选"选项。

1 在打开的"自定义自动筛选方式"对话框的"订单总额"栏左侧的下拉列表框中选择"大于"选项，在右侧的下拉列表框中输入"6500"，单击"确定"按钮。

知识延伸

　　在"自定义自动筛选方式"对话框中输入筛选条件时，可以使用通配符代替字符或字符串，如用？可以代表任意单个字符，用*可以代表任意多个字符。

知识延伸

　　在"自定义自动筛选方式"对话框中如果选中"或"单选按钮，单击"确定"按钮后将筛选出满足任意一个条件的数据。

1 返回工作表，在其中按设置的条件显示了相应的订单信息，保存修改过的工作簿，完成本例的制作。

素材:\实例103\工资单.xlsx
源文件:\实例103\工资单.xlsx

实例103 对工资发放情况进行分类汇总

包含知识
- 创建分类汇总
- 显示和隐藏分类汇总

重点难点
- 创建分类汇总
- 显示和隐藏分类汇总

制作思路

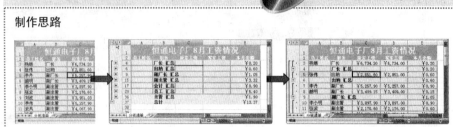

排序数据　　　　创建并隐藏分类汇总　　　　显示分类汇总

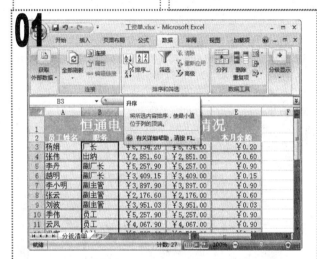

① 打开"工资单"素材工作簿,选择 B3:B29 单元格区域。

② 单击"数据"选项卡,在"排序和筛选"组中单击"升序"按钮 ↓↑。

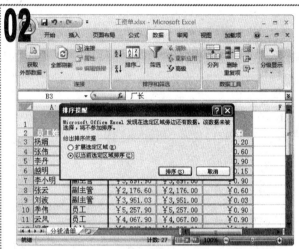

① 在打开的"排序提醒"对话框中选中"以当前选定区域排序"单选按钮,单击"确定"按钮。

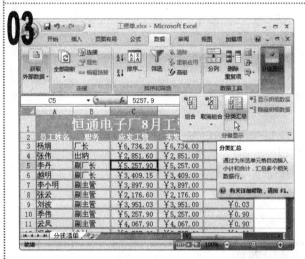

① 返回工作表,即可查看到其中的数据按"职务"的升序排列了。

② 选择 C5 单元格,单击"数据"选项卡,在"分级显示"组中单击"分类汇总"按钮。

① 在打开的"分类汇总"对话框的"分类字段"下拉列表框中选择"职务"选项,在"汇总方式"下拉列表框中选择"求和"选项,在"选定汇总项"列表框中选中"本月余额"复选框。

② 单击"确定"按钮。

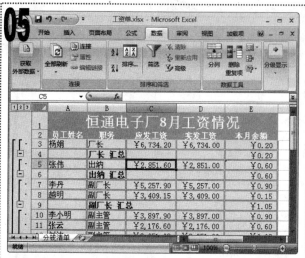

■ 返回工作表，在其中的"职务"所在的列中分别创建了汇总，并且在"本月余额"所在列中以"求和"的方式汇总了工资的余额。

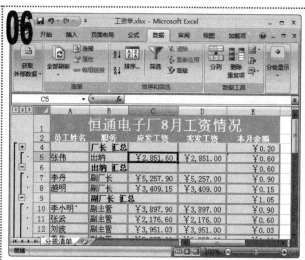

■ 单击工作表左侧列表中的第 1 个━按钮将隐藏"职务"为"厂长"的所有数据，只显示汇总结果。

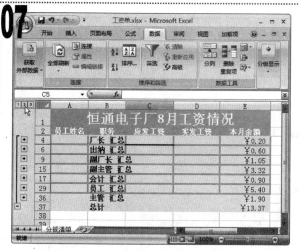

■ 单击工作表左侧列表中的 2 按钮将只显示汇总后每种职务的总余额和以及所有本月余额的总计。

■ 单击工作表左侧列表中的 1 按钮将隐藏所有的汇总，只显示所有职务本月余额的总计。

知识提示

　　对电子表格中的某一列进行分类汇总时，如果该列并没有按照一定的顺序排列，则应先对该列进行排序。

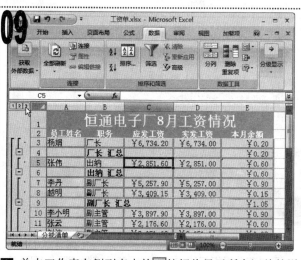

■ 单击工作表左侧列表中的 3 按钮将显示所有汇总的详细信息，保存修改过的工作簿，完成本例的制作。

知识延伸

　　在创建了分类汇总的工作表中，单击"数据"选项卡，在"分级显示"组中单击"分类汇总"按钮，在打开的"分类汇总"对话框中单击"全部删除"按钮，即可删除所创建的分类汇总。

素材:\实例104\年度支出比例.xlsx
源文件:\实例104\年度支出比例.xlsx

实例104 创建支出费用图表

包含知识
- 图表的创建
- 修改图表的类型和样式
- 移动图表位置

重点难点
- 图表的创建
- 修改图表的类型和样式

制作思路

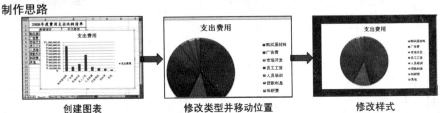

创建图表 修改类型并移动位置 修改样式

1 打开"年度支出比例"素材工作簿,选择 A2:B10 单元格区域,单击"插入"选项卡,在"图表"组中单击"对话框启动器"按钮。

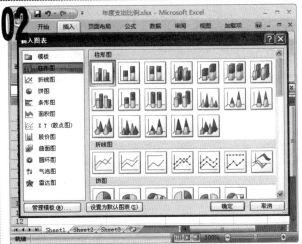

1 在打开的"插入图表"对话框中设置创建图表的类型,这里保持默认设置,单击"确定"按钮。

1 创建图表后自动打开"图表工具 设计"选项卡,调整图表的位置,单击"类型"组中的"更改图表类型"按钮。

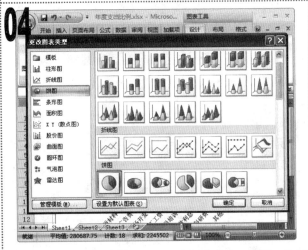

1 在打开的"更改图表类型"对话框中单击"饼图"选项卡,在右侧选择"饼图"栏中的第一个选项,单击"确定"按钮。

知识提示

插入图表时,如果只选择一个单元格,Excel 将自动把紧邻该单元格包含数据的所有单元格创建在图表中。

知识提示

如果要创建的图表中包含的单元格不在连续的区域中,可以在选择不相邻的单元格或单元格区域后创建图表。此外,还可以隐藏不想包含在图表中的行或列。

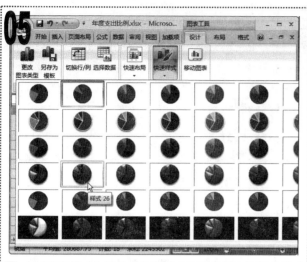

1 在"图表样式"组的"快速样式"列表框中选择"样式26"选项。

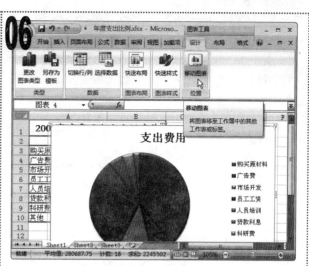

1 返回工作表即可看到修改后的图表样式，单击"位置"组中的"移动图表"按钮。

1 在打开的"移动图表"对话框中选中"对象位于"单选按钮，在其后的下拉列表框中选择"Sheet2"选项，单击"确定"按钮。

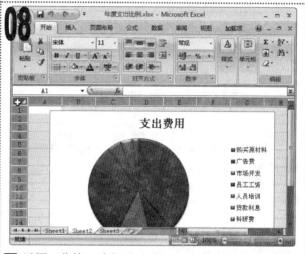

1 返回工作簿，选择"Sheet2"工作表即可看到移动后的图表，单击工作区左上角的▨按钮，选择所有的单元格。

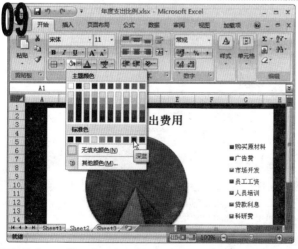

1 单击"开始"选项卡，在"字体"组中单击"填充颜色"按钮旁的▾按钮，在弹出的下拉菜单的"标准色"栏中选择"深蓝"选项，为图表的背景单元格填充颜色。

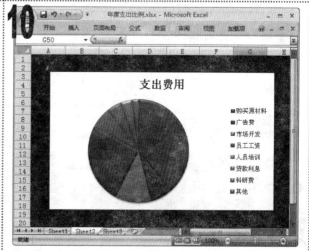

1 单击快速访问工具栏中的"保存"按钮将修改过的工作簿保存，至此完成本例的制作。

实例105　分析模拟考试的趋势

包含知识
- 创建图表
- 修改图表数据
- 添加趋势线

重点难点
- 修改图表数据
- 添加趋势线

制作思路

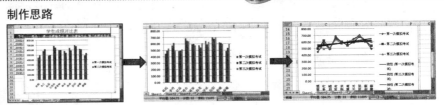

创建图表　　　　　　　修改图表数据　　　　　　添加趋势线

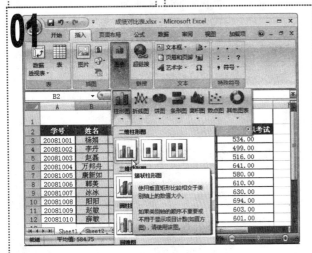

1　打开"成绩对比表"素材工作簿，选择 B2:D12 单元格区域，单击"插入"选项卡。

2　在"图表"组中单击"柱形图"按钮，在弹出的下拉菜单的"二维柱形图"栏中选择"簇状柱形图"选项。

1　系统自动以"姓名"为横坐标、"考试成绩"为纵坐标创建一个柱形图表，如上图所示。

2　单击"图表工具 设计"选项卡，在"数据"组中单击"选择数据"按钮。

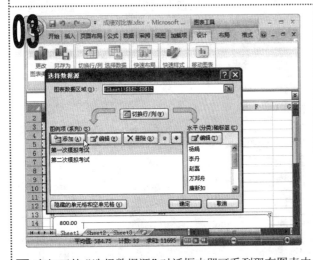

1　在打开的"选择数据源"对话框中即可看到现有图表中的数据系列，单击"添加"按钮。

知识延伸

如果要删除系列，只需在"选择数据源"对话框左侧的列表框中选择系列，然后单击"删除"按钮即可。

1　在打开的"编辑数据系列"对话框中单击"系列名称"文本框右侧的"折叠"按钮。

知识提示

在"选择数据源"对话框中单击"切换行/列"按钮，将切换图表中横、纵坐标数据的位置。

1 在工作表中选择 E2 单元格，单击"编辑数据系列"对话框中的"展开"按钮。

1 展开"编辑数据系列"对话框，删除"系列值"文本框中的数据，单击右侧的"折叠"按钮。

1 在工作表中选择 E3:E12 单元格区域，单击"编辑数据系列"对话框中的"展开"按钮。

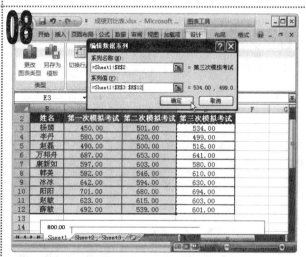

1 展开"编辑数据系列"对话框，单击"确定"按钮。

1 返回"选择数据源"对话框，在左侧的列表框中即可查看到添加的数据系列，单击"确定"按钮。

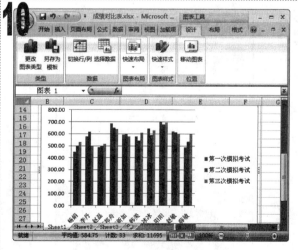

1 返回工作表，即可查看到图表中添加了"第三次模拟考试"数据系列，效果如上图所示。

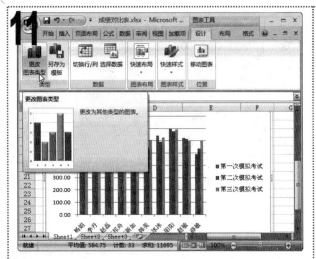

1 单击"图表工具 设计"选项卡，在"类型"组中单击
"更改图表类型"按钮。

1 在打开的"更改图表类型"对话框左侧单击"折线图"
选项卡，在右侧的"折线图"栏中选择"带数据标记的
折线图"选项，再单击"确定"按钮。

1 返回工作表，在图表中选择"第一次模拟考试"数据系
列的折线图，单击鼠标右键，在弹出的快捷菜单中选择
"添加趋势线"选项。

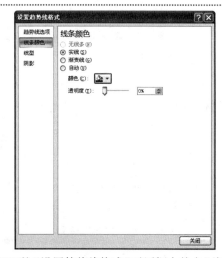

1 在打开的"设置趋势线格式"对话框中单击"线条颜色"
选项卡，选中"实线"单选按钮，并设置颜色为"黑色"。

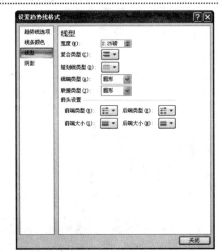

1 单击"线型"选项卡，在"宽度"数值框中输入"2.25
磅"，单击"关闭"按钮。

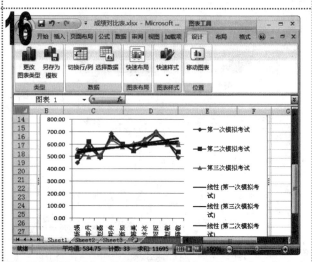

1 用相同的方法为其他数据系列添加趋势线，保存修改过
的工作簿，完成本例的制作。

实例106　创建产品销售额数据透视表

素材:\实例106\产品销售额.xlsx
源文件:\实例106\产品销售额.xlsx

包含知识
- 创建数据透视表
- 移动数据透视表
- 设置数据透视表格式

重点难点
- 创建数据透视表
- 设置数据透视表格式

制作思路

创建数据透视表　　　　移动数据透视表　　　　设置数据透视表格式

01

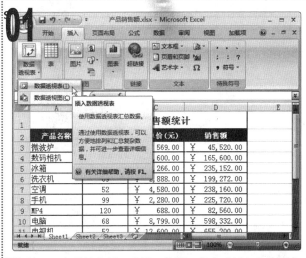

1 打开"产品销售额"素材工作簿，单击"插入"选项卡，在"表"组中单击"数据透视表"按钮下方的 ▾ 按钮，在弹出的下拉菜单中选择"数据透视表"选项。

02

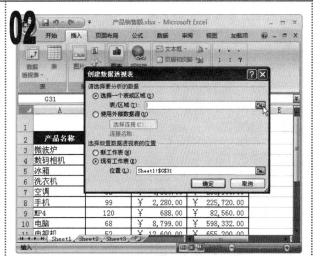

1 在打开的"创建数据透视表"对话框中单击"表/区域"文本框右侧的"折叠"按钮 。

03

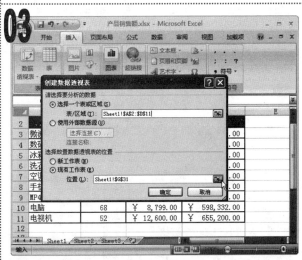

1 在工作表中选择 A2:D11 单元格区域，在"创建数据透视表"对话框中单击"展开"按钮 。

2 在返回的对话框中选中"现有工作表"单选按钮，在"位置"文本框右侧单击"折叠"按钮 。

04

1 在工作表中选择 A13 单元格，在"创建数据透视表"对话框中单击"展开"按钮 。

2 在返回的对话框中单击"确定"按钮，即可在工作表中创建数据透视表。

1 在右侧的"数据透视表字段列表"任务窗格的"选择要添加到报表的字段"列表框中选中"产品名称"、"销售量（台）"和"销售额"复选框。

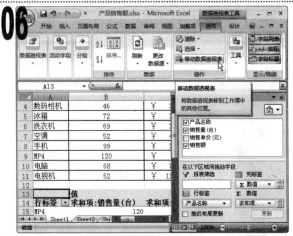

1 单击"数据透视表工具 选项"选项卡，在"操作"组中单击"移动数据透视表"按钮。

1 在打开的"移动数据透视表"对话框的"选择放置数据透视表的位置"栏中选中"新工作表"单选按钮，单击"确定"按钮。

1 系统自动创建 Sheet4 工作表，并将数据透视表移动到该工作表中。

2 单击"数据透视表工具 选项"选项卡，在"显示/隐藏"组中单击"字段列表"按钮隐藏任务窗格。

1 选择数据透视表区域，单击"开始"选项卡，在"单元格"组中单击"格式"按钮。

2 在弹出的下拉菜单的"单元格大小"栏中选择"自动调整列宽"选项，将数据透视表中的数据全部显示出来。

1 保存修改过的工作簿，其效果如上图所示，至此完成本例的制作。

实例107 创建医疗费记录数据透视图

包含知识
- 创建数据透视图
- 移动数据透视图
- 设置数据透视图样式

重点难点
- 创建数据透视图
- 设置数据透视图样式

制作思路

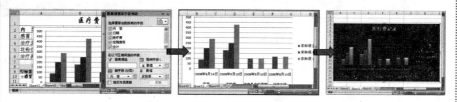

创建数据透视图　　　　　　移动数据透视图　　　　　设置数据透视图样式

1 打开"医疗费记录"素材工作簿,单击"插入"选项卡,在"表"组中单击"数据透视表"按钮下方的下拉按钮,在弹出的下拉菜单中选择"数据透视图"选项。

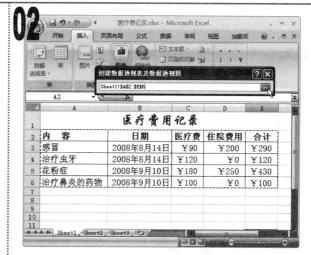

1 在打开的"创建数据透视表及数据透视图"对话框中单击"表/区域"文本框右侧的"折叠"按钮 。

2 在工作表中选择 A2:E6 单元格区域,在"创建数据透视表及数据透视图"对话框中单击"展开"按钮 。

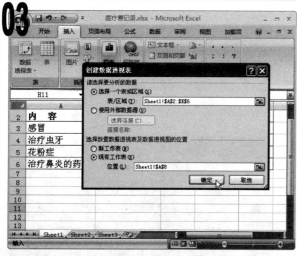

1 在返回的对话框中选中"现有工作表"单选按钮,单击"位置"文本框右侧的"折叠"按钮 ,在工作表中选择 A8 单元格,在"创建数据透视表"对话框中单击"展开"按钮 。

2 在返回的对话框中单击"确定"按钮。

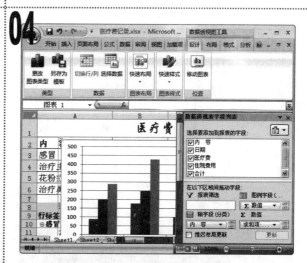

1 返回工作表即可看到添加的数据透视图,在打开的"数据透视表字段列表"任务窗格的"选择要添加到报表的字段"列表框中选中"内容"、"日期"、"医疗费"、"住院费用"和"合计"复选框。

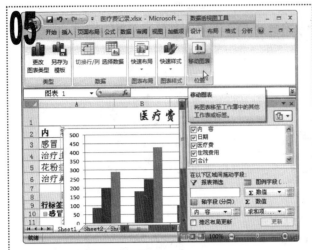

1 单击"数据透视图工具 设计"选项卡，在"位置"组中单击"移动图表"按钮。

1 在打开的"移动图表"对话框中选中"对象位于"单选按钮，在右侧的下拉列表框中选择"Sheet2"选项，单击"确定"按钮。

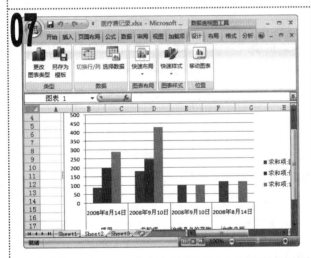

1 此时在 Sheet1 工作表中创建的数据透视图被移动到 Sheet2 工作表中，单击"数据透视表字段列表"任务窗格右上角的"关闭"按钮，关闭该任务窗格。

1 在"图表样式"组的"快速样式"列表框中选择"样式42"选项，更改图表的样式。

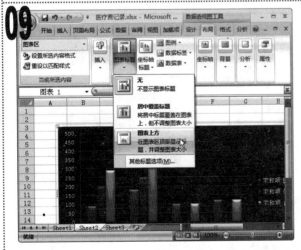

1 单击"数据透视图工具 布局"选项卡，在"标签"组中单击"图表标题"按钮，在弹出的下拉菜单中选择"图表上方"选项。

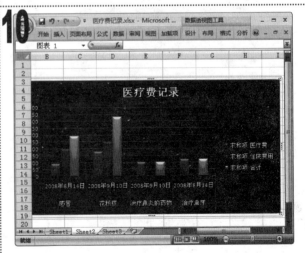

1 在图表上方出现的编辑框中输入"医疗费记录"文本，在其他空白位置处单击鼠标左键确认输入，完成本例的制作。

实例108　计算产品总销量

素材:\实例108\产品销量统计.xlsx
源文件:\实例108\产品销量统计.xlsx

包含知识
- 选择工作表
- 数据的合并计算

重点难点
- 选择工作表
- 数据的合并计算

制作思路

引用第一张表

引用第二张表

合并计算

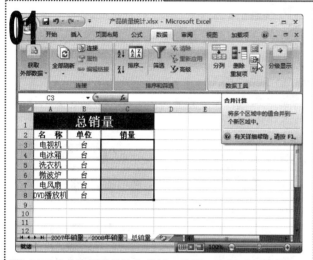

1 打开"产品销量统计"素材工作簿,选择"总销量"工作表标签切换到"总销量"工作表。

2 选择 C3:C8 单元格区域,单击"数据"选项卡,在"数据工具"组中单击"合并计算"按钮。

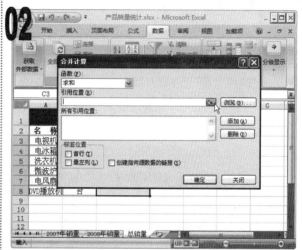

1 在打开的"合并计算"对话框的"函数"下拉列表框中选择"求和"选项,单击"引用位置"文本框右侧的"折叠"按钮。

1 单击"2007 年销量"工作表标签切换到"2007 年销量"工作表,在"合并计算-引用位置"对话框中即引用该工作表。

2 选择 C3:C8 单元格区域,单击"合并计算-引用位置"对话框中的"展开"按钮。

1 在返回的"合并计算"对话框中单击"添加"按钮,将引用的单元格位置添加到"所有引用位置"列表框中。

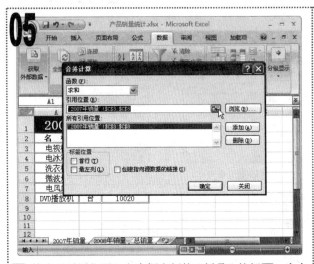

1 单击"引用位置"文本框右侧的"折叠"按钮，为合并计算添加其他要计算的单元格。

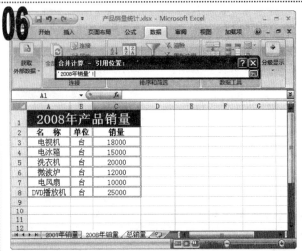

1 单击"2008 年销量"工作表标签切换到"2008 年销量"工作表，在"合并计算－引用位置"对话框中即引用该工作表。

1 选择 C3:C8 单元格区域，单击"合并计算－引用位置"对话框中的"展开"按钮。

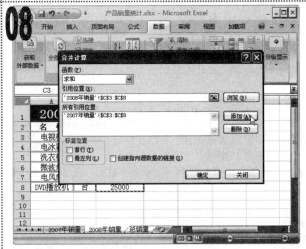

1 在返回的对话框中单击"添加"按钮，将引用的单元格位置添加到"所有引用位置"列表框中。

1 在对话框的"所有引用位置"列表框中即添加了要计算数据的单元格引用，单击"确定"按钮。

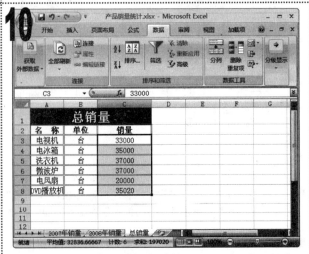

1 返回"总销量"工作表即可在 C3:C8 单元格区域中计算出 2007 年和 2008 年的产品总销量，保存该工作簿，至此完成本例的制作。

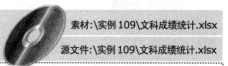

素材:\实例109\文科成绩统计.xlsx
源文件:\实例109\文科成绩统计.xlsx

实例109 编辑文科成绩统计工作表

包含知识
- 删除重复项
- 设置数据有效性

重点难点
- 删除重复项
- 设置数据有效性

制作思路

删除重复项　　　　　设置数据有效性　　　　　最终效果

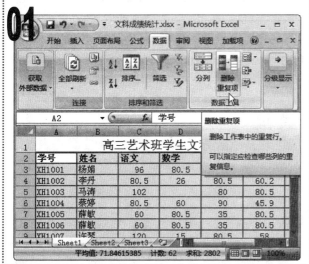

1 打开"文科成绩统计"素材工作簿,选择 A2:G10 单元格区域,单击"数据"选项卡。

2 在"数据工具"组中单击"删除重复项"按钮。

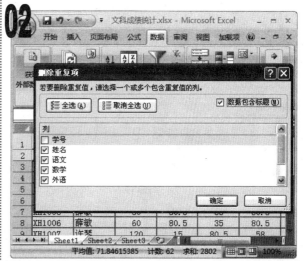

1 在打开的"删除重复项"对话框的"列"列表框中取消选中"学号"复选框,单击"确定"按钮。

1 在打开的提示信息对话框中显示发现的重复项数量,单击"确定"按钮删除重复项。

2 选择 C3:G9 单元格区域,在"数据工具"组中单击"数据有效性"按钮 右侧的 按钮,在弹出的下拉菜单中选择"数据有效性"选项。

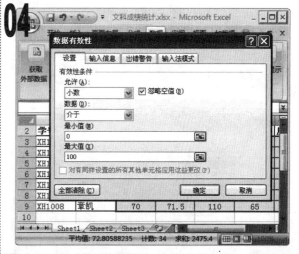

1 在打开的"数据有效性"对话框的"允许"下拉列表框中选择"小数"选项,在"最小值"和"最大值"文本框中分别输入"0"和"100"。

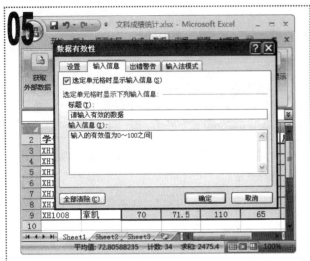

1 单击"输入信息"选项卡，在"标题"文本框中输入"请输入有效的数据"文本，在"输入信息"列表框中输入"输入的有效值为 0~100 之间"文本。

1 单击"出错警告"选项卡，在"标题"文本框中输入"输入错误的数值"文本。

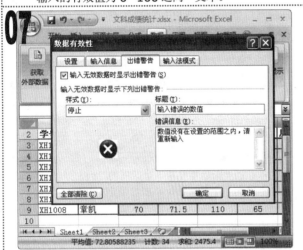

1 在"错误信息"列表框中输入"数值没有在设置的范围之内，请重新输入"文本，单击"确定"按钮。

1 返回工作表，选择 D5 单元格，此时即可显示输入有效数据的提示信息，输入"101"。

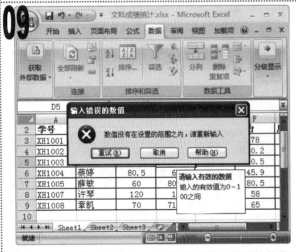

1 按 Enter 键确定输入，在打开的"输入错误的数值"提示对话框中提示输入的数据错误。

2 单击"重试"按钮重新输入数据。

1 用相同的方法在 C5，C8 和 E9 单元格中输入数据范围内的数据，保存修改过的工作簿，完成本例的制作。

实例110 选择最佳方案

素材:无

源文件:\实例110\最佳方案选择.xlsx

包含知识
- 使用方案管理器创建方案
- 选择方案

重点难点
- 使用方案管理器创建方案
- 选择方案

制作思路

计算月还款   创建方案   方案摘要

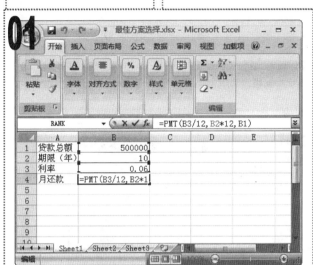

1 新建"最佳方案选择"工作簿,在 Sheet1 工作表中输入如上图所示的文本。

2 在 B4 单元格中输入函数"＝PMT(B3/12,B2*12, B1)"。

1 按 Enter 键在 B4 单元格中计算出月还款额,选择 A1 单元格,单击"公式"选项卡,在"定义的名称"组中单击"定义名称"按钮。

1 在打开的"新建名称"对话框的"名称"文本框中输入"贷款总额"文本。

2 单击"确定"按钮。

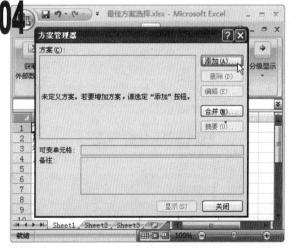

1 返回工作表中,单击"数据"选项卡,在"数据工具"组中单击"假设分析"按钮,在弹出的下拉菜单中选择"方案管理器"选项。

2 在打开的"方案管理器"对话框中单击"添加"按钮添加方案。

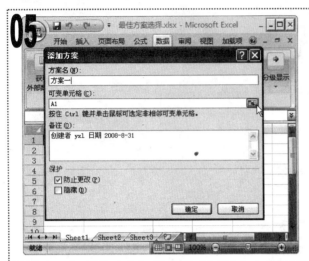

1 在打开的"添加方案"对话框的"方案名"文本框中输入"方案一"文本，单击"可变单元格"文本框右侧的"折叠"按钮。

1 选择 B1:B3 单元格区域，单击"展开"按钮，返回"编辑方案"对话框，单击"确定"按钮。

1 在打开的"方案变量值"对话框的"1"、"2"和"3"文本框中分别输入"方案一"的贷款总额、期限和利率，单击"确定"按钮。

1 返回"方案管理器"对话框，在"方案"列表框中可以看到创建的"方案一"，用相同的方法创建"方案二"和"方案三"，创建完毕后单击"摘要"按钮。

1 在打开的对话框中选中"方案摘要"单选按钮，在"结果单元格"文本框中输入"B4"，单击"确定"按钮。

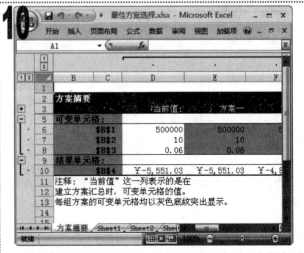

1 在新建的"方案摘要"工作表中列举了各种方案的变量值和结果值以供参考，至此完成本例的制作。

实例111　分析还款率

素材:\实例111\分析月还款.xlsx
源文件:\实例111\分析月还款.xlsx

包含知识
- 分析单变量数据
- 分析双变量数据

重点难点
- 分析单变量数据
- 分析双变量数据

制作思路

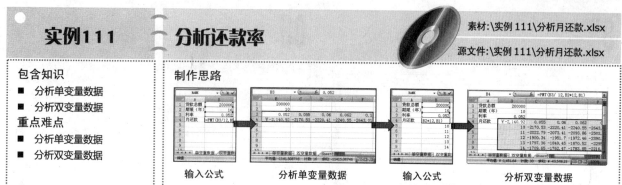

输入公式　　　　分析单变量数据　　　　输入公式　　　　分析双变量数据

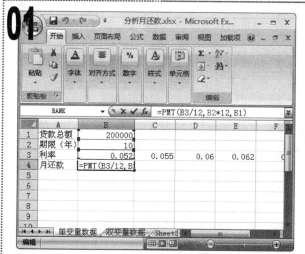

1 打开"分析月还款"素材工作簿,选择"单变量数据"工作表,在C3:F3单元格区域中输入不同的利率。

2 选择B4单元格,在其中输入函数"=PMT(B3/12,B2*12,B1)"。

1 按Enter键在B4单元格中计算出月还款的数据。

2 选择B3:F4单元格区域,单击"数据"选项卡,在"数据工具"组中单击"假设分析"按钮,在弹出的下拉菜单中选择"数据表"选项。

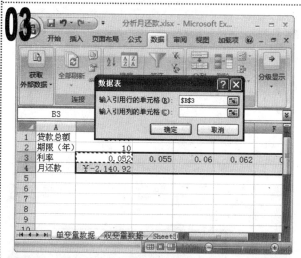

1 在打开的"数据表"对话框中单击"输入引用行的单元格"文本框右侧的"折叠"按钮。

2 在工作表中选择B3单元格,在"数据表-输入引用行的单元格"对话框中单击"展开"按钮,在返回的对话框中单击"确定"按钮。

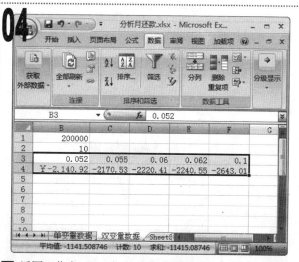

1 返回工作表,即可在C4:F4单元格区域中计算出月还款的数据。

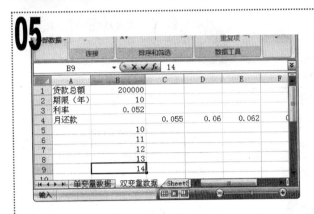

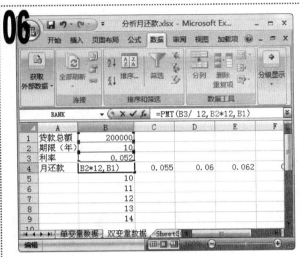

1 选择"双变量数据"工作表标签,将工作表切换到"双变量数据"工作表。

2 在 C4:F4 单元格区域中输入如上图所示的利率,在 B5:B9 单元格区域中输入年限。

1 选择 B4 单元格,在该单元格中输入函数"=PMT(B3/12,B2*12,B1)"。

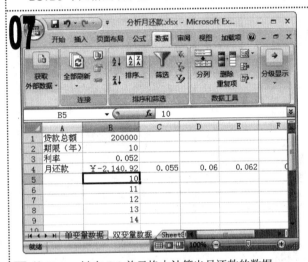

1 按 Enter 键在 B4 单元格中计算出月还款的数据。

1 选择 B4:F9 单元格区域,单击"数据"选项卡,在"数据工具"组中单击"假设分析"按钮,在弹出的下拉菜单中选择"数据表"选项。

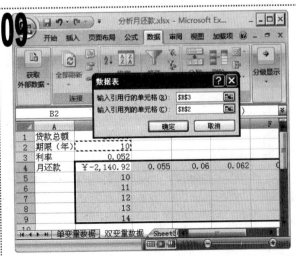

1 在打开的"数据表"对话框的"输入引用行的单元格"文本框中输入"B3",在"输入引用列的单元格"文本框中输入"B2",单击"确定"按钮。

1 返回工作表,即可在 C5:F9 单元格区域中计算出月还款的数据,保存修改过的工作簿,至此完成本例的制作。

第 9 章

PowerPoint 的基本操作

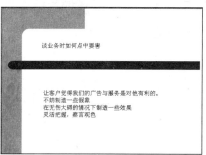

09

PowerPoint 是 Office 办公软件的组件之一，使用它可以制作出带有动画的演示文稿，使生硬的文本、图片和图表变得活泼起来，它在办公中应用极为广泛。本章将主要讲解演示文稿的基本操作，包括编辑演示文稿、在演示文稿中设置文本与段落格式以及添加备注等。

实例112　打开并放映 "九寨旅游" 演示文稿

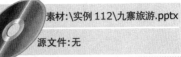

素材:\实例112\九寨旅游.pptx

源文件:无

包含知识　　　■ 打开演示文稿　　■ 浏览幻灯片　　■ 放映幻灯片　　■ 选择幻灯片

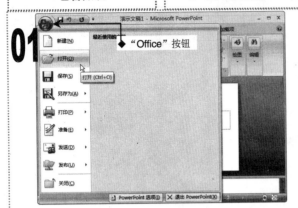

1 选择 "开始-所有程序-Microsoft Office-Microsoft Office PowerPoint 2007" 选项，启动 PowerPoint 2007。

2 单击 "Office" 按钮，在弹出的菜单中选择 "打开" 选项。

1 在打开的 "打开" 对话框的 "查找范围" 下拉列表框中选择素材所在的文件夹，在中间的列表框中选择需要打开的 "九寨旅游" 演示文稿，单击 "打开" 按钮。

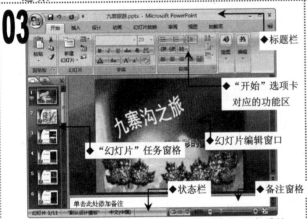

1 打开演示文稿后，在幻灯片编辑窗口中可以查看第 1 张幻灯片中的内容，在左侧的 "幻灯片" 任务窗格中拖动滚动条，可以查看该演示文稿中幻灯片的张数。

1 在左侧的窗格中单击第 2 张幻灯片，选择该幻灯片，在中间的编辑窗口中可以查看其内容。

2 拖动滚动条继续查看其他幻灯片中的内容。

1 按 F5 键，PowerPoint 将放映第 1 张幻灯片。

2 单击鼠标左键，切换至下一张幻灯片，依次单击鼠标放映其他幻灯片。

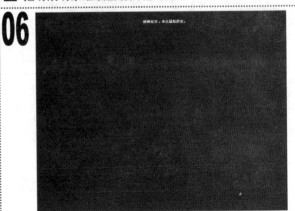

1 幻灯片放映结束后，出现如上图所示的画面，单击鼠标左键退出幻灯片放映状态。

实例113 新建"蓝兴公司"演示文稿

素材:无

源文件:\实例 113\蓝兴公司.pptx

包含知识　■ 新建空白演示文稿　　■ 保存演示文稿

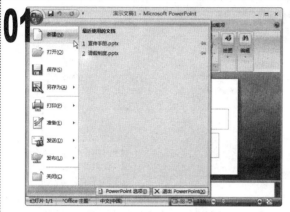

1 启动 PowerPoint 2007，单击"Office"按钮，在弹出的菜单中选择"新建"选项。

1 在打开的"新建演示文稿"对话框中选择"空白演示文稿"选项，单击"创建"按钮。

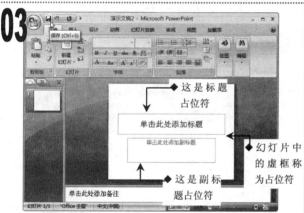

◆ 这是标题占位符
◆ 幻灯片中的虚框称为占位符
◆ 这是副标题占位符

1 此时程序将根据前面的文档序号自动新建"演示文稿2"空白演示文稿。
2 单击快速访问工具栏中的"保存"按钮。

1 在打开的"另存为"对话框的"保存位置"下拉列表框中选择文件的保存位置，在"文件名"下拉列表框中输入文件名"蓝兴公司"。
2 单击"保存"按钮。

◆ 文档名称变为该名称

1 演示文稿被保存后，其标题栏中的文档名称也发生了相应改变，如上图所示。

注意提示

当演示文稿被保存后，如果对幻灯片中的内容进行了修改，再单击"保存"按钮时，将不会打开"另存为"对话框，演示文稿会以原文件名在原位置处进行保存，这样会覆盖修改前的演示文稿。

若用户需要保留修改前的内容，可单击"Office"按钮，在弹出的菜单中选择"另存为"选项，打开"另存为"对话框，在其中用户可将演示文稿保存在其他位置或以其他文件名进行保存。

实例114　新建"知识测验节目"演示文稿

素材:无

源文件:\实例114\知识测验节目.ppt

| 包含知识 | ■ 新建基于模板的演示文稿 | ■ 在浏览视图下浏览幻灯片 | ■ 另存演示文稿 |

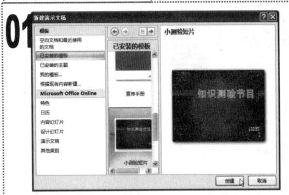

1 在 PowerPoint 2007 中打开"新建演示文稿"对话框,在左侧的"模板"栏中单击"已安装的模板"选项卡,在中间选择"小测验短片"选项,单击"创建"按钮。

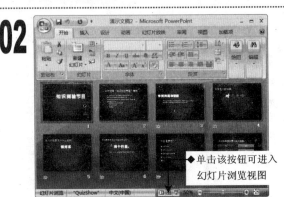

◆ 单击该按钮可进入幻灯片浏览视图

1 程序自动新建一个基于"小测验短片"模板的演示文稿。单击视图栏中的"幻灯片浏览"按钮🔲,在幻灯片浏览视图下浏览该演示文稿,可以看到该演示文稿由 8 张幻灯片组成,且已填充了相应内容。

1 单击"幻灯片浏览"按钮🔲右侧的"幻灯片放映"按钮🔲,系统将从第 1 张幻灯片开始依次全屏放映各张幻灯片。

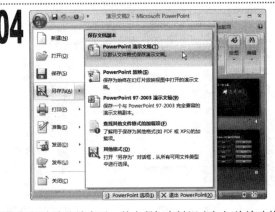

1 幻灯片放映结束后,单击鼠标左键退出幻灯片放映状态。
2 返回工作界面,单击"Office"按钮🔵,在弹出的菜单中选择"另存为-PowerPoint 演示文稿"选项。

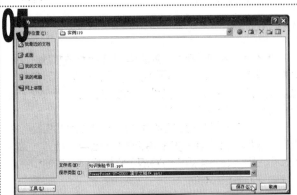

1 在打开的"另存为"对话框的"保存位置"下拉列表框中选择保存位置,文件名保持默认设置,在"保存类型"下拉列表框中选择"PowerPoint 97-2003 演示文稿(*.ppt)"选项。
2 单击"保存"按钮将其另存为其他类型的演示文稿。

知识延伸

　　在"新建演示文稿"对话框左侧的"Microsoft Office Online"栏中单击相应的选项卡,程序将在网上搜索相应类型的模板,然后在中间选择相应的模板,单击"下载"按钮即可下载该模板。

实例115　制作准备工作幻灯片

素材:\实例 115\策划方案.pptx
源文件:\实例 115\策划方案.pptx

包含知识
- 利用占位符输入文本
- 删除文本
- 输入空格

重点难点
- 利用占位符输入文本

制作思路

定位文本插入点　　输入标题文本　　删除项目符号　　输入全部文本

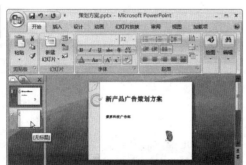

01 打开"策划方案"素材,可以看到第 1 张幻灯片中已有内容,在"幻灯片"任务窗格中选择第 2 张幻灯片。

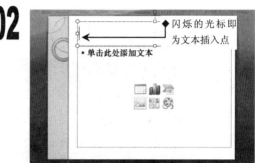

02 工作界面中显示出该幻灯片的内容,在标题占位符中单击鼠标左键,其中原有的文本内容"单击此处添加标题"消失,且出现一个闪烁的光标。

03 切换到用户常用的输入法,在占位符中输入"一、新品推广的准备工作"文本。

04 在下方的正文占位符中单击,其中的文本消失,按 Back Space 键删除文本插入点前的项目符号。

05 在文本插入点处输入文本"1、提炼新产品的核心诉求",按 Enter 键换行。

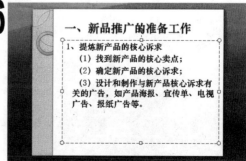

06 在文本插入点处按两次空格键,输入第 2 段文本。
2 按 Enter 键换行,按相同的方法输入其他文本,输入完成后保存演示文稿,完成本例的制作。

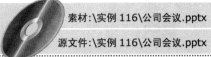

素材:\实例116\公司会议.pptx
源文件:\实例116\公司会议.pptx

实例116 编辑"公司会议"演示文稿

包含知识
- 新建幻灯片
- 移动幻灯片
- 复制幻灯片

重点难点
- 移动幻灯片
- 复制幻灯片

制作思路

新建幻灯片   移动幻灯片   输入文本

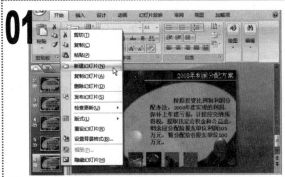

1 打开"公司会议"素材,在"幻灯片"任务窗格中选择最后一张幻灯片。
2 在其上单击鼠标右键,在弹出的快捷菜单中选择"新建幻灯片"选项。

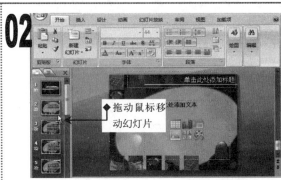

1 在第6张幻灯片后新建一张版式与第6张幻灯片相同的幻灯片。在"幻灯片"任务窗格中选择新建的幻灯片,按住鼠标左键不放,将其拖动至第2张幻灯片后。

1 分别单击新建幻灯片中的标题与正文占位符,在其中输入相应的文本内容。

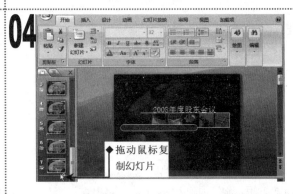

1 选择第1张幻灯片,按住 Ctrl 键的同时按住鼠标左键不放,向下拖动该幻灯片。

1 将幻灯片拖动至最后一张幻灯片之后,释放鼠标,在第7张幻灯片后将复制一张第1张幻灯片的副本。
2 选择复制的幻灯片。

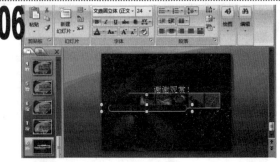

1 将文本插入点定位到标题占位符中,按 Ctrl+A 组合键选择其中的全部文本,按 Delete 键删除选择的文本,输入"谢谢观赏!"文本。
2 按相同的方法删除副标题占位符中的文本,输入"会议主持人:罗杰"文本,保存演示文稿,完成本例的制作。

素材:\实例 117\语文课件.pptx

源文件:\实例 117\语文课件.pptx

实例117 编辑 "语文课件" 演示文稿

包含知识
- 选择多个幻灯片
- 通过菜单选项复制幻灯片
- 删除占位符
- 插入文本框

重点难点
- 通过菜单选项复制幻灯片
- 插入文本框

制作思路

删除幻灯片　　　　　　输入竖排文本　　　　　　调整文本框

1 打开 "语文课件" 素材，选择第 5 张幻灯片，按住 Ctrl 键，在 "幻灯片" 任务窗格中分别单击第 5、第 7 和第 11 张幻灯片，同时选择这 3 张幻灯片。

2 按 Delete 键删除选择的幻灯片。

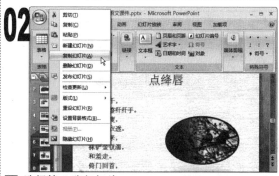

1 选择第 6 张幻灯片。

2 在其上单击鼠标右键，在弹出的快捷菜单中选择 "复制幻灯片" 选项。

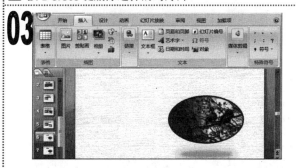

1 程序将在第 6 张幻灯片下方复制一张相同的幻灯片，并自动选择该幻灯片。

2 选择正文占位符，按 Delete 键删除其中的文本。

1 在标题占位符中输入文本 "渔家傲"。

2 单击 "插入" 选项卡，在 "文本" 组中单击 "文本框" 按钮下方的下拉按钮，在弹出的下拉菜单中选择 "垂直文本框" 选项。

1 在幻灯片的空白位置单击鼠标左键，出现一个有 8 个控制点的文本框和闪烁的文本插入点。

2 在其中输入文本 "天接云涛连晓雾，"。

3 按 Enter 键换行，继续输入其他文本。

1 拖动文本框下方中间的控制点，增加其高度。

2 将鼠标光标移至文本框上，当光标变为 ✣ 形状时，按住鼠标左键不放向左移动文本框。

3 保存演示文稿，完成本例的制作。

实例118　　编辑 "业务注意事项" 演示文稿

素材:\实例118\业务注意事项.pptx
源文件:\实例118\业务注意事项.pptx

包含知识
- 插入幻灯片
- 在 "大纲" 窗格中输入文本
- 插入空白幻灯片
- 插入横排文本框

重点难点
- 在 "大纲" 窗格中输入文本

制作思路

插入幻灯片　　　　　在 "大纲" 窗格中输入文本　　　　　在文本框中输入文本

01

1 打开 "业务注意事项" 素材，选择第 4 张幻灯片，按 Enter 键，在该幻灯片下新建一张幻灯片，并自动选择该幻灯片。

02

1 在左侧任务窗格中单击 "大纲" 选项卡，切换到 "大纲" 任务窗格，将文本插入点定位到幻灯片编号 "5" 后，输入 "了解对手什么？" 文本。

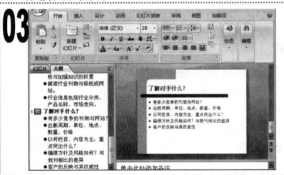

03

1 按 Ctrl+Enter 组合键，在该幻灯片中创建下一级小标题，在出现的项目符号后输入文本。

2 按 Enter 键创建同层次的另一个标题，继续输入如图所示的文本。

04

1 切换到 "幻灯片" 任务窗格，单击 "开始" 选项卡，在 "幻灯片" 组中单击 "新建幻灯片" 按钮旁的下拉按钮，在弹出的下拉列表中选择 "空白" 选项。

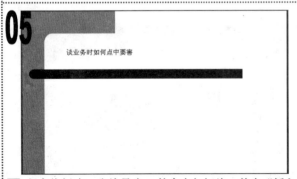

05

1 程序将新建一张编号为 6 的空白幻灯片，单击 "插入" 选项卡，在 "文本" 组中单击 "文本框" 按钮下方的下拉按钮，在弹出的下拉菜单中选择 "横排文本框" 选项。

2 在幻灯片中单击鼠标左键，在出现的文本框中输入标题文本 "谈业务时如何点中要害"。

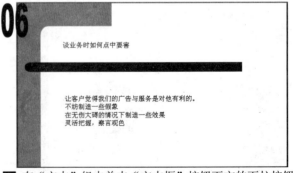

06

1 在 "文本" 组中单击 "文本框" 按钮下方的下拉按钮，在弹出的下拉菜单中选择 "横排文本框" 选项，在幻灯片中按住鼠标左键不放拖动鼠标绘制一个矩形框。

2 在绘制的文本框中输入文本内容，保存演示文稿，完成本例的制作。

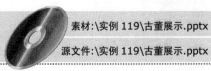

实例119　编辑公司简介幻灯片

素材:\实例 119\古董展示.pptx
源文件:\实例 119\古董展示.pptx

包含知识
- 复制占位符
- 插入特殊符号
- 旋转占位符

重点难点
- 复制占位符
- 插入特殊符号

制作思路

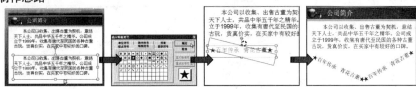

复制占位符　　　插入特殊符号　　　旋转占位符　　　完成后的效果

1. 打开"古董展示"素材,选择第 2 张幻灯片。
2. 选择正文占位符,按住 **Ctrl+Shift** 组合键的同时,按住鼠标左键不放并向下拖动占位符。
3. 到合适位置后释放鼠标,在该占位符下复制一个占位符。

1. 删除其中的文本,并将文本插入点定位到占位符的最左侧。
2. 单击"插入"选项卡,在"特殊符号"组中单击"符号"按钮,在弹出的下拉菜单中选择"更多"选项。

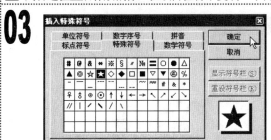

1. 在打开的"插入特殊符号"对话框中单击"特殊符号"选项卡,在中间的列表框中选择如图所示的星形符号。
2. 单击"确定"按钮。

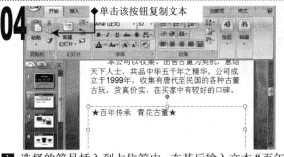

1. 选择的符号插入到占位符中,在其后输入文本"百年传承　青花古董"。
2. 选择插入的星形符号,单击"开始"选项卡,在"剪贴板"组中单击"复制"按钮,将文本插入点定位到"古董"文本后,单击"粘贴"按钮。

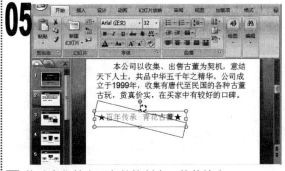

1. 拖动占位符右下角的控制点,使其缩小。
2. 将鼠标光标移至占位符上方的绿色控制点上,当光标变为 ↻ 形状时,按住鼠标左键不放向右旋转,使占位符倾斜显示。

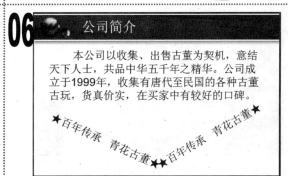

1. 使用相同的方法复制该占位符,并向左旋转控制点,使其向左倾斜显示。
2. 调整占位符的位置,如图所示,保存演示文稿,完成本例的制作。

实例120 编辑西江月幻灯片

包含知识
- 使用 Ctrl 键复制占位符
- 竖排文本
- 设置字体颜色

重点难点
- 使用 Ctrl 键复制占位符
- 竖排文本

制作思路

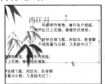
复制正文占位符

竖排文本

复制标题占位符

设置文本颜色

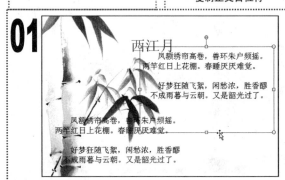

01

1 打开"语文课件"素材，选择第 4 张幻灯片。

2 选择正文占位符，将鼠标光标移动到占位符上，当鼠标光标变为 ✛ 形状后，按住 Ctrl 键的同时向右拖动鼠标，到适当位置释放鼠标，复制一个占位符。

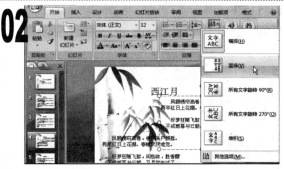

02

1 将文本插入点定位到复制的占位符中，单击"开始"选项卡，在"段落"组中单击"文字方向"按钮，在弹出的下拉菜单中选择"竖排"选项。

03

1 选择的占位符中的文本即被竖直排列，调整其高度与宽度，并将占位符移至幻灯片中合适的位置。

04

1 使用同样的方法复制标题占位符，将其中的文本竖直排列，并移动到幻灯片中合适的位置。

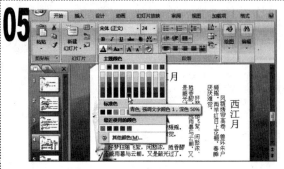

05

1 将文本插入点定位到竖直排列的正文占位符中，按 Ctrl+A 组合键选择其中的所有文本。

2 单击"开始"选项卡，在"字体"组中单击"字体颜色"按钮 ▲ 右侧的 · 按钮，在弹出的下拉菜单中选择"青色，强调文字颜色 1，深色 50%"选项。

06

1 将竖排标题文本"西江月"也设置为相同的颜色。

2 保存演示文稿，完成本例的制作。

实例121　编辑"绩效考核"演示文稿

素材:\实例 121\绩效考核.pptx
源文件:\实例 121\绩效考核.pptx

包含知识
- 查找文本
- 替换文本

重点难点
- 查找文本
- 替换文本

制作思路

单击查找按钮　　　输入要查找的文本　　　替换一个文本　　　替换全部文本

01　① 打开"绩效考核"素材,单击"开始"选项卡,在"编辑"组中单击"查找"按钮。

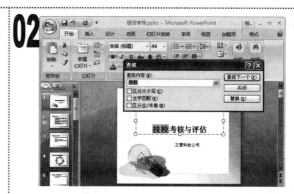

02　① 在打开的"查找"对话框的"查找内容"下拉列表框中输入查找内容"技校",单击"查找下一个"按钮,程序将在所有幻灯片中查找该文本,查找到的第一处文本呈选中状态。

03　① 单击"查找下一个"按钮,将在所有幻灯片中查找第二处文本。
　　② 按同样的方法继续查找该文本直到最后一张幻灯片,完成后单击"关闭"按钮关闭对话框。

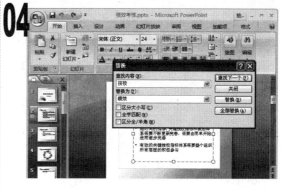

04　① 在"编辑"组中单击"替换"按钮,打开"替换"对话框,在"替换为"下拉列表框中输入"绩效"文本。
　　② 单击"替换"按钮,将查找到的文本替换为"绩效"。

05　① 单击"全部替换"按钮,幻灯片中所有的"技校"文本都将被替换为"绩效"文本,并打开一个提示对话框提示替换的数量,单击"确定"按钮。
　　② 关闭"替换"对话框并保存演示文稿,完成本例的制作。

知识延伸

　　"查找"对话框中的"区分大小写"复选框用于在搜索英文时区分其中字母的大小写;"全字匹配"复选框表示只有整个字与搜索文本匹配时才被查找;"区分全/半角"复选框用于区分文本的全角与半角。"替换"对话框中复选框的作用与"查找"对话框中对应复选框的作用完全一样。

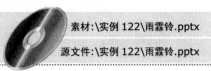

素材:\实例122\雨霖铃.pptx

源文件:\实例122\雨霖铃.pptx

实例122 编辑"雨霖铃"演示文稿

包含知识
- 设置字体
- 设置字号
- 设置字体颜色
- 添加下划线

重点难点
- 添加下划线

制作思路

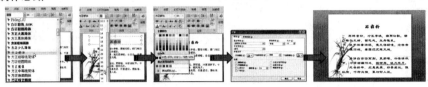

设置字体　　设置字号　　设置字体颜色　　添加下划线　　完成设置后的幻灯片

1 打开"雨霖铃"素材,选择标题占位符中的"雨霖铃"文本。

2 单击"开始"选项卡,在"字体"组的"字体"下拉列表框中选择"方正舒体"选项。

1 保持文本的选择状态,在"字号"下拉列表框中选择"44"选项。

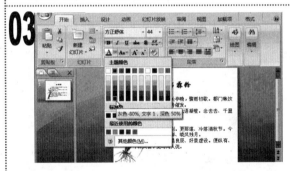

1 单击"字体"组中的"加粗"按钮 B ,再单击"字体颜色"按钮 A 右侧的 按钮,在弹出的下拉菜单中选择"灰色-80%,文字 1,深色 50%"选项。

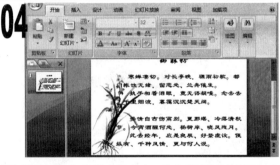

1 选择正文占位符中的文本,单击"开始"选项卡,在"字体"组中将其字体格式设置为"隶书、32 号",颜色与标题占位符中的文本颜色相同。

1 选择"杨柳岸,晓风残月"文本,单击"字体"组右下角的"对话框启动器"按钮 。

2 在打开对话框的"所有文字"栏的"下划线线型"下拉列表中选择"双线"选项,单击"下划线颜色"按钮 ,在弹出的下拉菜单中选择"红色"选项,单击"确定"按钮。

1 返回工作界面,可看到文本添加了下划线。

2 保存演示文稿,完成本例的制作。

实例123　编辑"员工聘用规定"演示文稿

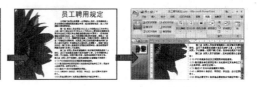

素材:\实例 123\员工聘用规定.pptx
源文件:\实例 123\员工聘用规定.pptx

包含知识
- 用组设置段落格式
- 在对话框中设置段落格式
- 用标尺设置段落格式

重点难点
- 在对话框中设置段落格式
- 用标尺设置段落格式

制作思路

居中文本　　　　　在对话框中设置段落格式　　用标尺设置段落格式

1 打开"员工聘用规定"素材,将文本插入点定位在标题占位符中的任意位置。

2 单击"开始"选项卡,在"段落"组中单击"居中"按钮,使标题占位符中的文本居中对齐。

1 将文本插入点定位在正文占位符中第 1 段文本的任意位置,单击"段落"组右下角的"对话框启动器"按钮,打开"段落"对话框。

2 在"缩进"栏的"特殊格式"下拉列表框中选择"首行缩进"选项,单击"确定"按钮。

1 将文本插入点定位到第 2 段文本中的任意位置,单击鼠标右键,在弹出的快捷菜单中选择"段落"选项。

1 在打开的"段落"对话框中将第 2 段文本的段落格式设置为"首行缩进"。

2 使用同样的方法将第 3 段文本也设置为首行缩进样式。

1 单击"视图"选项卡,选中"显示/隐藏"组中的"标尺"复选框。

1 PowerPoint 工作界面中将显示标尺,将文本插入点定位在"第三条"文本中的任意位置,将标尺中的"首行缩进"滑块向右拖动 3 个字符的位置。

2 保存演示文稿,完成本例的制作。

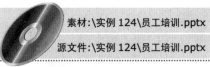
素材:\实例 124\员工培训.pptx
源文件:\实例 124\员工培训.pptx

实例124 编辑"员工培训"演示文稿

包含知识
- 设置幻灯片背景
- 应用背景样式

重点难点
- 应用纯色背景
- 应用渐变背景
- 应用背景样式

制作思路

应用纯色背景　　　　　应用渐变背景　　　　　应用背景样式

1　打开"员工培训"素材,选择第1张幻灯片。
2　在占位符以外的空白处单击鼠标右键,在弹出的快捷菜单中选择"设置背景格式"选项。

1　在打开的"设置背景格式"对话框的"填充"选项卡中默认选中"纯色填充"单选按钮。
2　单击"颜色"按钮,在弹出的下拉菜单中选择"蓝色"选项,单击"关闭"按钮,为幻灯片应用纯色背景。

1　选择第2张幻灯片,单击"设计"选项卡。
2　单击"背景"组右下角的"对话框启动器"按钮。

1　在打开的"设置背景格式"对话框的"填充"选项卡中选中"渐变填充"单选按钮,单击"预设颜色"按钮,在弹出的下拉列表中选择"碧海青天"选项。
2　单击"关闭"按钮,为幻灯片应用渐变背景。

1　选择第3张幻灯片,在"背景"组中单击"背景样式"按钮,在弹出的下拉菜单中将光标移动到"样式7"选项上。
2　单击鼠标右键,在弹出的快捷菜单中选择"应用于所选幻灯片"选项。

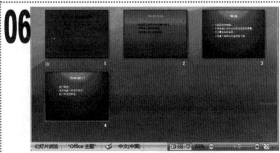

1　为第3张幻灯片应用背景样式,按相同的方法为第4张幻灯片应用"样式7"背景。
2　在状态栏中单击"幻灯片浏览"按钮,切换到幻灯片浏览视图,可以看到所有幻灯片的背景样式。
3　保存演示文稿,完成本例的制作。

实例125　　**制作招聘幻灯片**

素材:无

源文件:\实例125\招聘.pptx

包含知识
- 修改版式
- 在浮动工具栏中设置格式
- 添加备注

重点难点
- 修改版式
- 添加备注

制作思路

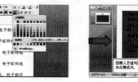

修改版式并输入文本　　　设置标题文本格式　　　添加备注

01
1 启动 PowerPoint 2007，单击"开始"选项卡，在"幻灯片"组中单击"版式"按钮，在弹出的下拉列表中选择"标题和内容"选项。

02
招聘
- 从学校招聘：联系人姓名、电子邮件地址、电话号码
- 雇员招聘：联系人姓名、电子邮件地址、电话号码
- 实习人员招聘：联系人姓名、电子邮件地址、电话号码
- 新增专业人员：联系人姓名、电子邮件地址、电话号码
- 工作描述、表格：联系人姓名、电子邮件地址、电话号码

1 程序将修改幻灯片的版式为"标题和内容"样式，在标题占位符中输入"招聘"文本。
2 在正文占位符中输入如图所示的文本。

03

1 选择标题占位符中的文本，移动鼠标光标，在光标一侧将出现浮动工具栏。
2 在其中单击"加粗"按钮将文本加粗，单击"字体颜色"按钮右侧的·按钮，在弹出的下拉菜单中选择"红色，强调文字颜色 2，深色 25%"选项。

04

1 将文本插入点定位到正文占位符中第一个文本前，按住鼠标左键不放向下拖动鼠标，至最后一个文本后释放鼠标，选择正文占位符中的全部文本。
2 移动鼠标光标，在浮动工具栏的"字号"下拉列表框中选择"26"选项，单击"增大行距"按钮 A˙。
3 单击"主题颜色"按钮，在弹出的下拉列表中选择"水绿色，强调文字颜色 5，深色 25%"选项。

05

1 将鼠标光标移动到"备注"窗格上方的分隔线处，当鼠标光标变为 ÷ 形状时，按住鼠标不放向上拖动鼠标增大"备注"窗格的宽度。
2 在"备注"窗格中输入该幻灯片对应的说明文本，如图所示。
3 保存该演示文稿，完成本例的制作。

知识提示

　　浮动工具栏中集成了一些常用的设置文本字体格式和段落格式的按钮和下拉列表框，其功能和功能区中的按钮和下拉列表框的功能完全一样。当选择了文本后，移动鼠标光标，浮动工具栏就会出现在选择的文本附近，当鼠标光标移动至选择文本外的区域时，浮动工具栏就会消失，重新选择文本又可将其显示出来。

素材:\实例126\调查报告.pptx
源文件:\实例126\调查报告.pptx

实例126 编辑"调查报告"演示文稿

包含知识
- 插入日期与页脚
- 在浮动工具栏中设置格式
- 改变幻灯片大小与方向

重点难点
- 插入日期与页脚
- 改变幻灯片大小与方向

制作思路

  →  →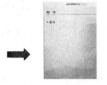

设置页眉与页脚　　　　　设置字体格式　　　　更改幻灯片大小与方向

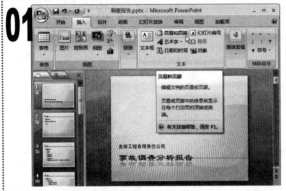

1 打开"调查报告"素材,选择任意一张幻灯片。
2 单击"插入"选项卡,在"文本"组中单击"页眉和页脚"按钮。

1 在打开的"页眉和页脚"对话框的"幻灯片"选项卡中选中"日期和时间"复选框和"自动更新"单选按钮。
2 选中"页脚"复选框,在下面的文本框中输入"龙信工程有限责任公司"文本,单击"全部应用"按钮。

1 在第 1 张幻灯片的上方选择页脚内容,文本旁将出现浮动工具栏,在其中将字体格式设置为"华文行楷、14 号、倾斜、黑色,文字 1"。

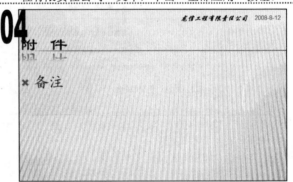

1 按照相同的方法将所有幻灯片中的页脚都设置为相同的字体格式。

1 单击"设计"选项卡,在"页面设置"组中单击"页面设置"按钮。
2 在打开的"页面设置"对话框的"幻灯片大小"下拉列表框中选择"A4 纸张（210×297 毫米）"选项,在"方向"栏中分别选中"纵向"单选按钮,单击"确定"按钮。

1 返回工作界面,可看到幻灯片大小和方向发生了改变,保存演示文稿,完成本例的制作。

第 10 章

修饰演示文稿

 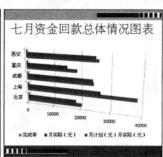  

实例 137 编辑"旅游须知"演示文稿

实例 135 编辑预测收入幻灯片

实例 132 编辑销售情况幻灯片

实例 127 美化"宣传手册"演示文稿

实例 129 编辑"饰品秀"演示文稿

实例 134 编辑"月度销售情况"演示文稿

实例 133 美化"个人简历"演示文稿

实例 128 编辑"茶艺术"演示文稿

实例 131 编辑菜品推荐幻灯片

在演示文稿中除了可以输入文字外，还可以加入各种对象来修饰演示文稿，如图片、剪贴画、表格、声音与 Flash 动画等，从而使演示文稿赏心悦目。本章主要介绍修饰演示文稿的方法，让读者可以制作出更美观、更生动的演示文稿。

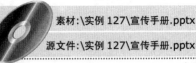

素材:\实例 127\宣传手册.pptx

源文件:\实例 127\宣传手册.pptx

实例127　美化 "宣传手册" 演示文稿

包含知识
- 搜索剪贴画
- 插入剪贴画
- 改变剪贴画大小
- 应用图片样式

重点难点
- 插入剪贴画
- 改变剪贴画大小

制作思路

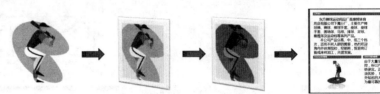

插入剪贴画　　　应用样式　　　调整亮度及对比度　　　完成后的效果

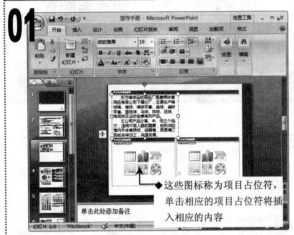

◆这些图标称为项目占位符，单击相应的项目占位符将插入相应的内容

1 打开 "宣传手册" 素材，选择第 3 张幻灯片，拖动幻灯片中上方占位符右侧的控制点，将其缩小至如图所示大小。

1 单击 "插入" 选项卡，在 "插图" 组中单击 "剪贴画" 按钮。

2 打开 "剪贴画" 任务窗格，在 "搜索文字" 文本框中输入 "运动" 文本，单击 "搜索" 按钮。

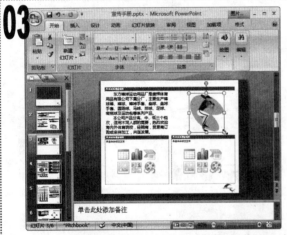

1 在下方的列表框中将显示相应主题的剪贴画，这里选择 "athletes,baseballplayers…" 剪贴画，插入该剪贴画，关闭 "剪贴画" 任务窗格。

2 将鼠标光标移到插入的剪贴画上，当其变为 ✛ 形状时，按住鼠标左键不放并拖动鼠标，将其移至右上方。

3 将鼠标光标移到剪贴画四周的控制点处，当指针变为 ↖ 形状时按住鼠标左键不放并拖动，到适当大小时释放鼠标。

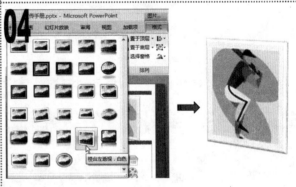

1 选择该剪贴画后，将出现 "图片工具 格式" 选项卡，在 "图片样式" 组的列表框中选择 "棱台左透视，白色" 选项，剪贴画立即应用所选图片样式。

注意提示

在搜索出的剪贴画中，左下角带有 🌐 图标的剪贴画为 Office 网站提供的剪贴画。

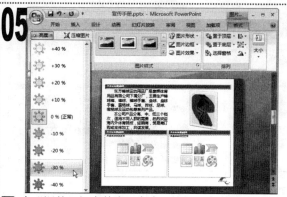

05

1 在"调整"组中单击"亮度"按钮，在弹出的下拉列表中选择"-30%"选项，降低剪贴画的亮度。

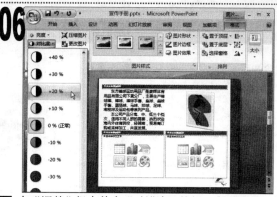

06

1 在"调整"组中单击"对比度"按钮，在弹出的下拉列表中选择"+20%"选项，提高剪贴画的对比度。

07

1 在"图片样式"组中单击"图片边框"按钮，在弹出的下拉菜单的"主题颜色"栏中选择"橙色，强调文字颜色6，淡色80%"选项。

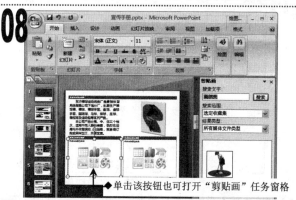

08

1 在左下方的占位符中单击"剪贴画"项目占位符。
2 在打开的"剪贴画"任务窗格中按前面的方法搜索所需的剪贴画。

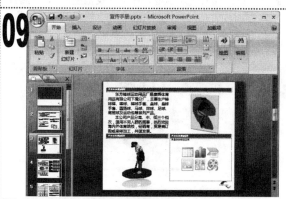

09

1 选择如图所示的剪贴画，将其插入到幻灯片中，并按前面的方法将其图片样式设置为"映像右视图"，亮度设置为"-10%"。

10

1 在右侧的占位符中输入如图所示的文本，并将其字体格式设置为"微软雅黑、20号"。
2 完成幻灯片的美化，保存演示文稿，完成本例的制作。

知识延伸

"剪贴画"任务窗格的列表框中的剪贴画被选择后，其右侧将出现 按钮，单击该按钮，在弹出的下拉菜单中选择"插入"选项，也可将该剪贴画插入到幻灯片中。该下拉菜单中还提供了其他选项，用于对剪贴画进行编辑和管理。

举一反三

根据本例介绍的方法，在"产品推广"（素材：\实例127\产品推广.pptx）演示文稿中插入如下左右图所示的剪贴画，并应用"柔化边缘椭圆"图片样式（源文件：\实例118\产品推广.pptx）。

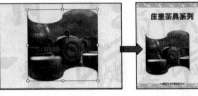

素材:\实例128\茶艺术.pptx

源文件:\实例128\茶艺术.pptx

实例128 编辑"茶艺术"演示文稿

包含知识
- 使用格式刷设置文本格式
- 插入图片
- 裁剪图片
- 设置图片样式

重点难点
- 使用格式刷设置文本格式
- 设置图片样式

制作思路

使用格式刷　　　　插入并裁剪图片　　　　设置图片边框　　　　设置后的图片

01

1. 打开"茶艺术"素材,选择第2张幻灯片.
2. 将文本插入点定位到标题占位符中,单击"开始"选项卡,在"剪贴板"组中双击 ✍ 按钮.
3. 鼠标光标将变为 ✍Ⅰ 形状,选择第3张幻灯片,在标题占位符的第一个文本前单击鼠标,并按住鼠标左键不放向右拖动鼠标,至最后一个文本后释放鼠标,刷过的文本即应用了第2张幻灯片中标题占位符的文本样式。

02

1. 在幻灯片的空白位置单击鼠标,退出格式刷并取消标题占位符的选择状态。
2. 选择第4张幻灯片,单击"插入"选项卡,在"插图"组中单击"图片"按钮。
3. 打开"插入图片"对话框,在"查找范围"下拉列表框中选择图片所在的文件夹,在中间的列表框中选择需要插入的图片"淡雅茶具.jpg",单击"插入"按钮。

03

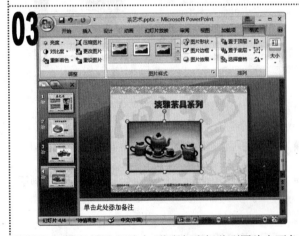

1. 图片被插入到幻灯片中,将鼠标光标移到图片右下角的控制点处,当指针变为双向箭头形状时,按住鼠标左键不放并向左上角拖动,到适当大小时释放鼠标。
2. 将鼠标光标移到图片上,当其变为 ✛ 形状时,按住鼠标左键不放并拖动鼠标,将其移至如图所示的位置。

04

1. 在"图片工具 格式"选项卡的"大小"组中单击"裁剪"按钮。
2. 此时图片周围出现黑色框线,将鼠标光标移至图片右侧的黑色框线上,按住鼠标左键不放向左拖动鼠标,此时在光标位置将有一条黑色虚线,释放鼠标,虚线右侧的图片部分被裁剪掉。

1 使用同样的方法将图片上、下和左侧的红色区域都裁剪掉。

2 在图片右侧插入一个垂直文本框，在其中输入"翠茶具套件"文本，设置其字体格式为"隶书、24号、加粗"。

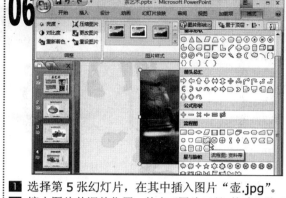

1 选择第5张幻灯片，在其中插入图片"壶.jpg"。

2 缩小图片并调整位置，单击"图片工具 格式"选项卡，在"图片样式"组中单击"图片形状"按钮，在弹出的下拉列表中选择"流程图：资料带"选项。

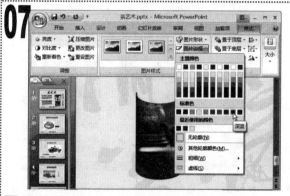

1 返回到幻灯片中，程序将为图片应用所选样式。

2 在"图片样式"组中单击"图片边框"按钮，在弹出的下拉菜单中选择"深蓝"选项。

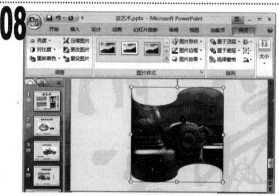

1 在"图片样式"组中单击"图片边框"按钮，在弹出的下拉菜单中选择"虚线-方点"选项，为图片边框应用"方点"样式。

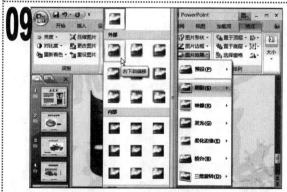

1 单击"图片效果"按钮，在弹出的下拉菜单中选择"阴影-右下斜偏移"选项。

1 返回到幻灯片中，在图片右侧插入垂直文本框，在其中输入"束竹壶具"文本，设置其字体格式为"隶书、24号、加粗"。

2 保存演示文稿，完成本例的制作。

知识延伸

在图片上单击鼠标右键，在弹出的快捷菜单中选择"设置图片格式"选项，可打开"设置图片格式"对话框。在对话框左侧单击不同的选项卡，在右侧可设置图片相应的格式。

知识提示

在对图片进行了格式设置后，选择相应的图片，单击"图片工具 格式"选项卡，在"调整"组中单击"重设图片"按钮，可将图片还原为原格式。

实例129　编辑"饰品秀"演示文稿

素材:\实例 129\饰品秀.pptx

源文件:\实例 129\饰品秀.pptx

包含知识

- 绘制形状
- 更改填充颜色
- 应用效果
- 应用快速样式

重点难点

- 应用效果
- 应用快速样式

制作思路

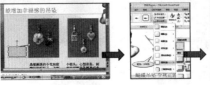
绘制形状

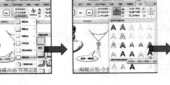
应用效果　应用快速样式

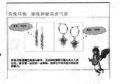
复制形状

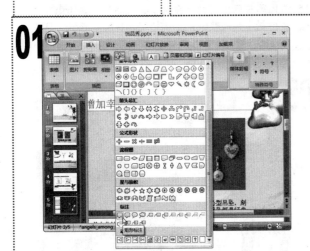

1 打开"饰品秀"素材,选择第 2 张幻灯片。
2 单击"插入"选项卡,在"插图"组中单击"形状"按钮,在弹出的下拉菜单的"标注"栏中选择"矩形标注"选项。

1 将光标移至幻灯片中,此时鼠标光标变为 ✛ 形状。
2 按住鼠标左键不放,拖动鼠标在幻灯片如图所示的位置绘制出一个矩形形状。
3 拖动标注顶点处的黄色控制点,更改标注的方向。

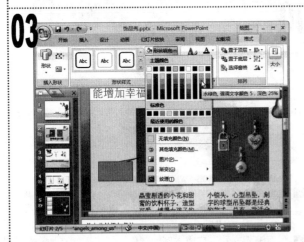

1 单击"绘图工具 格式"选项卡,在"形状样式"组中单击"形状填充"按钮,在弹出的下拉菜单中选择"水绿色,强调文字颜色 5,深色 25%"选项。

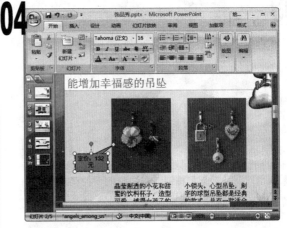

1 在"插入形状"组中单击"文本框"按钮右侧的 ▾ 按钮,在弹出的下拉菜单中选择"横排文本框"选项。
2 在标注形状中单击鼠标左键,其中将出现闪烁的文本插入点,在插入点处输入"定价:132 元"文本,并设置其字体格式为"黑色、16 号"。

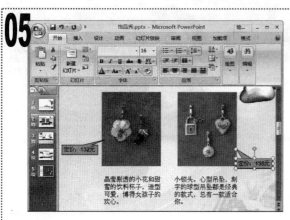

1. 拖动形状右下角的控制点，更改其大小。
2. 选择绘制的形状，按住 Ctrl 键不放，此时鼠标光标变为 形状。
3. 按住鼠标左键拖动形状至右侧图片的右下角，同时释放 Ctrl 键和鼠标，在幻灯片中复制一个形状。
4. 将"132"更改为"135"，并调整标注的方向。

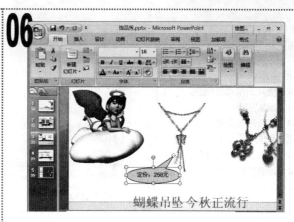

1. 选择第 3 张幻灯片，在幻灯片中绘制一个椭圆形标注。
2. 在形状中输入"定价：258 元"文本，设置其字号为"16"。
3. 调整形状的大小与标注的方向，使其指向图片。

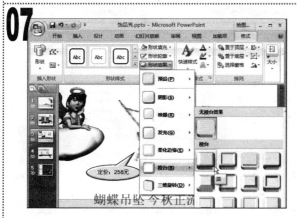

1. 单击"绘图工具 格式"选项卡，在"形状样式"组中单击"形状效果"按钮，在弹出的下拉菜单中选择"棱台-圆"选项。

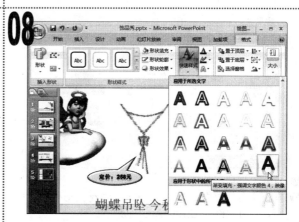

1. 在"艺术字样式"组的"快速样式"列表框中选择"渐变填充-强调文字颜色 4，映像"选项。

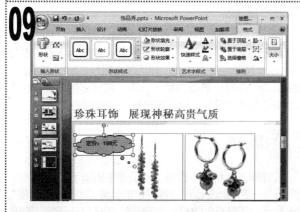

1. 复制该形状，并将其移动至右侧图片的右下方。
2. 选择第 4 张幻灯片，绘制一个云形标注并输入文本，将文本的字体格式设置为"黑色、16 号"。
3. 将形状的填充颜色设置为"浅蓝色"，并调整其大小与标注方向。

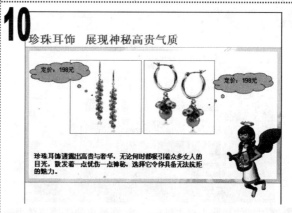

1. 单击"形状轮廓"按钮，在弹出的下拉菜单中选择"虚线-圆点"选项。
2. 复制该形状，并将其移动至右侧图片的右上方。
3. 保存演示文稿，完成本例的制作。

素材:\实例130\博信科技.pptx
源文件:\实例130\博信科技.pptx

实例130　编辑 "博信科技" 演示文稿

包含知识
- 插入 SmartArt 图形
- 添加形状
- 设置形状样式

重点难点
- 插入 SmartArt 图形
- 设置形状样式

制作思路

插入 SmartArt 图形　　　　添加形状并输入文本　　　　设置形状样式

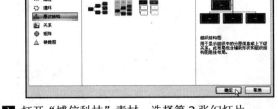

1 打开 "博信科技" 素材，选择第 3 张幻灯片。

2 在正文占位符中单击 "插入 SmartArt 图形" 项目占位符，打开 "选择 SmartArt 图形" 对话框。

3 单击 "层次结构" 选项卡，在中间的列表框中选择 "组织结构图" 选项，单击 "确定" 按钮。

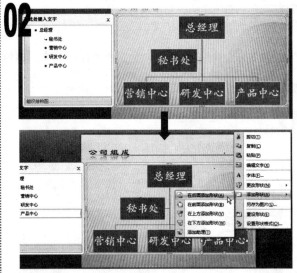

1 将文本插入点定位在第一个形状中，输入 "总经理" 文本。

2 按同样的方法在其他形状中输入如上图所示的文本。

3 选择 "产品中心" 形状，在其上单击鼠标右键，在弹出的快捷菜单中选择 "添加形状-在后面添加形状" 选项。

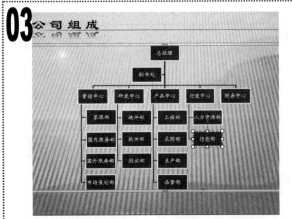

1 在添加的形状上单击鼠标右键，在弹出的快捷菜单中选择 "编辑文字" 选项，在形状中输入 "行政中心" 文本。

2 按照相同的方法继续添加形状，并输入文本，效果如上图所示。

知识延伸

　　SmartArt 图形中文本框的形状默认为矩形，用户也可根据自己的喜好将其更改为其他形状，方法为：首先选择 SmartArt 图形中的文本框，然后单击鼠标右键，在弹出的快捷菜单中选择 "更改形状" 选项，在弹出的子菜单中选择相应的形状即可将矩形文本框更改为选择的形状。

知识提示

　　"选择 SmartArt 图形" 对话框中的图示都有具体的使用环境，使用时应合理发挥各自的优势。其中，"循环图" 用于显示持续循环的过程，"列表图" 用于显示任务、流程或工作的顺序步骤等。当在该对话框中选择某个图示后，其右侧的预览区域中将显示该图示的用途，用户可以根据实际情况从中选择一种合适的图示。

04

① 在 SmartArt 图形中单击鼠标右键,在弹出的快捷菜单中选择"设置形状格式"选项。

② 在"设置形状格式"对话框中单击"填充"选项卡,选中"渐变填充"单选按钮,单击"预设颜色"按钮▦▾,在弹出的下拉列表中选择"暮霭沉沉"选项,单击"关闭"按钮。

05

① 单击"SmartArt 工具 设计"选项卡,在"SmartArt样式"组的列表框中选择"优雅"选项。

06

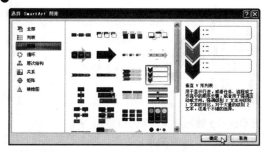

① 选择第 4 张幻灯片,单击"插入"选项卡,在"插图"组中单击"SmartArt"按钮。

② 打开"选择 SmartArt 图形"对话框,单击"流程"选项卡,在中间的列表框中选择"垂直 V 形列表"选项,单击"确定"按钮。

07

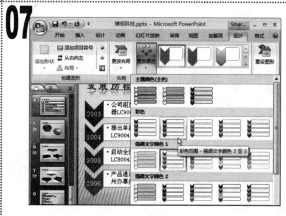

① 在形状中输入文本,并按照前面讲解的方法在第 3 个形状后添加形状。

② 单击"SmartArt 工具 设计"选项卡,在"SmartArt样式"组中单击"更改颜色"按钮,在弹出的下拉列表中选择"彩色范围-强调文字颜色 2 至 3"选项。

08

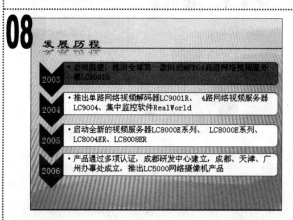

① 将文本插入点定位到第一个形状中,单击"SmartArt工具 格式"选项卡,在"艺术字样式"组的列表框中选择"填充-白色,暖色粗糙棱台"选项。

② 在"形状样式"组中单击"形状填充"按钮,在弹出的下拉菜单中选择"褐色,强调文字颜色 2,淡色 40%"选项,为形状设置填充颜色。

09

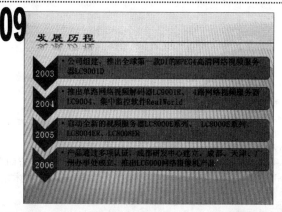

① 按照相同的方法为下面 3 个形状中的文本设置"填充-白色,暖色粗糙棱台"样式,并填充"褐色,强调文字颜色 2,淡色 40%"颜色。

② 保存演示文稿,完成本例的制作。

素材:\实例131\菜品推荐.pptx
源文件:\实例131\菜品推荐.pptx

实例131　编辑菜品推荐幻灯片

包含知识
- 插入艺术字
- 设置艺术字的方向
- 设置艺术字的样式
- 设置艺术字的效果

重点难点
- 设置艺术字的样式
- 设置艺术字的效果

制作思路

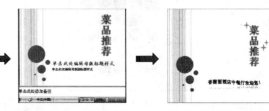

插入艺术字　　　　设置艺术字的方向　　　　插入并设置形状

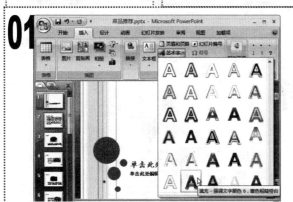

01

1　打开"菜品推荐"素材，选择第1张幻灯片。
2　单击"插入"选项卡，在"文本"组中单击"艺术字"按钮，在弹出的下拉列表中选择"填充-强调文字颜色6，暖色粗糙棱台"选项。

02

1　按 Delete 键删除文本框中的艺术字。
2　在其中输入"菜品推荐"文本，输入的文本将自动应用选择的艺术字样式。

03

1　选择艺术字，设置其字号为"60"。
2　单击"开始"选项卡，在"段落"组中单击"文字方向"按钮，在弹出的下拉菜单中选择"竖排"选项，艺术字将竖直排列，然后调整艺术字的位置。

知识提示

在幻灯片中选择已输入的文本，然后通过插入艺术字的方法能够产生相同文本内容的艺术字。

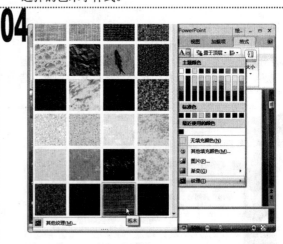

04

1　选择艺术字外的文本框，将其移至幻灯片的右上角。
2　单击"绘图工具 格式"选项卡，在"艺术字样式"组中单击"文本填充"按钮右侧的▼按钮，在弹出的下拉菜单中选择"纹理-栎木"选项。

知识提示

拖动鼠标选择艺术字后，释放鼠标，将弹出浮动工具栏，通过它也可设置艺术字的字体和字号等。

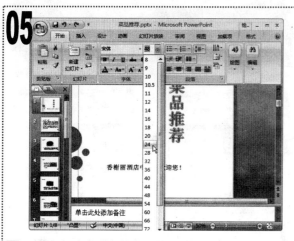

1　删除幻灯片中所有的占位符，按照前面讲解的方法插入艺术字，在其中输入"香榭丽酒店中餐厅欢迎您！"文本，将艺术字移至幻灯片下部。
2　选择艺术字，设置其字号为"24"。

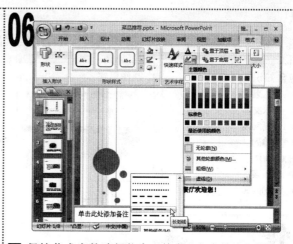

1　保持艺术字的选择状态，单击"文本轮廓"按钮右侧的 按钮，在弹出的下拉菜单中选择"虚线-长划线"选项。

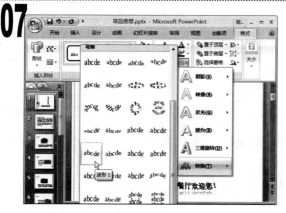

1　单击"文本效果"按钮，在弹出的下拉菜单中选择"映像-紧密映像，8pt 偏移量"选项。
2　按照相同的方法在该下拉菜单中选择"转换-波形 1"选项。

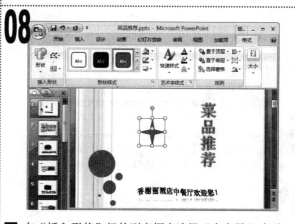

1　在"插入形状"组的列表框中选择"十字星"选项。
2　将光标移至幻灯片中，拖动鼠标在幻灯片中绘制出一个十字星形状。

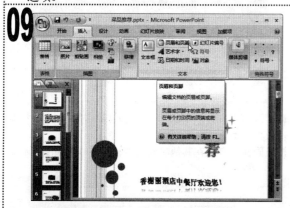

1　设置形状的填充颜色为"橙色"，形状轮廓为"无轮廓"。
2　复制"十字星"形状，并将它们移至"菜品推荐"艺术字的周围。
3　单击"插入"选项卡，在"文本"组中单击"页眉和页脚"按钮。

1　打开"页眉和页脚"对话框，选中"页脚"复选框，在其下的文本框中输入"香榭丽酒店"，单击"全部应用"按钮。
2　返回到幻灯片中，保存演示文稿，完成本例的制作。

实例132　编辑销售情况幻灯片

素材:\实例 132\销售报告.pptx

源文件:\实例 132\销售报告.pptx

包含知识
- 插入表格
- 输入文本
- 绘制斜线
- 删除列

重点难点
- 插入表格
- 绘制斜线

制作思路

插入表格并输入文本

绘制斜线

完成设置后的幻灯片

01

1️⃣ 打开"销售报告"素材，选择第 2 张幻灯片。

2️⃣ 在标题占位符中输入"2007 年上半年销售情况"文本。

3️⃣ 单击"插入"选项卡，在"表格"组中单击"表格"按钮，在弹出的下拉菜单中选择"插入表格"选项。

02

1️⃣ 在打开的"插入表格"对话框的"列数"数值框中输入"5"，在"行数"数值框中输入"6"。

2️⃣ 单击"确定"按钮，在幻灯片中插入一个 6 行 5 列的表格。

03

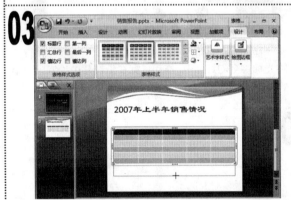

1️⃣ 将鼠标光标移至表格的边框上，当光标变为 ✛ 形状时，按住鼠标左键向下拖动表格，移至合适位置后释放鼠标。

2️⃣ 将鼠标光标移至表格下边框线中间的 ▥▥▥ 图标处，当光标变为 ↕ 形状时按住鼠标左键不放向下拖动鼠标，改变表格的高度。

04

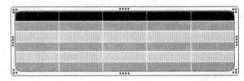

1️⃣ 将文本插入点定位至第 1 行第 2 列单元格中，在其中输入文本"第一季度"。

2️⃣ 按照同样的方法在其他单元格中输入文本，如图所示。

知识提示

单击"表格"按钮，在弹出的下拉菜单的表格框中移动鼠标光标，可插入相应行列数的表格。此种方法最多只能插入 10 列 8 行的表格。

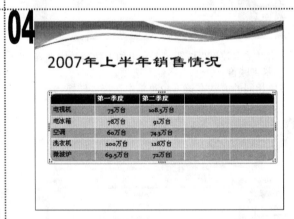

1 在表格的边框上单击鼠标，选择整个表格，单击"表格工具 布局"选项卡。

2 在"对齐方式"组中单击"垂直居中"按钮，表格的所有单元格中的文本都垂直居中对齐。

3 单击"居中"按钮，使单元格中的文本水平居中对齐。

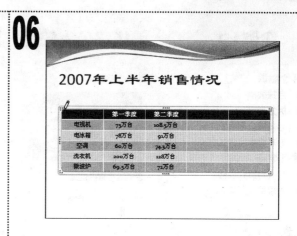

1 将文本插入点定位至左上角的单元格中，单击"插入"选项卡，在"表格"组中单击"表格"按钮，在弹出的下拉菜单中选择"绘制表格"选项。

2 此时鼠标光标变为 形状，在表格左上角的单元格中按住鼠标左键并向左上角拖动，绘制一条斜线。

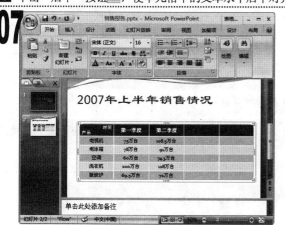

1 按 Esc 键退出绘制表格状态，在单元格中的插入点处输入"时间"文本，设置其字体格式为"16 号、右对齐"。

2 按 Enter 键换行，输入"产品"文本，设置其字体格式为"16 号、左对齐"。

1 选择第 4 与第 5 列单元格，在其上单击鼠标右键，在弹出的快捷菜单中选择"删除列"选项。

1 多余的两列单元格被删除，将文本插入点定位在表格中的任意位置，单击"表格工具 布局"选项卡，在"单元格大小"组中单击"分布行"按钮，将表格中所有行平均分布。

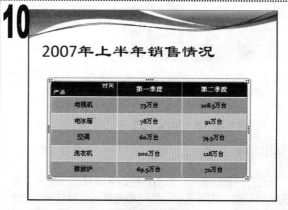

1 将鼠标光标放在表格的右边框线上，当鼠标光标变为 ↔ 形状时，按住鼠标左键不放向右拖动鼠标，到合适的位置后释放鼠标，增加表格的宽度。

2 保存演示文稿，完成本例的制作。

实例133　美化"个人简历"演示文稿

包含知识
- 合并表格
- 拆分表格
- 为表格应用底纹
- 为表格应用样式

重点难点
- 合并与拆分表格
- 为表格应用样式

制作思路

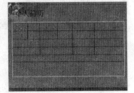
合并表格

设置底纹

应用样式

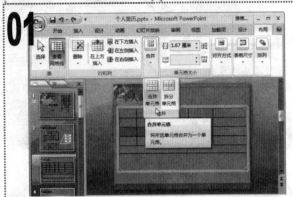

1. 打开"个人简介"素材,选择第3张幻灯片。
2. 在其中的表格中选择第3行的第1与第2列单元格。
3. 单击"表格工具 布局"选项卡,在"合并"组中单击"合并单元格"按钮,将第1与第2列单元格合并为一个单元格。

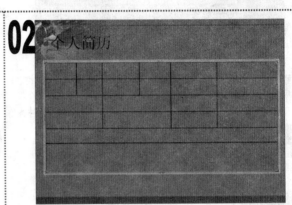

1. 选择第3行的第3与第4列单元格,按照相同的方法将它们合并为一个单元格。
2. 按照相同的方法分别将第4行的第1与第2列、第3与第4列单元格合并。

1. 将文本插入点定位到第5行单元格中,在其上单击鼠标右键,在弹出的快捷菜单中选择"拆分单元格"选项。
2. 打开"拆分单元格"对话框,在"列数"数值框中输入"3",在"行数"数值框中输入"1",单击"确定"按钮。

知识提示

　　在幻灯片的表格中,单击表格边框即可选择整个表格;用鼠标拖动的方式可选择相邻的单元格;将鼠标光标放在边框外某一行的左侧或右侧,当鼠标光标变为 ➡ 或 ⬅ 形状时,单击鼠标左键可选择该行单元格;将光标放在表格边框外某列的上侧或下侧,当其变为 ⬇ 或 ⬆ 形状时,单击鼠标左键可选择该列单元格。

1. 返回工作界面,可看到表格被拆分为3列,选择拆分后的第2与第3列单元格,将其合并,即将第5行单元格设置为两行两列。

知识提示

　　当幻灯片中当前编辑的对象为表格时,将激活"表格工具 布局"选项卡,单击该选项卡的"表"组中的"选择"按钮,在弹出的下拉列表中选择相应的选项,也可进行选择表格对象的操作。

05

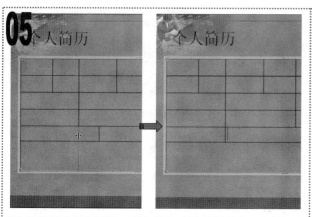

1. 将鼠标光标移至第 1 列与第 2 列的分隔线上，当鼠标光标变为 ┼ 形状时，按住鼠标左键不放向左拖动鼠标，此时随着鼠标指针的移动会有一条虚线。
2. 当虚线到达合适位置后，释放鼠标即可将选择的分隔线移动至此位置，从而改变第一列单元格的宽度。

06

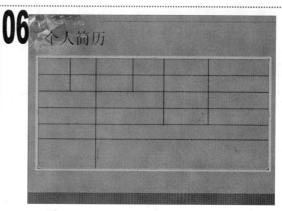

1. 将文本插入点定位至第 6 行的单元格中，在"合并"组中单击"拆分单元格"按钮。
2. 在打开对话框的"列数"数值框中输入"2"，在"行数"数值框中输入"1"，单击"确定"按钮，将单元格拆分为一行两列。
3. 向左移动第 1 列与第 2 列的分隔线，效果如图所示。

07

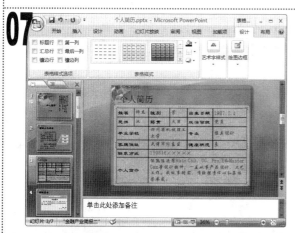

1. 在各个单元格中输入如图所示的文本，并设置标题文本的字体格式为"隶书、26 号、紫色，强调文字颜色 2"，正文文本的字体格式为"华文行楷、26 号、灰色-25%，文字 1，深色 50%"。
2. 选择整个表格，单击"表格工具 设计"选项卡，在"表格样式"组中单击"底纹"按钮，在弹出的下拉菜单中选择"纹理-粉色面巾纸"选项，为表格应用底纹。

08

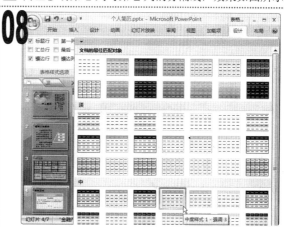

1. 选择第 4 张幻灯片，选择其中的整个表格。
2. 在"表格样式"组的列表框中选择"中度样式 1-强调 3"选项。

09

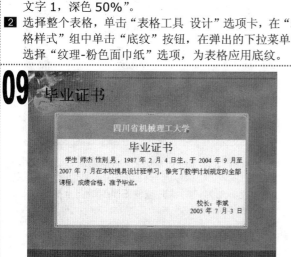

1. 选择的表格区域的底纹即变为设置的渐变样式，其效果如上图所示。最后保存演示文稿，完成本例的制作。

举一反三

根据本例介绍的方法，打开素材文件夹中的"如何接待客户"演示文稿（素材 :\实例 133\如何接待客户.pptx），为第 2 张幻灯片中的"访客登记表"应用"主题样式 1-强调 1"表格样式（源文件 :\实例 133\如何接待客户.pptx）。

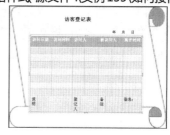

实例134　编辑"月度销售情况"演示文稿

素材:\实例 134\月度销售情况.pptx
源文件:\实例 134\月度销售情况.pptx

包含知识
- 插入图表
- 设置背景墙格式
- 更改图表类型
- 更改图表数据

重点难点
- 设置背景墙格式
- 更改图表数据

制作思路

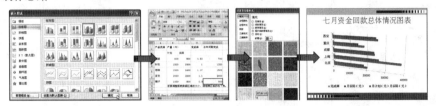

插入图表　　　　输入数据　　设置背景墙　　完成设置后的幻灯片

1 打开"月度销售情况"素材,选择第 2 张幻灯片。
2 在其中单击鼠标右键,在弹出的快捷菜单中选择"新建幻灯片"选项。
3 单击新建幻灯片中的"插入图表"项目占位符。

1 在打开的"插入图表"对话框中单击"柱形图"选项卡,选择"三维簇状柱形图"选项。
2 单击"确定"按钮。

1 打开 Excel 窗口,将工作表左上角的数据修改成第 2 张幻灯片的表格第 1 行第 1 列~第 7 行第 5 列中的数据,完成后单击右上角的"关闭"按钮关闭 Excel 窗口。

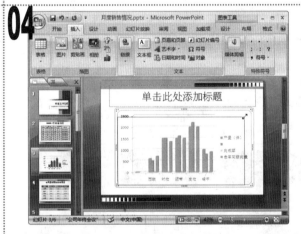

1 幻灯片中将根据 Excel 表格中的数据插入一个柱形图表,选择图表,将鼠标光标移动至图表外边框的顶点处,当鼠标光标变为↗形状时按住 Shift 键向上拖动鼠标,改变图表的大小。

知识延伸

　　单击"插入"选项卡,在"插图"组中单击"图表"按钮,也可打开"插入图表"对话框。

知识提示

　　数据表一直处于打开状态,将占用操作空间,因此在不需要操作数据时最好将其关闭。

05

1️⃣ 将图表拖动至幻灯片的中间位置。

2️⃣ 在幻灯片上方的占位符中输入"2008 年 7 月销售情况图表"文本。

3️⃣ 选择图表，单击"图表工具 布局"选项卡，在"背景"组中单击"图表背景墙"按钮，在弹出的下拉菜单中选择"其他背景墙选项"选项。

06

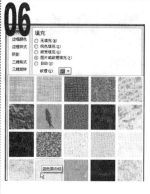 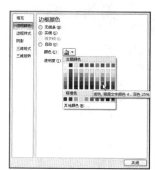

1️⃣ 在打开的"设置背景墙格式"对话框中单击"填充"选项卡，选中"图片或纹理填充"单选按钮。

2️⃣ 单击"纹理"按钮，在弹出的下拉列表中选择"蓝色面巾纸"选项。

3️⃣ 单击"边框颜色"选项卡，在右侧选中"实线"单选按钮，单击"颜色"按钮，在弹出的下拉菜单中选择"紫色，强调文字颜色 4，深色 25%"选项。

07

1️⃣ 单击"关闭"按钮为图表应用新的背景墙样式。

2️⃣ 选择第 5 张幻灯片，在图表区域中单击鼠标右键，在弹出的快捷菜单中选择"更改图表类型"选项。

3️⃣ 在打开的"更改图表类型"对话框中单击"条形图"选项卡，在右侧的列表框中选择"三维簇状条形图"选项，单击"确定"按钮。

08

1️⃣ 返回幻灯片，选择第 4 张幻灯片，将表格中第 3 行的第 2 列与第 3 列中的数据分别更改为"38500"与"27501"。

2️⃣ 选择第 5 张幻灯片，在图表区域中单击鼠标右键，在弹出的快捷菜单中选择"编辑数据"选项。

3️⃣ 打开 Excel 窗口，在其中按照幻灯片中的表格数据修改工作表中的数据，然后关闭 Excel 窗口。

09

1️⃣ 返回幻灯片，在图表的图例部分单击鼠标右键，在弹出的快捷菜单中选择"设置图例格式"选项。

2️⃣ 在打开的"设置图例格式"对话框中选中"底部"单选按钮，单击"关闭"按钮。

10

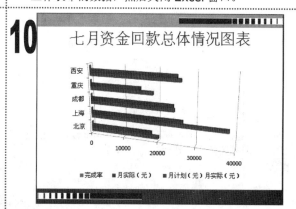

1️⃣ 返回幻灯片，可看到图例的位置发生了变化，在标题占位符中输入"七月资金回款总体情况图表"文本。

2️⃣ 保存演示文稿，完成本例的制作。

素材:\实例135\季度收入.pptx

源文件:\实例135\季度收入.pptx

实例135　编辑预测收入幻灯片

包含知识

- 设置数据系列格式
- 设置网格线格式
- 设置横坐标轴
- 添加数据标签

重点难点

- 设置数据系列格式
- 设置网格线格式

制作思路

 → 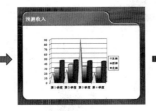 →

设置数据系列格式　　　　　设置网格线格式　　　　　添加数据标签

01

1　打开"季度收入"素材，选择第8张幻灯片。

2　在图表的浅绿色数据系列上单击鼠标右键，在弹出的快捷菜单中选择"设置数据系列格式"选项。

02

1　在打开的"设置数据系列格式"对话框右侧将"系列间距"和"分类间距"栏中的滑块分别拖动至最左侧。

03

1　单击"形状"选项卡，在右侧选中"完整棱椎"单选按钮，单击"关闭"按钮。

04

1　返回幻灯片，选择蓝色的数据系列，按照同样的方法打开"设置数据系列格式"对话框。

2　单击"填充"选项卡，在右侧选中"渐变填充"单选按钮，单击"预设颜色"按钮，在弹出的下拉列表中选择"熊熊火焰"选项。

05

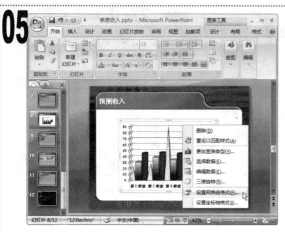

1 单击"关闭"按钮,返回幻灯片,选择深绿色的数据系列,按照同样的方法将其形状设置为"圆柱图",填充颜色设置为"黑色,文字 2,淡色 25%"。

2 在图表中网格线位置单击鼠标右键,在弹出的快捷菜单中选择"设置网格线格式"选项。

06

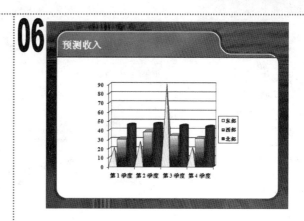

1 在打开的"设置主要网格线格式"对话框右侧选中"实线"单选按钮,单击"颜色"按钮,在弹出的下拉菜单中选择"紫色"选项。

2 单击"线型"选项卡,在右侧的"宽度"数值框中输入"2"。

3 单击"关闭"按钮,返回幻灯片,应用设置的网格线样式。

07

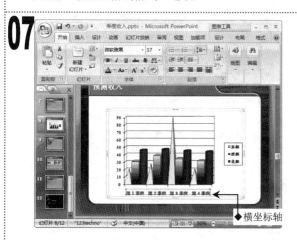

◆横坐标轴

1 选择横坐标轴,单击"开始"选项卡,在"字体"组中将其字体格式设置为"徽软雅黑、红色、17 号"。

08

1 单击"图表工具 布局"选项卡,在"坐标轴"组中单击"坐标轴"按钮,在弹出的下拉菜单中选择"主要横坐标轴-显示从右向左坐标轴"选项。

09

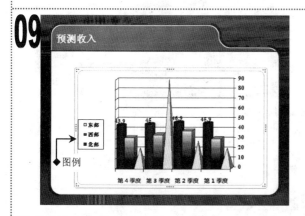

◆图例

1 将图例移动至图表的左侧,拖动图表左侧的外框线,使其变宽,选择整个图表并向右拖动,使图例显示出来。

2 选择黑色的柱状数据系列,在其上单击鼠标右键,在弹出的快捷菜单中选择"添加数据标签"选项,为所选数据系列添加数据标签。

10

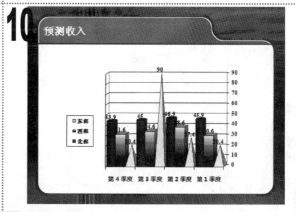

1 按照相同的方法为其他两个数据系列添加数据标签。

2 保存演示文稿,完成本例的制作。

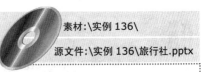

素材:\实例 136\

源文件:\实例 136\旅行社.pptx

实例136　为 "旅行社" 演示文稿应用声音

包含知识
- 插入程序自带的声音
- 插入文件中的声音
- 设置声音
- 放映演示文稿

重点难点
- 插入文件中的声音
- 设置声音

制作思路

预览幻灯片

设置声音

放映演示文稿

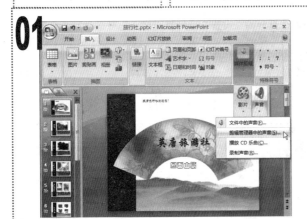

1️⃣ 打开 "旅行社" 素材,选择第 1 张幻灯片。

2️⃣ 单击 "插入" 选项卡,在 "媒体剪辑" 组中单击 "声音" 按钮下方的下拉按钮,在弹出的下拉菜单中选择 "剪辑管理器中的声音" 选项。

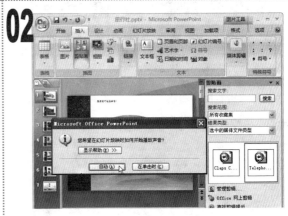

1️⃣ 打开 "剪贴画" 任务窗格,在其中的列表框中选择 "Telephone,电话" 选项。

2️⃣ 系统将打开一个对话框提示设置播放声音的方式,单击 "自动" 按钮。

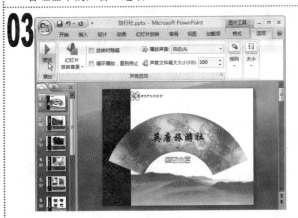

1️⃣ 在幻灯片中将插入一个声音图标,拖动该图标,将其移动至 "英唐旅行社欢迎您!" 文本前。

2️⃣ 单击 "关闭" 按钮 ✕ 关闭该任务窗格。

3️⃣ 单击 "声音工具 选项" 选项卡,在 "播放" 组中单击 "预览" 按钮,在当前窗口中预览声音文件。

1️⃣ 选择第 2 张幻灯片,单击 "插入" 选项卡,单击 "媒体剪辑" 组中的 "声音" 按钮下方的下拉按钮,在弹出的下拉菜单中选择 "文件中的声音" 选项。

📕 知识提示

　　在演示文稿中还可插入 CD 中的声音,其方法与插入剪辑库中的声音相似,通过 "媒体剪辑" 组的 "声音" 按钮打开 "插入 CD 乐曲" 对话框后,在其中可以设置声音的具体参数。

📕 注意提示

　　在幻灯片中插入 CD 音乐后,乐曲文件并不会被真正添加到幻灯片中,所以在放映幻灯片时应将 CD 光盘一直放置在光盘驱动器中,供演示文稿调用,否则将不能播放出所需的声音效果。

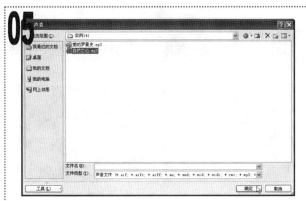

05

1 在打开的"插入声音"对话框的"查找范围"下拉列表框中选择音乐文件的位置,在中间的列表框中选择需要插入的音乐文件"自然之心.mp3"。

2 单击"确定"按钮。

06

1 在打开的提示对话框中单击"在单击时"按钮。

2 在幻灯片中选择声音图标,将其移动至幻灯片的右下角。

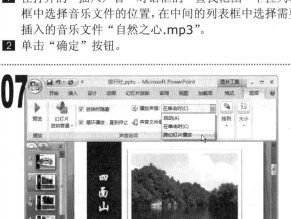

07

1 单击"声音工具 选项"选项卡,在"声音选项"组中选中"放映时隐藏"和"循环播放,直到停止"复选框,在"播放声音"下拉列表框中选择"跨幻灯片播放"选项。

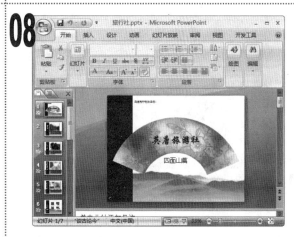

08

1 单击"幻灯片放映音量"按钮,在弹出的下拉列表中选择"低"选项。

2 选择第 1 张幻灯片,在视图栏中单击"幻灯片放映"按钮 🗗 放映演示文稿,单击鼠标开始放映,此时将播放插入的电话声音。

知识提示

　　PowerPoint 2007 支持插入的声音文件类型包括".wav"声音文件、".wma"媒体播放文件、mp3 音频文件(".mp3"、".m3u"等)和 midi 文件(".midi"、".mid"等)。

注意提示

　　在幻灯片中插入了电脑中保存的声音或影片后,PowerPoint 2007 将引用声音或影片在当前电脑中的位置,如果将文件从原位置删除或将该演示文稿复制、移动至其他电脑中,原引用位置将失效,即不能再听到插入的声音。

09

1 单击鼠标继续放映其他幻灯片,此时前面插入的"自然之心"音乐将伴随幻灯片放映播放。

2 保存演示文稿,完成本例的制作。

素材:\实例 137\旅游须知.pptx
源文件:\实例 137\旅游须知.pptx

实例137 编辑 "旅游须知" 演示文稿

包含知识
- 插入影片
- 调整影片
- 插入动画
- 设置动画

重点难点
- 插入影片
- 插入动画

制作思路

单击项目占位符

插入影片

插入动画

01

1 打开 "旅游须知" 素材,选择第 4 张幻灯片。
2 在右侧的正文占位符中单击 "插入媒体剪辑" 项目占位符。

02

1 在打开的 "插入影片" 对话框的 "查找范围" 下拉列表框中选择影片的位置,在中间的列表框中选择需插入的影片 "滑雪.wmv",单击 "确定" 按钮。
2 系统将打开一个对话框提示设置播放声音的方式,单击 "自动" 按钮。

03

1 拖动影片周围的控制点,调整影片在幻灯片中的显示大小。
2 单击 "影片工具 选项" 选项卡,在 "影片选项" 组中选中 "循环播放,直到停止" 复选框。

04

1 在视图栏中单击 "幻灯片放映" 按钮放映幻灯片,查看影片的效果。

知识提示

PowerPoint 剪辑管理器中的影片并不是真正的视频文件,它们在插入幻灯片中时具有图片的属性,但放映幻灯片时却会产生动态效果。

注意提示

在 PowerPoint 2007 中对插入影片的格式有一定限制,一般能插入的影片格式有 ".wmv"、".mpg"、".asf" 和 ".avi" 等。

1 选择第 5 张幻灯片，单击"插入"选项卡，在"插图"组中单击"图片"按钮。

1 在打开的"插入图片"对话框的"查找范围"下拉列表框中选择图片文件的位置，在中间的列表框中选择动画图片文件"滑雪.GIF"。

2 单击"确定"按钮插入动画，选择动画，将其移动至幻灯片的右侧，并调整为合适的大小。

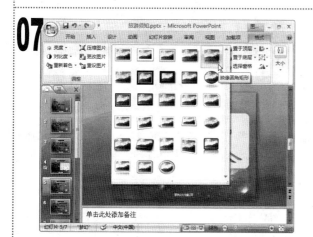

1 单击"图片工具 格式"选项卡，在"图片样式"组的列表框中选择"映像圆角矩形"选项。

1 单击"幻灯片放映"按钮 播放当前幻灯片，查看其效果。

2 保存演示文稿，完成本例的制作。

注意提示

在导入影片时最好插入一个大小适当的影片，否则保存后的演示文稿文件太大，PowerPoint 打开时很慢，从而会影响播放的质量。

注意提示

PowerPoint 中的任何一个对象，如剪贴画、表格、图表、图片与媒体剪辑等，都可以通过项目占位符来插入。不过，这种方法会受到一定的版式限制，它不如使用菜单选项的方法直接和方便。

举一反三

根据本例的方法在"旅游须知 2"演示文稿（素材：\实例 137\旅游须知 2.pptx）的第 7 张幻灯片中插入剪辑管理器中的影片"gears"，并将其外观样式设置为"柔化边缘椭圆"（源文件：\实例 137\旅游须知 2.pptx）。

实例138 制作"九寨沟介绍"演示文稿

素材:\实例 138\

源文件:\实例 138\九寨沟介绍.pptx

包含知识
- 根据模板创建演示文稿
- 插入 Flash
- 设置 Flash 的效果
- 插入图片与艺术字

重点难点
- 插入 Flash
- 设置 Flash 的效果

制作思路

  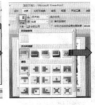 

新建演示文稿　　　插入 Flash　　设置 Flash 的效果　　放映演示文稿

01

1 启动 PowerPoint 2007，单击"Office"按钮，在弹出的菜单中选择"新建"选项。

2 在打开的"新建演示文稿"对话框左侧的"模板"栏中单击"已安装的模板"选项卡，在中间选择"现代型相册"选项，单击"创建"按钮。

02

1 新建一个基于"现代型相册"模板的演示文稿，选择第 1 张幻灯片，将其中的"现代型相册"更改为"天府明珠——九寨沟"文本。

2 将幻灯片右侧的占位符删除，单击"开始"选项卡，在"绘图"组的列表框中选择"垂直文本框"选项。

3 在幻灯片中插入一个垂直文本框，在其中输入"新呀旅行社旅游相册之四川"文本，设置其字体格式为"隶书、18 号"。

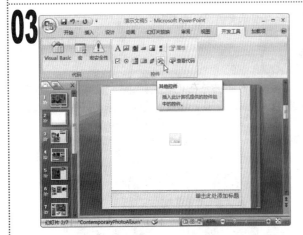

03

1 在"幻灯片"任务窗格中按 Enter 键，在第 1 张幻灯片下插入一张新幻灯片，并自动选择该幻灯片。

2 单击"开发工具"选项卡，在"控件"组中单击"其他控件"按钮。

知识提示

默认情况下，PowerPoint 2007 工作界面中不显示"开发工具"选项卡，若想使其显示，可单击"Office"按钮，在弹出的菜单中单击"PowerPoint 选项"按钮，打开"PowerPoint 选项"对话框的"常用"选项卡，在右侧的"PowerPoint 首选使用选项"栏中选中"在功能区显示'开发工具'选项卡"复选框，单击"确定"按钮即可。

04

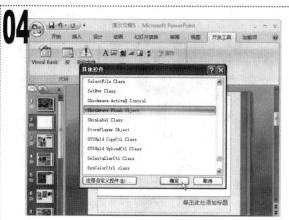

1️⃣ 在打开的"其他控件"对话框的列表框中选择 "Shockwave Flash Object"选项,单击"确定" 按钮。

05

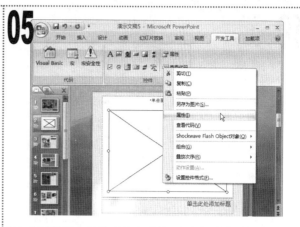

1️⃣ 此时鼠标光标将变为十形状,在幻灯片中需插入 Flash 的位置按住鼠标左键不放,拖动鼠标绘制一个播放 Flash 动画的区域。
2️⃣ 在绘制的控件区域上单击鼠标右键,在弹出的快捷菜单 中选择"属性"选项。

06

1️⃣ 在打开的"属性"窗格中将光标定位到"Movie"选项 后的文本框中,输入要插入的 Flash 动画的路径。
2️⃣ 单击"关闭"按钮🗙关闭窗格。

07

1️⃣ 返回幻灯片,单击"幻灯片浏览"按钮预览动画效果。
2️⃣ 预览完成后,单击"动画"选项卡,在"切换到此幻灯 片"组的列表框中选择"向下擦除"选项。

08

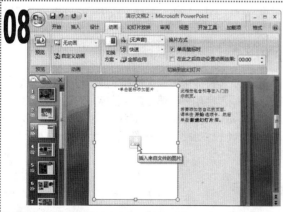

1️⃣ 在下方的占位符中输入"新呀旅行社"文本。
2️⃣ 选择第 3 张幻灯片,将左侧占位符中的图片删除。
3️⃣ 单击"图片"项目占位符。

09

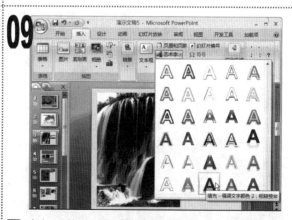

1️⃣ 在打开的对话框中选择文件所在的位置并选择"瀑 布.jpg"文件,单击"插入"按钮。
2️⃣ 返回幻灯片,将右侧占位符向下拖动,单击"插入"选 项卡,在"文本"组中单击"艺术字"按钮,在弹出的 下拉列表中选择"填充-强调文字颜色 2,粗糙棱台" 选项。

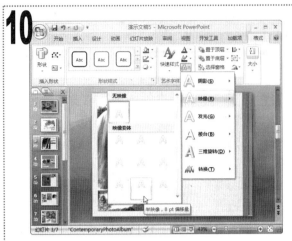

1 将文本框中的艺术字更改为"诺日朗瀑布"。
2 在"艺术字样式"组中单击"文本效果"按钮，在弹出的下拉菜单中选择"映像-半映像，8pt 偏移量"选项。

1 在下方的占位符中输入如图所示的文本，并设置其字体格式为"楷体、18 号、粉红"。

1 选择第 4 张幻灯片，将上方占位符中的图片删除，并分别插入图片"海 1.jpg"、"海 2.jpg"与"海 3.jpg"。
2 在中间的占位符中输入介绍文本，设置其字体格式为"宋体、黑色、14 号"。
3 在下方的占位符中输入文本"五花海"，设置其字体格式为"宋体、白色、24 号、加粗"。

1 按照相同的方法制作第 5、第 6 与第 7 张幻灯片。
2 以"九寨沟介绍"为名保存演示文稿。
3 选择第 1 张幻灯片，将声音文件"音乐.mp3"插入到其中。
4 单击"声音工具 选项"选项卡，在"声音选项"组中选中如图所示的复选框。

知识提示

ActiveX 控件向用户提供选项，或运行使任务自动化的宏或脚本，包括用来创建自定义程序、对话框和窗体的滚动条、选项按钮、切换按钮和其他控件等；Shockwave Flash Object 控件属于其他控件类，专门用于插入 Flash 对象。

知识延伸

Flash 动画还可以通过另外的方式插入，其方法是：将制作好的 Flash 动画保存为 PowerPoint 支持的文件格式，如".avi"格式，然后在 PowerPoint 中通过插入影片剪辑的方式插入。

1 放映幻灯片，预览其效果。
2 保存演示文稿，完成本例的制作。

第11章

PowerPoint 的高级操作

实例 150 放映"品牌上市策划"演示文稿

实例 152 打包放映"人际关系"演示文稿

实例 146 编辑珍珠耳饰幻灯片

实例 154 预览与打印"五笔教学"演示文稿

实例 139 制作"员工手册"演示文稿母版

实例 151 放映"课件"演示文稿

实例 144 编辑镜海幻灯片

11

实例 141 为演示文稿更改主题

实例 148 编辑"MP3 展销会"演示文稿

实例 142 为演示文稿添加动画

　　在幻灯片中进行一些高级设置，既可以提高工作效率，也可以使其效果更绚丽，如制作母版、设置切换效果与添加动画等。另外，幻灯片制作完成后，还可将其进行放映或打印输出。本章将介绍幻灯片的高级操作以及放映与打印技巧，以便可以更好地展示制作的幻灯片。

素材:\实例 139\背景\

源文件:\实例 139\员工手册.pptx

实例139　制作"员工手册"演示文稿母版

包含知识
- 设置标题幻灯片母版
- 设置母版幻灯片背景
- 设置幻灯片母版
- 设置项目符号与编号

重点难点
- 设置标题幻灯片母版
- 设置幻灯片母版

制作思路

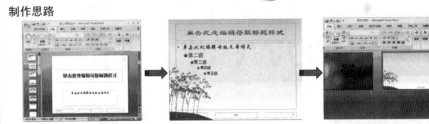

设置标题幻灯片母版　　　　设置幻灯片母版　　　　设置完成后的效果

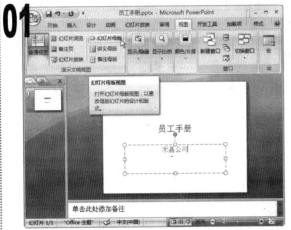

1 新建空白演示文稿,并以"员工手册"为名进行保存。
2 分别在标题占位符与副标题占位符中输入如图所示的文本。
3 单击"视图"选项卡,在"演示文稿视图"组中单击"幻灯片母版"按钮。

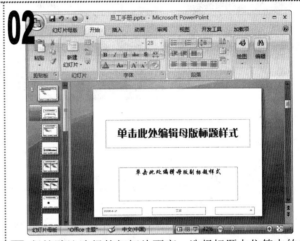

1 保持默认选择的幻灯片不变,选择标题占位符中的文本,设置其字体格式为"方正粗倩简体、44 号、深蓝,文字 2,深色 50%"。
2 选择副标题占位符,设置字体格式为"华文行楷、28 号、深蓝"。
3 选择标题占位符,将其上移,按同样的方法向下移动副标题占位符。

03

1 在幻灯片的空白位置单击鼠标右键,在弹出的快捷菜单中选择"设置背景格式"选项。
2 在打开的"设置背景格式"对话框中单击"填充"选项卡,在右侧选中"图片或纹理填充"单选按钮,单击"文件"按钮。
3 在打开的对话框中选择"绿.jpg"文件,单击"插入"按钮,返回"设置背景格式"对话框,单击"关闭"按钮。

04

1 返回幻灯片母版视图,在左侧窗格中单击幻灯片母版缩略图。
2 单击"幻灯片母版"选项卡,单击"背景"组右下角的"对话框启动器"按钮 。
3 在打开的"设置背景格式"对话框中按同样的方法设置"竹.jpg"文件为背景图片,效果如上图所示。

05

1. 选择标题占位符中的第一行文本，设置其字体格式为"隶书、44 号、水绿色，强调文字颜色 5，深色 25%"。
2. 选择正文占位符中的文本，将它们的字体格式设置为"华文行楷、32 号、水绿色，强调文字颜色 5，深色 50%"。

06

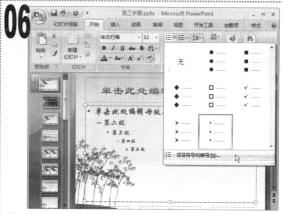

1. 将文本插入点定位在正文占位符的"第二级"文本中的任意位置，单击"开始"选项卡。
2. 在"段落"组中单击"项目符号"按钮右侧的按钮，在弹出的下拉菜单中选择"项目符号和编号"选项。

07

  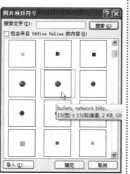

1. 在打开的对话框中单击"图片"按钮。
2. 打开"图片项目符号"对话框，在中间的列表框中选择如图所示的选项，单击"确定"按钮。

08

1. 返回幻灯片，按照相同的方法为各级标题设置图片项目符号。

09

1. 单击"插入"选项卡，在"文本"组中单击"页眉和页脚"按钮。
2. 打开"页眉和页脚"对话框，选中"页脚"复选框，在其下的文本框中输入"禾嘉工程有限责任公司"文本。
3. 选中"标题幻灯片中不显示"复选框，单击"应用"按钮。

10

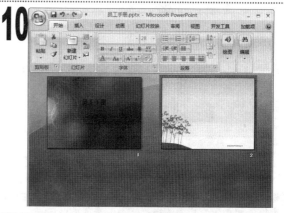

1. 返回幻灯片母版视图，将页脚文本框移至幻灯片右下角。
2. 单击"幻灯片母版"选项卡，单击"关闭"组中的"关闭母版视图"按钮。
3. 幻灯片切换到普通视图，新建一张幻灯片，单击"幻灯片浏览"按钮，浏览效果。
4. 保存演示文稿，完成本例的制作。

素材:\实例 140\计划\

实例140 **编辑"酒店促销计划"演示文稿**

源文件:\实例 140\酒店促销计划.pptx

包含知识
- 设置幻灯片背景透明度
- 插入日期和时间
- 设置项目符号与编号
- 为当前幻灯片应用主题

重点难点
- 设置幻灯片背景透明度
- 为当前幻灯片应用主题

制作思路

设置背景透明度

为当前幻灯片应用主题

设置完成后的效果

01

1 打开"酒店促销计划"素材,选择第 1 张幻灯片。
2 在幻灯片的空白位置单击鼠标右键,在弹出的快捷菜单中选择"设置背景格式"选项。
3 在打开的"设置背景格式"对话框中单击"填充"选项卡,选中"图片或纹理填充"单选按钮。
4 单击"文件"按钮。

02

1 在打开的对话框的"查找范围"下拉列表框中选择图片所在的位置,在中间的列表框中选择图片"0032.jpg",单击"插入"按钮。
2 返回"设置背景格式"对话框,拖动"透明度"滑块至"20%"处,单击"关闭"按钮。

03

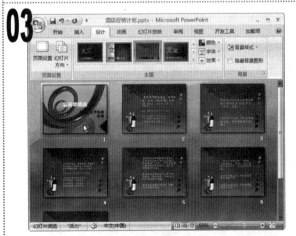

1 返回幻灯片,单击"设计"选项卡,在"主题"组的列表框的"内置"栏中选择"活力"选项。
2 将幻灯片切换至幻灯片浏览视图,查看演示文稿应用"活力"主题后的样式。

04

1 将幻灯片切换到普通视图,单击"插入"选项卡,单击"文本"组中的"日期和时间"按钮。
2 打开"页眉和页脚"对话框,选中"日期和时间"复选框,再选中"自动更新"单选按钮,单击"应用"按钮。

05

① 返回幻灯片，将副标题占位符移至左下角，并调整其宽度。

② 将插入的日期移至右下角的图片上，并设置其字号为"18"。

06

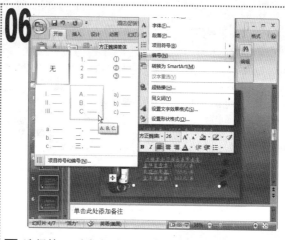

① 选择第 4 张幻灯片，将文本插入点定位到"1、"文本前，按 Delete 键将其删除。

② 单击鼠标右键，在弹出的快捷菜单中选择"编号-A.B.C."选项。

07

① 将文本插入点定位到"2、"文本前，按 Delete 键将其删除。

② 单击鼠标右键，在弹出的快捷菜单中选择"编号-项目符号和编号"选项。

③ 在打开的对话框的"编号"选项卡的列表框中选择第 5 个选项。

④ 在"起始编号"数值框中输入"2"，单击"确定"按钮。

08

① 选择最后一张幻灯片，单击"设计"选项卡，在"主题"组的列表框的"顶峰"选项上单击鼠标右键，在弹出的快捷菜单中选择"应用于选定幻灯片"选项。

09

① 改变主题后最后一张幻灯片的效果如上图所示。保存演示文稿，完成本例的制作。

知识延伸

　　如果经常使用某个主题，可以用鼠标右键单击该主题，在弹出的快捷菜单中选择"添加到快速访问工具栏"选项，即可将该主题以按钮的形式显示在快速访问工具栏中。以后如果要应用该主题，只要在快速访问工具栏中单击该主题按钮即可。

知识延伸

　　如果要选择其他主题，则在快速访问工具栏中单击相应主题按钮后的 按钮，在弹出的下拉菜单中进行选择即可。

实例141　为演示文稿更改主题

包含知识
- 更改主题颜色与效果
- 设置项目符号与编号
- 为图片重新着色
- 保存当前主题

重点难点
- 更改主题颜色与效果
- 保存当前主题

制作思路

更改主题颜色　　更改主题效果　　为图片重新着色　　设置完成后的效果

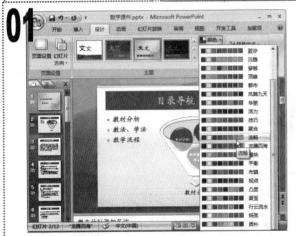

1　打开"数学课件"素材,选择第 2 张幻灯片。
2　单击"设计"选项卡,在"主题"组的列表框中选择"龙腾四海"选项,为演示文稿应用主题。
3　单击"颜色"按钮,在弹出的下拉菜单中选择"流畅"选项。

1　单击"字体"按钮,在弹出的下拉菜单中选择"沉稳"选项。
2　单击"效果"按钮,在弹出的下拉菜单中选择"顶峰"选项。

1　选择第 4 张幻灯片,将文本插入点定位到"1、"文本前,按 Delete 键将其删除。
2　单击鼠标右键,在弹出的快捷菜单中选择"编号-项目符号和编号"选项。

1　在打开的"项目符号和编号"对话框的"编号"选项卡的列表框中选择第 2 个选项。
2　在"大小"数值框中输入"100",单击"确定"按钮。

05

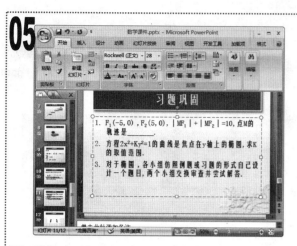

1 返回幻灯片，按照同样的方法在其下的文本前添加编号"2."。

2 选择第 11 张幻灯片，按照同样的方法为正文占位符中的 3 段文本分别添加编号。

06

1 选择第 1 张幻灯片，在幻灯片的空白位置单击鼠标右键，在弹出的快捷菜单中选择"设置背景格式"选项。

2 在打开的"设置背景格式"对话框中单击"填充"选项卡，选中"图片或纹理填充"单选按钮。

3 单击"文件"按钮。

07

1 在打开的"插入图片"对话框的"查找范围"下拉列表框中选择图片所在的位置，在中间的列表框中选择需要插入的图片"背景.jpg"，单击"确定"按钮。

08

1 返回"设置背景格式"对话框，单击"图片"选项卡，单击"重新着色"按钮，在弹出的下拉列表的"浅色变体"栏中选择"强调文字颜色 3 浅色"选项。

2 单击"关闭"按钮。

09

1 返回幻灯片，单击"设计"选项卡，在"主题"组的列表框中选择"保存当前主题"选项。

2 打开"保存当前主题"对话框，在"文件名"下拉列表框中输入"星际.thmx"。

3 单击"保存"按钮保存主题。

10

1 返回幻灯片，将标题占位符与副标题占位符移至幻灯片右侧。

2 保存演示文稿，完成本例的制作。

实例142　为演示文稿添加动画

包含知识

- 设置幻灯片切换方式
- 设置切换声音
- 设置动画效果
- 录制声音

重点难点

- 设置幻灯片切换方式
- 设置动画效果

制作思路

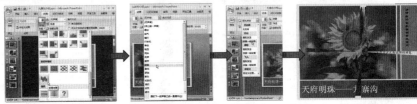

设置幻灯片切换方式　　设置切换声音　　设置动画效果　　放映幻灯片

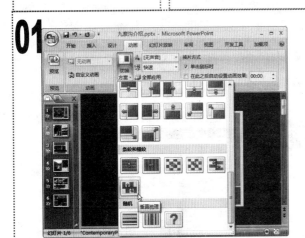

1 打开"九寨沟介绍"素材,选择第 1 张幻灯片。

2 单击"动画"选项卡,在"切换到此幻灯片"组的"切换方案"下拉列表框中选择"垂直梳理"选项。

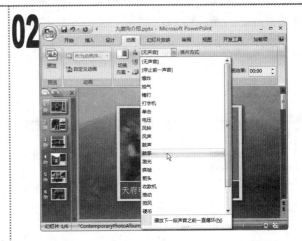

1 在"切换到此幻灯片"组的"切换声音"下拉列表框中选择"鼓掌"选项。

1 选择幻灯片中的标题占位符,在"动画"组的"动画"下拉列表框的"淡出"栏中选择"按第一级段落"选项。

1 选择幻灯片右侧的文本框,在"动画"组的"动画"下拉列表框的"飞入"栏中选择"整批发送"选项。

05

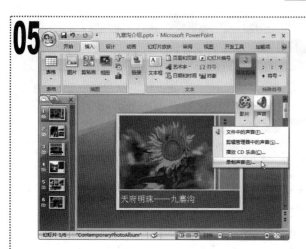

1. 单击"插入"选项卡，在"媒体剪辑"组中单击"声音"按钮下方的下拉按钮，在弹出的下拉菜单中选择"录制声音"选项。

06

1. 在打开的"录音"对话框中单击 ● 按钮开始录音，录制完成后单击 ■ 按钮。
2. 单击"确定"按钮完成录制。

07

1. 返回幻灯片，在幻灯片的中间将出现一个声音图标，将该图标移至幻灯片的右下角。
2. 单击"声音工具 选项"选项卡，在"声音选项"组中选中"放映时隐藏"复选框。

08

1. 选择第 2 张幻灯片，单击"动画"选项卡，在"切换方案"下拉列表框中选择"顺时针回旋，4 根轮辐"选项。
2. 在"切换速度"下拉列表框中选择"慢速"选项。

09

1. 返回第 1 张幻灯片，按 F5 键放映幻灯片，观看幻灯片的动画效果。如上图所示为第 1 张幻灯片即将切换至第 2 张幻灯片时的效果。
2. 保存演示文稿，完成本例的制作。

知识延伸

为幻灯片设置切换效果之后，如果要取消切换效果，只需在"切换到此幻灯片"组的"切换方案"下拉列表框中选择"无切换效果"选项即可。

知识提示

为演示文稿中的某一张幻灯片设置了幻灯片切换效果之后，单击"切换到此幻灯片"组中的"全部应用"按钮，可为该演示文稿中的所有幻灯片应用该切换效果。

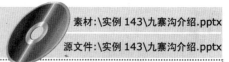

素材:\实例 143\九寨沟介绍.pptx
源文件:\实例 143\九寨沟介绍.pptx

实例143　为五花海幻灯片添加动画

包含知识
- 添加进入动画
- 添加动画声音
- 设置动画文本
- 设置动画播放顺序

重点难点
- 添加进入动画
- 设置动画播放顺序

制作思路

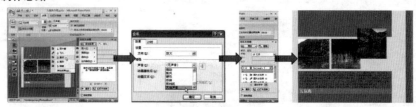

添加进入动画　　设置动画声音　设置动画播放顺序　放映添加动画的幻灯片

01

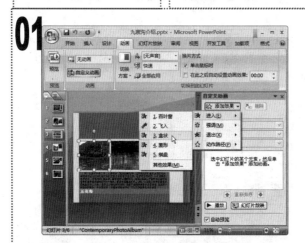

1. 打开"九寨沟介绍"素材,选择第 3 张幻灯片。
2. 单击"动画"选项卡,在"动画"组中单击"自定义动画"按钮。
3. 打开"自定义动画"任务窗格,选择如图所示的图片,单击任务窗格中的"添加效果"按钮,在弹出的下拉菜单中选择"进入-**3**.盒状"选项。

02

1. 在"自定义动画"任务窗格的列表框中的动画选项上单击鼠标右键,在弹出的快捷菜单中选择"效果选项"选项。
2. 在打开的对话框的"声音"下拉列表框中选择"其他声音"选项。

03

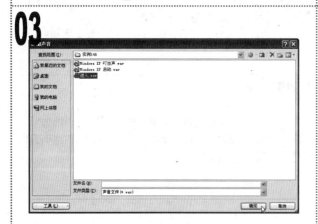

1. 在打开的"添加声音"对话框的"查找范围"下拉列表框中选择声音文件所在的位置,在中间的列表框中选择声音文件"进入.wav",单击"确定"按钮。

04

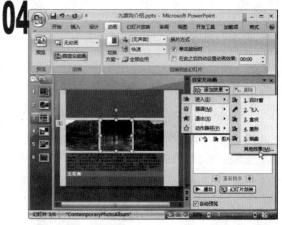

1. 返回"盒状"对话框,单击"确定"按钮返回演示文稿,在播放该图片的动画效果时将伴随有添加的动画声音。
2. 选择第 2 张图片,在"自定义动画"任务窗格中单击"添加效果"按钮,在弹出的下拉菜单中选择"进入-其他效果"选项。

05

① 在打开的"添加进入效果"对话框的列表框中选择"折叠"选项，单击"确定"按钮。

06

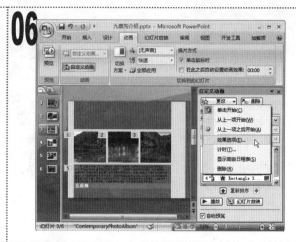

① 选择第 3 张图片，为其设置"弹跳"进入动画效果。
② 选择正文占位符，为其设置"出现"进入动画效果。
③ 在"出现"动画选项上单击鼠标右键，在弹出的快捷菜单中选择"效果选项"选项。

07

① 在打开的"出现"对话框的"声音"下拉列表框中选择"打字机"选项，在"动画文本"下拉列表框中选择"按字/词"选项，单击"确定"按钮。

08

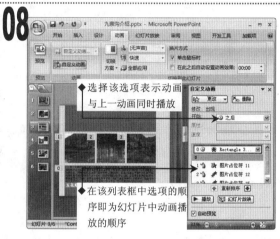

◆ 选择该选项表示动画与上一动画同时播放

◆ 在该列表框中选项的顺序即为幻灯片中动画播放的顺序

① 返回幻灯片，在任务窗格中的"开始"下拉列表框中选择"之后"选项，在下方的列表框中选择正文占位符所对应的动画选项，连续单击⬆按钮将选项移动至列表的顶端。

知识提示

幻灯片中对象上的数值，0 表示该动画不用单击鼠标将直接放映，1 表示必须单击一下鼠标才能放映，2 表示必须单击两下鼠标后才能放映，以此类推。

知识提示

在"自定义动画"任务窗格的"开始"下拉列表框中的"单击"、"之前"与"之后"3 个选项用于控制动画效果何时开始放映。其中"单击"选项表示单击一下鼠标后才开始放映该动画，"之前"选项表示设置的动画效果将与前一个动画一起放映，"之后"选项表示设置的动画效果将紧接着前一个动画放映。

09

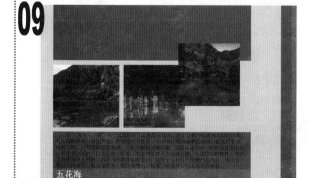

① 选择标题占位符，为其设置"弹跳"进入动画效果。
② 在"开始"下拉列表框中选择"之前"选项，并将该动画选项移动至列表的顶端。
③ 保存演示文稿并放映幻灯片，其效果如图所示。

素材:\实例144\九寨沟介绍.pptx
源文件:\实例144\九寨沟介绍.pptx

实例144　编辑镜海幻灯片

包含知识
- 添加路径动画
- 添加退出动画
- 设置退出间隔时间
- 为同一对象添加多个动画

重点难点
- 添加路径动画
- 设置退出间隔时间

制作思路

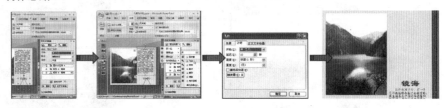

设置动画路径　　　设置退出动画　　　设置退出间隔时间　　　退出动画的效果

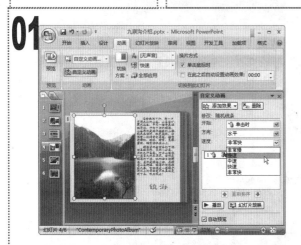

01

1 打开"九寨沟介绍"素材，选择第4张幻灯片。
2 打开"自定义动画"任务窗格，选择图片，为其设置"随机线条"进入动画效果。
3 选择设置的动画选项，在"速度"下拉列表框中选择"慢速"选项。

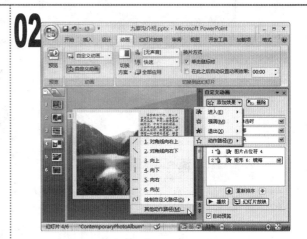

02

1 选择艺术字"镜海"所在的占位符，为其设置"切入"进入动画效果。
2 保持艺术字的选择状态，单击"添加效果"按钮，在弹出的下拉菜单中选择"动作路径-其他动作路径"选项。

03

1 在打开的对话框中选择"等边三角形"选项，单击"确定"按钮。
2 返回幻灯片，默认选中添加的路径动画选项，在"开始"与"速度"下拉列表框中分别选择"之后"与"中速"选项。

04

1 选择幻灯片右上角的正文占位符，为其设置"十字形扩展"进入动画效果。
2 在"开始"与"速度"下拉列表框中分别选择"之后"与"中速"选项。

05

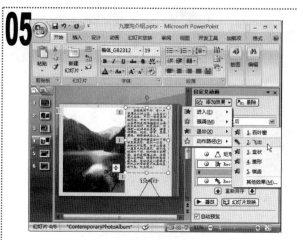

1. 保持正文占位符的选择状态，单击"添加效果"按钮，在弹出的下拉菜单中选择"退出-**2.**飞出"选项，为幻灯片设置退出动画效果。

06

1. 选择添加的"飞出"动画选项，在"开始"与"速度"下拉列表框中分别选择"之后"与"快速"选项。
2. 在该动画选项上单击鼠标右键，在弹出的快捷菜单中选择"计时"选项。

07

1. 在打开的"飞出"对话框的"计时"选项卡的"延迟"数值框中输入"10"。
2. 单击"正文文本动画"选项卡，在"组合文本"下拉列表框中选择"所有段落同时"选项。
3. 单击"确定"按钮。

08

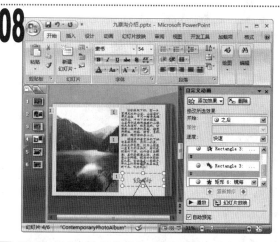

1. 返回幻灯片，选择艺术字"镜海"所在的占位符，为其设置"向外溶解"退出动画效果。
2. 在"开始"与"速度"下拉列表框中分别选择"之后"与"快速"选项。

09

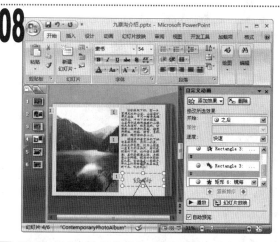

1. 选择图片，为其设置"飞出"退出动画效果。
2. 在"开始"与"速度"下拉列表框中分别选择"之后"与"中速"选项。
3. 保存演示文稿，放映幻灯片查看其动画效果。

注意提示

在添加动画时，如果需要的动画不在菜单中，则需要在所对应的动画对话框中选择，其中集成了不同类型的所有动画效果。

知识提示

关闭"自定义动画"任务窗格后，动画图标和路径等对象将被隐藏。

实例145　编辑蝴蝶吊坠幻灯片

素材:\实例 145\饰品秀.pptx
源文件:\实例 145\饰品秀.pptx

包含知识
- 添加强调动画
- 添加路径动画
- 编辑动画路径
- 调整动画顺序

重点难点
- 添加路径动画
- 编辑动画路径

制作思路

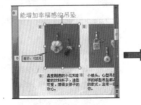
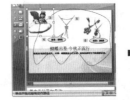

设置动画速度　　　　　绘制动画路径　　　　　放映幻灯片

01

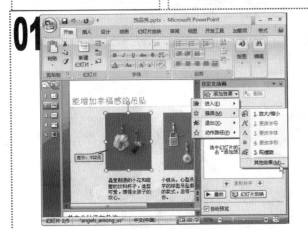

1 打开"饰品秀"素材,选择第 2 张幻灯片。
2 打开"自定义动画"任务窗格,选择左侧的图片,单击"添加效果"按钮,在弹出的下拉菜单中选择"强调-其他效果"选项。

02

1 在打开的"添加强调效果"对话框的列表框中选择"忽明忽暗"选项。
2 单击"确定"按钮。

03

1 返回幻灯片,在任务窗格的"开始"下拉列表框中选择"之后"选项。
2 在"速度"下拉列表框中选择"中速"选项。

04

1 选择右侧的图片,按照相同的方法为其设置"陀螺旋"强调动画效果。
2 在"开始"与"速度"下拉列表框中分别选择"之后"与"中速"选项。

知识提示

在"添加效果"下拉菜单中,"强调"用于设置在演示过程中需要强调部分的动画效果,"动作路径"用于指定幻灯片中某个内容在放映过程中动画所通过的轨迹。

知识提示

单击"自定义动画"任务窗格中的"添加效果"按钮,在弹出菜单的子菜单中的选项并不是固定的,其中列出的是最近使用过的动画。

05

1️⃣ 选择第 3 张幻灯片，在"自定义动画"任务窗格的列表框中选择编号为"1"的动画选项。

2️⃣ 单击"删除"按钮删除该动画。

06

1️⃣ 选择幻灯片左上角的卡通图片，单击"添加效果"按钮，在弹出的菜单中选择"动作路径-绘制自定义路径-曲线"选项。

07

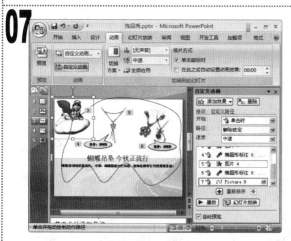

1️⃣ 将光标移至幻灯片中，此时光标将变为十形状，拖动鼠标绘制一个曲线路径。

2️⃣ 绘制完成后双击鼠标，卡通图片将沿该路径运动，并显示该路径。

08

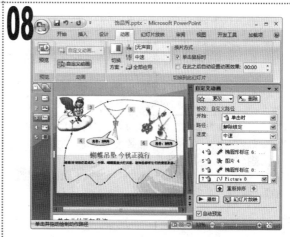

1️⃣ 在路径上单击鼠标右键，在弹出的快捷菜单中选择"编辑顶点"选项。

2️⃣ 路径呈可编辑状态，并显示多个顶点，拖动各个顶点使路径符合要求。

09

1️⃣ 在路径上单击鼠标右键，在弹出的快捷菜单中选择"退出结点编辑"选项。

2️⃣ 选择该动画选项，在"速度"下拉列表框中选择"快速"选项。

3️⃣ 单击🔼按钮，将其移至列表框的最上方。

10

1️⃣ 按 F5 键预览幻灯片放映效果，保存演示文稿，完成本例的制作。

实例146　编辑珍珠耳饰幻灯片

素材:\实例146\饰品秀.pptx
源文件:\实例146\饰品秀.pptx

包含知识
- 添加动画效果
- 设置文本框动画效果选项
- 设置图片动画效果选项
- 设置触发动画效果

重点难点
- 设置动画效果选项

制作思路

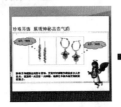  

设置正文占位符的进入动画　　　设置图片的动画　　　触发动画

01

1 打开"饰品秀"素材,选择第4张幻灯片。
2 选择标题占位符,单击"添加效果"按钮,在弹出的菜单中选择"进入-其他效果"选项。
3 打开"添加进入效果"对话框,在列表框中选择"棋盘"选项,单击"确定"按钮。

02

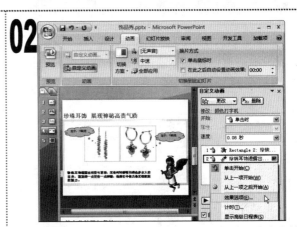

1 返回幻灯片,选择正文占位符,按照同样的方法为其设置"颜色打字机"进入动画效果。
2 在任务窗格的列表框中选择刚设置的动画选项,单击其右侧的 ✔ 按钮,在弹出的菜单中选择"效果选项"选项。

03

1 在打开的"颜色打字机"对话框的"效果"选项卡的"首选颜色"下拉列表框中选择"蓝色"选项,在"铺助颜色"下拉列表框中选择"紫色"选项。
2 在"声音"下拉列表框中选择"风铃"选项,在"动画文本"下拉列表框中选择"按字母"选项。
3 在数值框中输入"150",单击"确定"按钮。

04

1 返回幻灯片,选择左侧的图片,为其设置"玩具风车"进入动画效果。
2 在任务窗格的"开始"与"速度"下拉列表框中分别选择"之后"与"中速"选项。

知识提示

只有打开"自定义动画"任务窗格后,才可以在幻灯片编辑窗口中显示动画的序号和动画路径等。另外,添加的动画效果或类型不同,"修改"栏中出现的设置项目也不同,如"出现速度"、"方向"或"属性"等。

知识提示

任务窗格中的动画列表中不仅显示了各个动画效果的放映顺序,而且后面紧跟的是相应对象的名称,文本占位符会显示"文本"字样,图片则显示为插入的图片名称。

05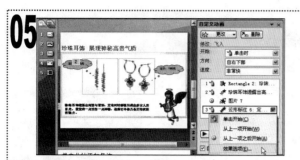

1 选择左侧的云形标注，为其设置"飞入"进入动画效果。

2 选择该动画选项，在"方向"下拉列表框中选择"自右下部"选项。

3 单击该动画选项右侧的 ❤ 按钮，在弹出的菜单中选择"效果选项"选项。

06

1 在打开的"飞入"对话框的"效果"选项卡的"声音"下拉列表框中选择"照相机"选项。

2 单击 🔊 按钮，在弹出的列表中向下拖动滑块降低音量。

07

1 单击"计时"选项卡，在"开始"下拉列表框中选择"之后"选项。

2 在"速度"下拉列表框中选择"中速（2 秒）"选项，单击"确定"按钮。

08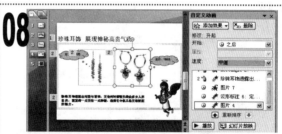

1 返回幻灯片，选择右侧的图片，为其设置"升起"进入动画效果。

2 在任务窗格的"开始"与"速度"下拉列表框中分别选择"之后"与"中速"选项。

09

1 选择右侧的云形标注，为其设置"玩具风车"进入动画效果。

2 在任务窗格的"开始"与"速度"下拉列表框中分别选择"之后"与"中速"选项。

10

1 选择幻灯片右下角的卡通图片，为其设置"浮动"进入动画效果。

2 打开"浮动"对话框，在"效果"选项卡的"声音"下拉列表框中选择"微风"选项。

3 单击 🔊 按钮，在弹出的列表中向下拖动滑块降低音量。

11

1 单击"计时"选项卡，在"速度"下拉列表框中选择"中速（2 秒）"选项。

2 单击"触发器"按钮，选中"单击下列对象时启动效果"单选按钮。

3 在其后的下拉列表框中选择"Rectangle 2:珍珠耳饰"选项，单击"确定"按钮。

12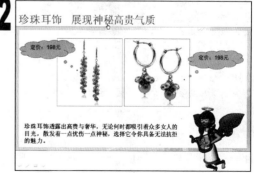

1 返回幻灯片，放映幻灯片，在幻灯片放映视图中单击标题文本，将显示卡通图片。

素材:\实例147\公司主页.pptx
源文件:\实例147\公司主页.pptx

实例147 在演示文稿中插入超链接

包含知识
- 插入超链接
- 编辑超链接
- 访问超链接
- 放映演示文稿

重点难点
- 插入超链接

制作思路

为文本设置超链接　　　　编辑超链接　　　　设置超链接的颜色

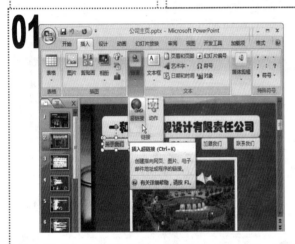

1. 打开"公司主页"素材，选择第 2 张幻灯片，选择文本框中的"关于我们"文本。
2. 单击"插入"选项卡，在"链接"组中单击"超链接"按钮。

1. 在打开的"插入超链接"对话框左侧的"链接到"栏中选择"本文档中的位置"选项。
2. 在中间的列表框中选择"3.关于我们"选项。
3. 单击"确定"按钮。

1. 返回幻灯片，可以看到添加了超链接的文本变为了黄色，且下方添加了下划线。
2. 选择"公司动态"文本，在其上单击鼠标右键，在弹出的快捷菜单中选择"超链接"选项。

1. 在打开的"插入超链接"对话框中将其链接到"公司动态"幻灯片。
2. 使用同样的方法将其他文本链接到相应的幻灯片。

知识提示

超链接通常又被称为链接，在 PowerPoint 中，超链接在放映演示文稿时激活，但不能在创建时激活。

知识提示

在"插入超链接"对话框中单击"屏幕提示"按钮，在打开的"设置超链接屏幕提示"对话框的文本框中输入内容，然后单击"确定"按钮，可以为超链接设置屏幕提示文字。

05

1 放映幻灯片，将鼠标光标移动至添加了超链接的文本上，当其变为 🖑 形状时，单击即可跳转至链接的幻灯片中。

06

1 退出放映幻灯片，发现 "Enter" 超链接的链接错误，选择该文本。
2 在其上单击鼠标右键，在弹出的快捷菜单中选择 "编辑超链接" 选项。

07

1 在打开的 "编辑超链接" 对话框的左侧选择 "本文档中的位置" 选项。
2 在中间的列表框中选择 "1. 公司主页" 选项。
3 单击 "确定" 按钮。

08

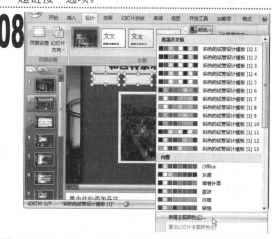

1 按住 Shift 键，同时选择第 2 张幻灯片中超链接文本所在的文本框。
2 单击 "设计" 选项卡，单击 "主题" 组中的 "颜色" 按钮，在弹出的下拉菜单中选择 "新建主题颜色" 选项。

09

1 在打开的 "新建主题颜色" 对话框中单击 "超链接" 按钮 ▣▾，在弹出的下拉菜单中选择 "玫瑰红，强调文字颜色 5，深色 50%" 选项。
2 单击 "已访问的超链接" 按钮 ▣▾，在弹出的下拉菜单中选择 "褐色，背景 2，深色 25%" 选项。
3 单击 "确定" 按钮。

10

1 返回到幻灯片中，可以看到未单击过的超链接的颜色为玫瑰红色，单击过的超链接的颜色为褐色，保存演示文稿，完成本例的制作。

素材:\实例 148\MP3 展销会.pptx
源文件:\实例 148\MP3 展销会.pptx

实例148　编辑 "MP3 展销会" 演示文稿

包含知识
- 为图片设置超链接
- 设置屏幕提示
- 链接到电子邮件
- 发送电子邮件

重点难点
- 为图片设置超链接
- 链接到电子邮件

制作思路

为图片设置超链接

链接到电子邮件　　发送电子邮件

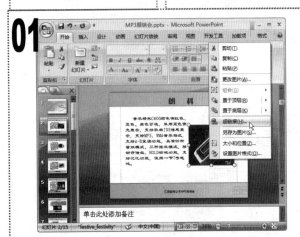

01

1 打开 "MP3 展销会" 素材,选择第 2 张幻灯片。
2 在其中的图片上单击鼠标右键,在弹出的快捷菜单中选择 "超链接" 选项。

02

1 在打开的 "插入超链接" 对话框中单击 "屏幕提示" 按钮。
2 在打开的 "设置超链接屏幕提示" 对话框的 "屏幕提示文字" 文本框中输入文字提示信息 "单击查看其他朗科产品",单击 "确定" 按钮。

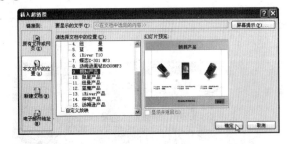

03

1 返回 "插入超链接" 对话框,在对话框左侧的 "链接到" 栏中选择 "本文档中的位置" 选项。
2 在中间的列表框中选择 "9. 朗科产品" 选项。
3 单击 "确定" 按钮。

知识提示

在 "插入超链接" 对话框左侧的 "链接到" 栏中选择不同的选项,可在右侧的列表框中选择不同的目标链接位置,如其他文档、Internet 和电子邮箱地址等,用户可根据实际情况进行选择。

04

1 返回幻灯片,选择第 9 张幻灯片。
2 选择幻灯片右下角的形状,单击 "插入" 选项卡,在 "链接" 组中单击 "超链接" 按钮。

知识提示

在普通视图下,在添加了超链接的对象上单击鼠标右键,在弹出的快捷菜单中选择 "打开超链接" 选项,即可在编辑窗口中切换到链接的幻灯片。

实例158　制作学生基本资料表

素材:\实例 158\学生信息.accdb
源文件:\实例 158\学生信息.accdb

包含知识
- 创建表
- 添加、重命名字段
- 输入数据

重点难点
- 添加、重命名字段
- 输入数据

制作思路

创建表　　　　添加、重命名字段　　　　输入数据

01

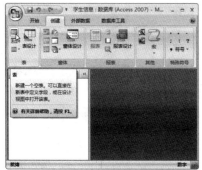

■ 打开"学生信息"素材,单击"创建"选项卡,在"表"组中单击"表"按钮。

02

■ 系统自动创建一个名为"表 1"的表,在"表工具 数据表"选项卡的"字段和列"组中单击"插入列"按钮。

03

■ 系统自动插入"字段 1"列,用相同的方法插入"字段 2"、"字段 3"和"字段 4"列,单击导航窗格中的"百叶窗开/关"按钮，最小化导航窗格。

04

■ 在"字段 4"文本上单击,选择该字段,在"字段和列"组中单击"重命名"按钮。

05

■ 当"字段 4"文本变为可编辑状态后,输入"姓名"文本,按 Enter 键重命名字段,用相同的方法为其他字段重命名。

■ 在快速访问工具栏中单击"保存"按钮，在打开的"另存为"对话框中将表保存为"学生基本资料"。

06

■ 双击第一行的"姓名"字段对应的单元格,将文本插入点定位到该位置,输入"薛敏"文本,用相同的方法在其他单元格中输入数据,完成第一条记录的输入。

■ 按 Enter 键换行,继续输入第二条记录,至此完成本例的制作。

实例159　制作考勤统计表

素材:无

源文件:\实例159\考勤管理.accdb

包含知识
- 通过设计视图创建表
- 设置字段属性
- 输入数据

重点难点
- 通过设计视图创建表
- 设置字段属性

制作思路

创建数据库　　　　　　设置字段属性　　　　　　输入数据

01 启动 Access 2007，在打开的"开始使用 Microsoft Office Access"界面中选择"Office-新建"选项，新建"考勤管理"数据库。

02 在"表工具 数据表"选项卡的"视图"组中单击"视图"按钮，在打开的"另存为"对话框的"表名称"文本框中输入"考勤统计表"文本，单击"确定"按钮。

03 系统自动切换到设计视图，在"字段名称"文本框中输入"姓名"，单击"数据类型"文本框，使其变为下拉列表框，在其中选择"文本"选项。

04 在"字段属性"窗格中单击"常规"选项卡，在"字段大小"文本框中输入"10"，在"必填字段"下拉列表框中选择"是"选项。

05 用相同的方法输入其他字段，并设置其字段属性，在"表工具 设计"选项卡的"视图"组中单击"视图"按钮，在打开的提示对话框中提示必须保存表，单击"是"按钮。

06 系统自动切换到数据表视图，在表中输入如上图所示的记录，至此完成本例的制作。

实例160　制作员工信息表

素材:无

源文件:\实例160\员工信息.accdb

包含知识
- 关闭表
- 通过表设计功能创建表
- 设置主键

重点难点
- 通过表设计功能创建表
- 设置主键

制作思路

关闭表　　　　　　　创建表　　　　　　　设置主键

01

■ 启动 Access 2007，新建"员工信息"数据库，系统自动创建"表 1"表，单击"表 1"窗口右上角的"关闭"按钮 ✕，关闭该表。

02

■ 单击"创建"选项卡，在"表"组中单击"表设计"按钮。

03

■ 系统自动创建"表 1"表，并切换到表的设计视图，在"字段名称"文本框中输入"员工 ID"，并设置该字段的数据类型为"文本"，字段大小为"10"，必填字段的值为"是"。

04

字段名称	数据类型
员工ID	文本
姓名	文本
性别	文本
部门	文本
职务	文本

■ 用相同的方法输入其他字段，并设置字段的数据类型和字段属性。

05

◆ 行选择器

■ 将鼠标光标移动到"员工 ID"字段列左侧的行选择器上，当光标变成右箭头时，单击鼠标左键选择"员工 ID"字段行，在"表工具 设计"选项卡的"工具"组中单击"主键"按钮为表设置主键。

06

◆ 设置为主键后，该字段中就不能输入相同的数据了

■ 将创建的表保存为"员工信息"表，至此完成本例的制作。

实例161　编辑订单表

包含知识
- 打开表
- 创建复合主键
- 删除主键

重点难点
- 打开表
- 创建复合主键

制作思路

打开表　　　　创建复合主键　　　　删除主键

01

■ 启动 Access 2007，打开"订单表"素材，在导航窗格中双击"订单表"表对象将其打开。

02

■ 在"表工具 数据表"选项卡的"视图"组中单击"视图"按钮下方的 · 按钮，在弹出的下拉列表中选择"设计视图"选项。

03

■ 按住 Shift 键的同时，在"订货方"和"货品编号"字段的行选择器上单击，同时选择这两个字段，在"表工具 设计"选项卡的"工具"组中单击"主键"按钮，为表设置复合主键。

04

■ 选择"订货方"字段，在"表工具 设计"选项卡的"工具"组中单击"主键"按钮，删除创建的复合主键。

知识延伸

　　删除主键不会删除表中的一个或多个字段，它仅仅是取消了该字段唯一识别记录的功能。在删除主键之前，必须确保它没有参与任何表关系。如果基于要删除的主键建立了表关系，Access 会提示错误信息，对于表关系的相关知识将在第 13 章中详细讲解。

05

■ 选择"货品编号"字段，在"表工具 设计"选项卡的"工具"组中单击"主键"按钮，将该表的主键修改为"货品编号"字段，至此完成本例的制作。

知识提示

　　选择某个字段或字段列，单击鼠标右键，在弹出的快捷菜单中选择"主键"选项，也可以创建或删除主键。

实例162　为统计表创建索引

素材:\实例 162\调查统计.accdb

源文件:\实例 162\调查统计.accdb

包含知识

- 创建单索引
- 创建复合索引
- 删除索引

重点难点

- 创建单索引
- 删除索引

制作思路

打开表

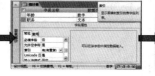

创建单索引

删除索引及创建复合索引

01

■ 启动 Access 2007，打开"调查统计"素材，在导航窗格中双击"统计表"表对象将其打开。

02

■ 将表切换到设计视图，选择"年龄"字段，在"字段属性"窗格中单击"索引"文本框，使其变为下拉列表框，在其中选择"有（有重复）"选项。

03

■ 用相同的方法为"职务"字段创建单索引，单击"显示/隐藏"组中的"索引"按钮。

04

■ 在打开的"索引:统计表"对话框中选择需要删除的索引所在的行，这里选择"年龄"行，按 Delete 键将该字段的索引删除。

05

■ 选择"职务"索引名称，在"索引属性"窗格中单击"忽略空值"文本框，使其变为下拉列表框，在其中选择"是"选项，为"职务"字段创建复合索引，至此完成本例的制作。

知识提示

　　"索引"下拉列表框中的"无"选项表示没有索引；"有（有重复）"选项表示创建索引，并允许有重复值；"有（无重复）"选项表示创建索引，但不允许有重复值。

知识提示

　　在"索引属性"窗格中可设置索引的 3 个属性：主索引、唯一索引和忽略空值。"主索引"属性设置为"是"，表示将该索引作为主键。"唯一索引"属性用于设置索引字段是否允许出现重复值，设置为"是"即可定义唯一索引。"忽略空值"属性用于设置索引是否排除带空值的记录，设置为"是"，则可在索引中排除索引字段值为空的记录。

实例163 修改资产购置表

素材:\实例163\资产购置表.accdb
源文件:\实例163\资产购置表.accdb

包含知识
■ 选择记录
■ 删除记录
■ 修改记录

重点难点
■ 删除记录
■ 修改记录

制作思路

选择记录 · 删除记录 修改记录

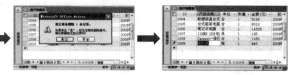

01

1 启动 Access 2007,打开"资产购置表"素材,在导航窗格中双击"资产购置表"表对象将其打开。

02

1 将鼠标光标移动到"ID"为"1009"的行选择器上,当鼠标光标变为 ➡ 形状时,单击鼠标左键选择该行。

03

1 在"开始"选项卡的"记录"组中单击"删除"按钮右侧的 ▾ 按钮,在弹出的下拉列表中选择"删除记录"选项。

04

1 在打开的提示对话框中提示是否要删除记录的信息,单击"是"按钮确定删除记录。

05

1 将文本插入点定位到 ID 为"1010"的单元格中,按 Back Space 键删除所有的文本,重新输入"1009",按 Enter 键确定修改的数据,至此完成本例的制作。

知识延伸

如果要选择连续的多条记录,可先选择一条记录,然后按住 Shift 键,选择另一条记录,释放 Shift 键后两条记录和它们之间的记录都将被选中。

注意提示

在删除表中的记录时,都会出现步骤"04"中所示的提示对话框,如果单击"是"按钮,则该记录会被永久删除,无法恢复,因此在删除记录时应慎重。

实例164　编辑产品销量表

素材:\实例 164\产品销量.accdb

源文件:\实例 164\产品销量.accdb

包含知识
- 选择列
- 插入字段列
- 重命名字段
- 设置数据的字体格式

重点难点
- 设置数据的字体格式

制作思路

选择列　　　　插入字段并输入数据　　　　设置数据的字体格式

01

1. 启动 Access 2007，打开"产品销量"素材，在导航窗格中双击"产品销量"表对象将其打开。

02

1. 将鼠标光标移动到"销量"字段名称上，当鼠标光标变为↓形状时，单击鼠标左键选择该列数据。
2. 单击"表工具 数据表"选项卡，在"字段和列"组中单击"插入列"按钮。

03

1. 系统自动插入一个空字段列，双击字段名称，使其变为可编辑状态，输入"产品 ID"文本，按 Enter 键完成重命名操作，并输入如上图所示的产品 ID。

04

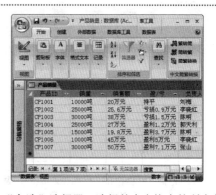

1. 单击"全选"选择器，选择整个表格中的所有数据。
2. 单击"开始"选项卡。

05

1. 在"字体"组的"字体"下拉列表框中选择"黑体"选项。

06

1. 在"字号"下拉列表框中选择"12"选项，至此完成本例的制作。

素材:\实例 165\学生信息管理.accdb

源文件:\实例 165\学生信息管理.accdb

实例165　　调整学生信息管理表

包含知识
- 设置单元格行高
- 设置单元格列宽

重点难点
- 设置单元格行高
- 设置单元格列宽

制作思路

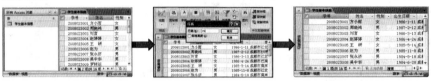

打开表　　　　　　　设置行高　　　　　　设置列宽

01

1 启动 Access 2007，打开"学生信息管理"素材，在导航窗格中双击"学生基本信息"表对象将其打开，并在"姓名"列中选择任意一个单元格。

02

1 在"开始"选项卡的"记录"组中单击"其他"按钮，在弹出的下拉菜单中选择"行高"选项。

03

1 在打开的"行高"对话框的"行高"文本框中输入"15"，单击"确定"按钮调整表中所有单元格的行高。

04

1 在"学号"列中选择任意一个单元格，在"开始"选项卡的"记录"组中单击"其他"按钮，在弹出的下拉菜单中选择"列宽"选项。

05

1 在打开的"列宽"对话框的"列宽"文本框中输入"18"，单击"确定"按钮调整该列的列宽。

06

1 返回 Access 2007 工作界面，即可查看到调整行高和列宽后的效果，保存修改过的数据库，至此完成本例的制作。

第 13 章

Access 2007 进阶操作

13

　　在 Access 2007 中,如果要对数据库中的数据进行各种操作、管理和维护,还需要掌握表关系、查询、窗体和报表等相关知识。本章将通过 12 个实例详细讲解创建一对一关系以及创建查询、窗体和报表的方法。

实例166　为学生信息表创建关系

素材:\实例166\学生信息.accdb
源文件:\实例166\学生信息.accdb

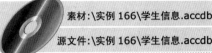

包含知识
- 打开表
- 创建一对一的关系

重点难点
- 创建一对一的关系

制作思路

打开表　　　　　　　添加表　　　　　　　创建表关系

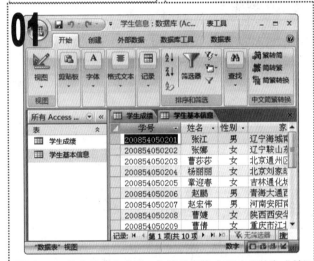

1 打开"学生信息"素材,在导航窗格中双击"学生成绩"和"学生基本信息"表对象将其打开。

1 单击"表工具 数据表"选项卡,在"关系"组中单击"关系"按钮。

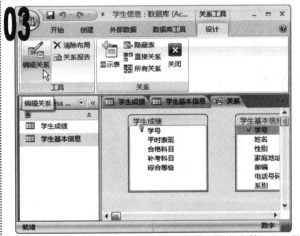

1 系统自动打开"关系"选项卡,并将"学生成绩"和"学生基本信息"表添加到该选项卡中。

2 单击"关系工具 设计"选项卡,在"工具"组中单击"编辑关系"按钮。

1 在打开的"编辑关系"对话框中单击"新建"按钮为表新建关系。

▌知识延伸

　　打开数据库,单击"数据库工具"选项卡的"显示/隐藏"组中的"关系"按钮,在打开的对话框中也可添加需要创建关系的表。

▌知识提示

　　在数据库中,表的关系主要有一对一、一对多、多对一和多对多4种。

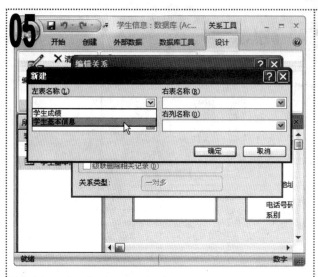

05 在打开的"新建"对话框的"左表名称"下拉列表框中选择"学生基本信息"选项。

06 用相同的方法在其他下拉列表框中选择相应的选项，效果如上图所示，单击"确定"按钮。

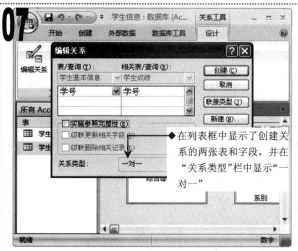

07 返回"编辑关系"对话框，单击"创建"按钮为两张表创建关系。

◆ 在列表框中显示了创建关系的两张表和字段，并在"关系类型"栏中显示"一对一"

08 返回 Access 工作界面，在"关系"选项卡上单击鼠标右键，在弹出的快捷菜单中选择"保存"选项保存关系。

知识延伸

两个表的关系建立在"主键"与"外键"之间，"主键"所在的表称为"主表"，"外键"所在的表称为"从表"。

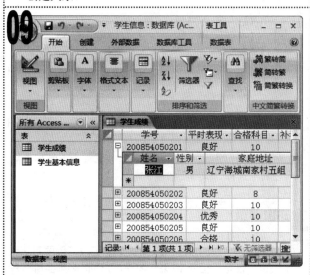

09 关闭所有的选项卡，重新打开"学生成绩"表，单击⊞标记可展开相应学号的学生的信息，完成本例的制作。

知识提示

一对一关系指"主表"中一条记录只与"从表"中的唯一一条记录关联；一对多关系指"主表"中一条记录与"从表"中多条记录关联；多对一关系指"主表"中多条记录与"从表"中唯一一条记录关联。显然，多对一关系不建立在"主表"的主键或唯一索引字段上。多对多关系可看成是两个表相互的一对多关系。

实例167　编辑"药品销售记录"数据库

素材:\实例167\药品销售记录.accdb
源文件:\实例167\药品销售记录.accdb

包含知识
- 通过菜单排序数据
- 数据的筛选

重点难点
- 通过菜单排序数据
- 数据的筛选

制作思路

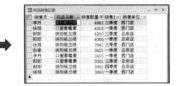

排序数据　　　　　　　筛选数据

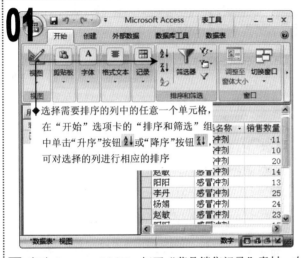

◆ 选择需要排序的列中的任意一个单元格，在"开始"选项卡的"排序和筛选"组中单击"升序"按钮 或"降序"按钮 ，可对选择的列进行相应的排序

1 启动 Access 2007，打开"药品销售记录"素材，在导航窗格中双击"药品销售记录"表对象将其打开。

◆ 在 Access 中，数据的排序分为基于单字段的排序、基于相邻字段的排序和高级排序 3 种

1 在"开始"选项卡的"排序和筛选"组中单击"高级筛选选项"按钮 ，在弹出的下拉菜单中选择"高级筛选/排序"选项。

1 在打开的"药品销售记录筛选 1"窗口下方的窗格中单击"字段"行第一列的文本框，使其变为下拉列表框，在其中选择"销售数量"选项。

1 单击"排序"行第一列的文本框，使其变为下拉列表框，在其中选择"降序"选项。

知识提示

要进行基于单字段的排序，可在字段名称列右侧单击 按钮，在弹出的下拉菜单中选择"升序"或"降序"选项。

知识提示

基于相邻字段的排序方法和基于单字段的排序方法相同，但是，在基于相邻字段的排序中，字段必须全部升序或全部降序，并且优先排序前面的字段。

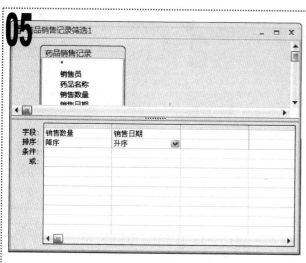

05

1️⃣ 用相同的方法将"销售日期"字段设置为"升序"排序。

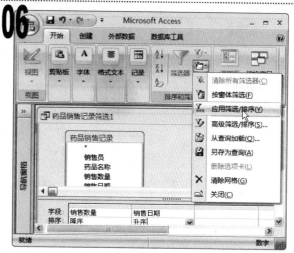

06

1️⃣ 在"排序和筛选"组中单击"高级筛选选项"按钮 🔽，在弹出的下拉菜单中选择"应用筛选/排序"选项。

07

1️⃣ 返回 Access 工作界面即可查看到排序后的数据。
2️⃣ 在"排序和筛选"组中单击"高级筛选选项"按钮 🔽，在弹出的下拉菜单中选择"高级筛选/排序"选项。

08

1️⃣ 在打开的"药品销售记录筛选 1"窗口下方窗格的"条件"文本框中输入"Between 3000 And 5000"。

09

1️⃣ 在"排序和筛选"组中单击"高级筛选选项"按钮 🔽，在弹出的下拉菜单中选择"应用筛选/排序"选项。

10

1️⃣ 返回 Access 工作界面即可查看到筛选出的满足条件的记录，至此完成本例的制作。

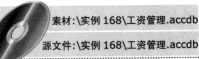

素材:\实例 168\工资管理.accdb
源文件:\实例 168\工资管理.accdb

实例168　汇总"工资管理"数据库数据

包含知识
- 通过字段列排序数据
- 数据的筛选
- 数据的汇总

重点难点
- 通过字段列排序数据
- 数据的汇总

制作思路

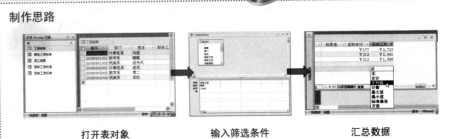

打开表对象　　　输入筛选条件　　　汇总数据

1 启动 Access 2007，打开"工资管理"素材，在导航窗格中双击"工资结算"表对象将其打开。

1 选择"实发工资"字段列，单击"实发工资"字段名称右侧的 ▾ 按钮，在弹出的下拉菜单中选择"降序"选项。

1 系统自动为选择的字段列进行降序排列。

2 在"开始"选项卡的"排序和筛选"组中单击"高级筛选选项"按钮 ，在弹出的下拉菜单中选择"高级筛选/排序"选项。

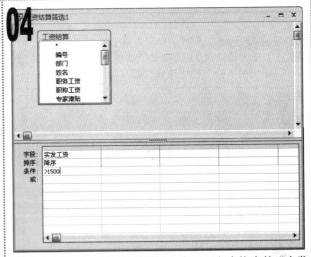

1 在打开的"工资结算筛选 1"窗口下方窗格中的"实发工资"字段对应的"条件"文本框中输入">1500"。

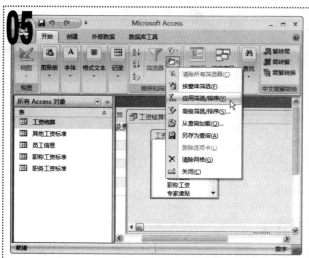

1　在"排序和筛选"组中单击"高级筛选选项"按钮 📁 ，在弹出的下拉菜单中选择"应用筛选/排序"选项。

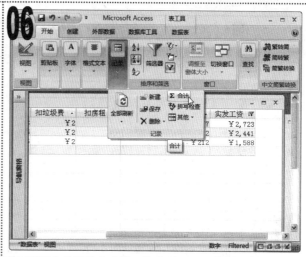

1　系统自动筛选出实发工资大于 1500 的员工的记录。
2　在"开始"选项卡的"记录"组中单击"合计"按钮。

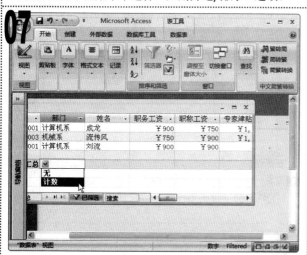

1　系统自动在最后一条记录下方的空白记录下添加汇总行，单击"部门"字段列所在的汇总单元格，将其变为下拉列表框，在其中选择"计数"选项，计算记录总数。

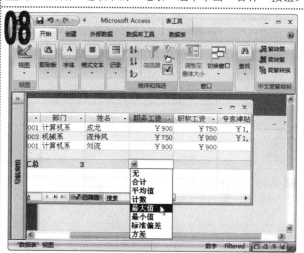

1　单击"职务工资"字段列所在的汇总单元格，将其变为下拉列表框，在其中选择"最大值"选项，计算该项的最大值。

知识提示

在 Access 2007 中，可以通过添加汇总行的方式统计表中的记录数，以及对可计算的字段进行求和、求平均值等操作。

知识延伸

在 Access 2007 中，可以对多种类型的数据进行汇总，汇总行所提供的函数是根据字段的数据类型而设定的。

知识延伸

在对表中的数据进行筛选后，导航按钮后的"无筛选器"按钮变为"已筛选"按钮，单击该按钮可将数据表切换到筛选前，再次单击该按钮又可切换到筛选后。

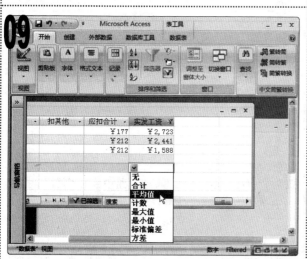

1　用相同的方法计算"实发工资"字段列的平均值，至此完成本例的制作。

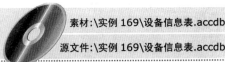

实例169　编辑设备信息表

素材:\实例169\设备信息表.accdb
源文件:\实例169\设备信息表.accdb

包含知识
■ 隐藏和显示字段
■ 冻结字段
重点难点
■ 隐藏和显示字段
■ 冻结字段

制作思路

隐藏字段　　　　显示字段　　　　冻结字段

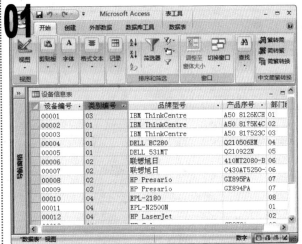

1 启动 Access 2007,打开"设备信息表"素材,在导航窗格中双击"设备信息表"表对象将其打开,选择"类别编号"字段列。

1 在"开始"选项卡的"记录"组中单击"其他"按钮,在弹出的下拉菜单中选择"隐藏列"选项。

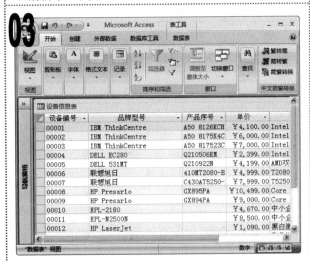

1 返回 Access 工作界面即可查看到"类别编号"字段列被隐藏。

2 用相同的方法将"部门编号"、"供应商编号"、"购置日期"、"保修期"和"备注"字段列隐藏,其效果如上图所示。

1 在"开始"选项卡的"记录"组中单击"其他"按钮,在弹出的下拉菜单中选择"取消隐藏列"选项。

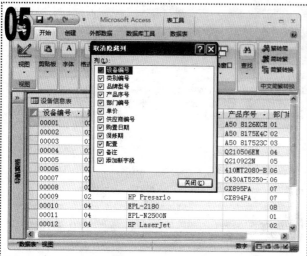

1 在打开的"取消隐藏列"对话框的列表框中选中所有的复选框,单击"关闭"按钮关闭该对话框。

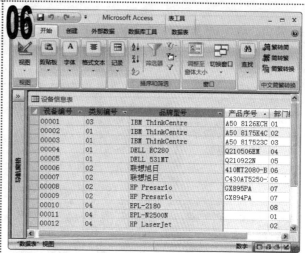

1 返回 Access 工作界面即可查看到隐藏的字段列全部显示出来了。

2 按住 Shift 键的同时选择"设备编号"、"类别编号"和"品牌型号"字段列。

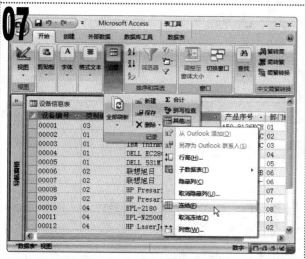

1 在"开始"选项卡的"记录"组中单击"其他"按钮,在弹出的下拉菜单中选择"冻结"选项。

知识提示

"取消隐藏列"对话框中列出了当前表中的所有字段,每个字段名前面有一个复选框,选中复选框的字段会显示在数据表中,取消选中复选框的字段则被隐藏。

知识延伸

选择需要冻结的字段列,在其上单击鼠标右键,在弹出的快捷菜单中选择"冻结列"选项,也可以将选择的字段列冻结。

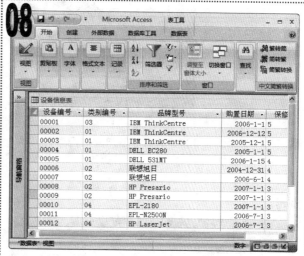

1 返回 Access 工作界面,此时任意拖动滚动条,"设备编号"、"类别编号"和"品牌型号"字段列始终显示在最左侧,至此完成本例的制作。

知识提示

如果要取消字段列的冻结,只需选择字段列,在"开始"选项卡的"记录"组中单击"其他"按钮,在弹出的下拉菜单中选择"取消冻结"选项即可。

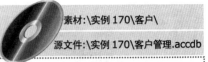
素材:\实例170\客户\

实例170 为"客户管理"数据库链接数据

源文件:\实例170\客户管理.accdb

包含知识
- 链接 Access 数据库
- 链接 Excel 表格

重点难点
- 链接 Access 数据库
- 链接 Excel 表格

制作思路

链接 Access 数据　　　　　　　　链接 Excel 表格

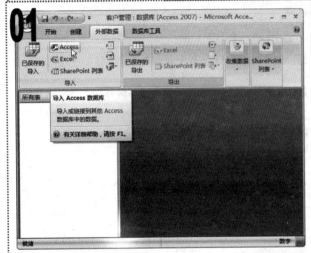

1 启动 Access 2007,打开"客户管理"素材,单击"外部数据"选项卡,在"导入"组中单击"Access"按钮。

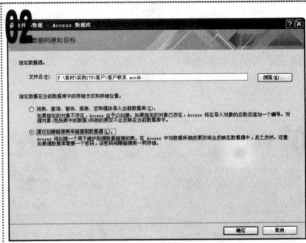

1 在打开的"获取外部数据－Access 数据库"对话框中单击"浏览"按钮。

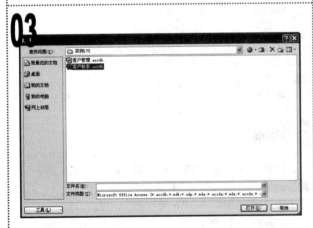

1 在打开的"打开"对话框的"查找范围"下拉列表框中选择文件的保存路径,在中间的列表框中选择要打开的数据库,这里选择"客户联系"数据库。
2 单击"打开"按钮打开该数据库。

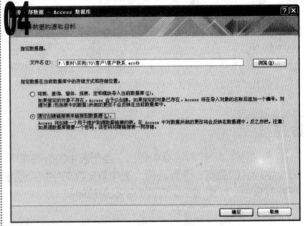

1 返回"获取外部数据－Access 数据库"对话框,在"指定数据在当前数据库中的存储方式和存储位置"栏中选中"通过创建链接表来链接到数据源"单选按钮。
2 单击"确定"按钮打开该数据库。

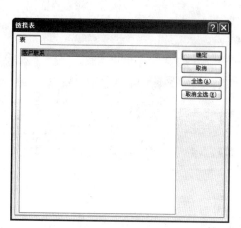

1 在打开的"链接表"对话框的"表"列表框中选择"客户联系"选项，单击"确定"按钮完成链接表操作。

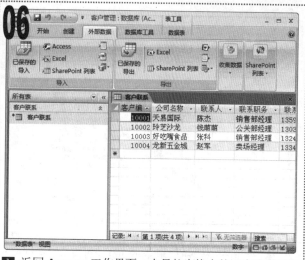

1 返回 Access 工作界面，在导航窗格中的"客户联系"组的"客户联系"表前面有一个 ⊞ 图标，这表示链接的是一个 Access 表，双击"客户联系"表即可显示链接表中的数据。

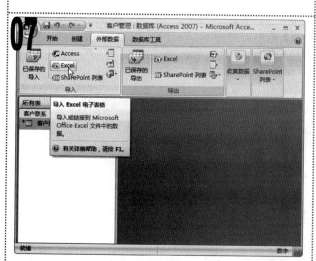

1 关闭"客户联系"表。
2 在"外部数据"选项卡的"导入"组中单击"Excel"按钮。

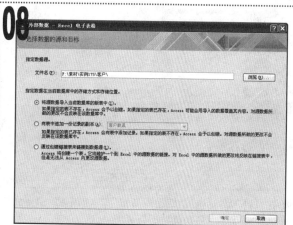

1 在打开的"获取外部数据－Excel 电子表格"对话框中单击"浏览"按钮。

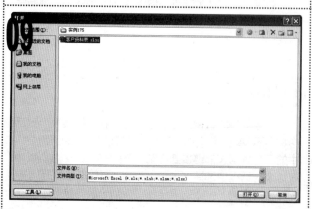

1 在打开的"打开"对话框的"查找范围"下拉列表框中选择文件的保存路径，在中间的列表框中选择要打开的 Excel 表格，这里选择"客户资料表.xlsx"工作簿。
2 单击"打开"按钮打开该工作表。

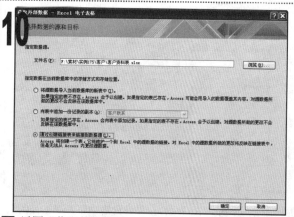

1 返回"获取外部数据－Excel 电子表格"对话框，选中"通过创建链接表来链接到数据源"单选按钮，单击"确定"按钮。

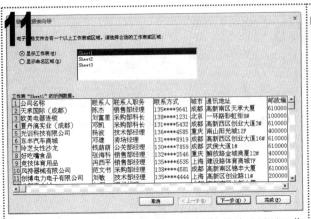

1 在打开的"链接数据表向导"对话框中选中"显示工作表"单选按钮，在右侧的列表框中显示各个工作表的名称。选择需要链接的工作表的名称即可在该对话框下方显示出该工作表中的所有数据，这里保持默认设置。

2 单击"下一步"按钮。

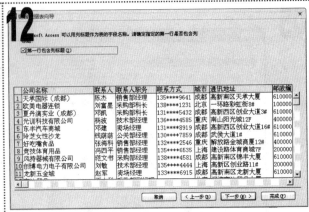

1 在打开的对话框中可以设置是否将工作表中的第一行设置为列标题，这里选中"第一行包含列标题"复选框，将第一行设置为数据表的列标题，这样 Access 可用列标题作为链接表的字段名称。

2 单击"下一步"按钮。

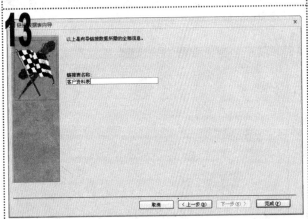

1 在打开的对话框的"链接表名称"文本框中将"Sheet1"文本修改为"客户资料表"文本。

2 单击"完成"按钮。

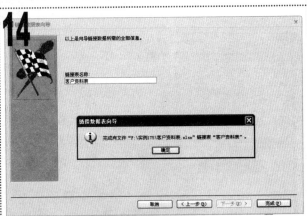

1 Access 按照设置创建链接表，创建成功后，Access 会打开如上图所示的提示对话框，单击"确定"按钮完成 Excel 表格的链接。

知识提示

链接外部数据主要包括链接其他的 Access 数据库、Excel 表格、HTML 网页文档以及文本文档等，其操作方法都是相似的。

1 返回 Access 工作界面，在导航窗格中可看到链接的"客户资料表"工作表，双击该链接工作表的名称即可显示其中的数据，至此完成本例的制作。

知识延伸

如果其他的数据库中有多张表，在"链接表"对话框中将显示 Access 数据库中所有的数据表，如果需要将其中的所有数据表都链接到当前打开的 Access 数据库中，在这个对话框中选择多张数据表后，再单击"确定"按钮，即可将选择的多张数据表全部链接到当前的数据库中。

实例171　编辑"员工通信录"数据库

素材:\实例171\员工通信录\
源文件:\实例171\员工通信录\

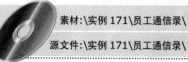

包含知识
- 数据的导入
- 数据的导出

重点难点
- 数据的导入
- 数据的导出

制作思路

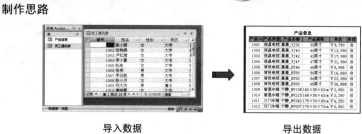

导入数据　　　　　　　　　　导出数据

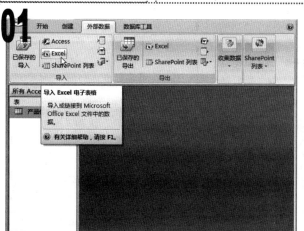

1 启动 Access 2007，打开"员工通信录"素材，单击"外部数据"选项卡，在"导入"组中单击"Excel"按钮。

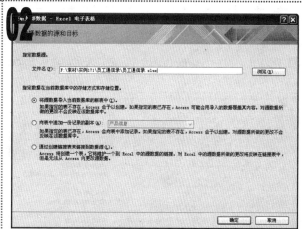

1 在打开的"获取外部数据－Excel 电子表格"对话框中单击"浏览"按钮，在打开的对话框中选择要导入的工作簿，返回对话框，选中"将源数据导入当前数据库的新表中"单选按钮，单击"确定"按钮。

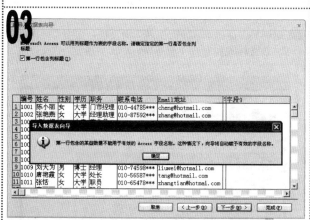

1 在打开的对话框中选中"显示工作表"单选按钮，显示整个工作表中的数据，单击"下一步"按钮。

2 在打开的向导对话框中选中"第一行包含列标题"复选框，将 Excel 电子表格中第一行包含的列标题作为字段名，在打开的如上图所示的提示对话框中单击"确定"按钮，单击"下一步"按钮。

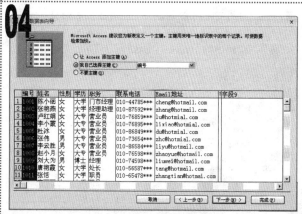

1 在打开的对话框中可以对字段数据的类型及字段名称等进行修改，这里保持默认设置，单击"下一步"按钮。

2 在打开的对话框中即可为表添加主键，这里选中"我自己选择主键"单选按钮，在其后的下拉列表框中选择"编号"选项，将该字段设置为数据表的主键，单击"下一步"按钮。

05

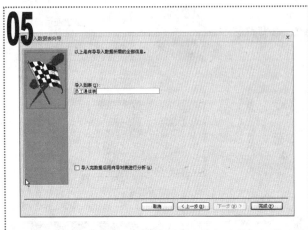

1. 在打开的对话框的"导入到表"文本框中输入"员工通信录"文本，单击"完成"按钮。

2. 在打开的提示对话框中单击"确定"按钮，确认 Excel 表导入完成。

06

1. 返回 Access 工作界面，在导航窗格中双击"员工通信表"表对象将导入的 Excel 表打开。

07

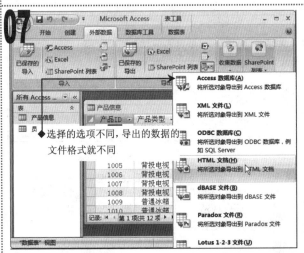

1. 关闭"员工通信表"数据表，打开"产品信息"表，在"外部数据"选项卡的"导出"组中单击"其他"按钮，在弹出的下拉菜单中选择"HTML 文档"选项。

08

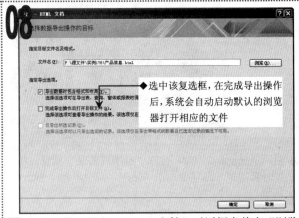

选中该复选框，在完成导出操作后，系统会自动启动默认的浏览器打开相应的文件

1. 在打开的"导出－HTML 文档"对话框中单击"浏览"按钮，在打开的"保存文件"对话框中设置文件的保存位置，单击"保存"按钮。

2. 返回到"导出－HTML 文档"对话框，选中"导出数据时包含格式和布局"复选框，单击"确定"按钮。

09

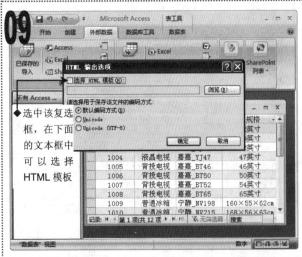

选中该复选框，在下面的文本框中可以选择 HTML 模板

1. 在打开的"HTML 输出选项"对话框中选中"默认编码方式"单选按钮，单击"确定"按钮。

10

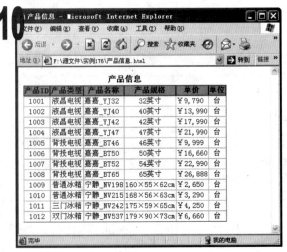

1. 找到导出的文件，双击该文件将其打开，其效果如上图所示，至此完成本例的制作。

实例172　创建订单统计查询

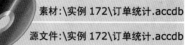

素材:\实例 172\订单统计.accdb
源文件:\实例 172\订单统计.accdb

包含知识
- 创建查询
- 分组总计查询
- 设置查询字段属性

重点难点
- 创建查询
- 分组总计查询
- 设置查询字段属性

制作思路

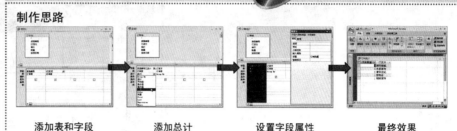

添加表和字段　　添加总计　　设置字段属性　　最终效果

1 启动 Access 2007,打开"订单统计"素材,单击"创建"选项卡,在"其他"组中单击"新建对象:查询"按钮。

1 在打开的"显示表"对话框的"表"选项卡中选择"订单表"选项,单击"添加"按钮将其添加到查询设计视图中,单击"关闭"按钮关闭该对话框。

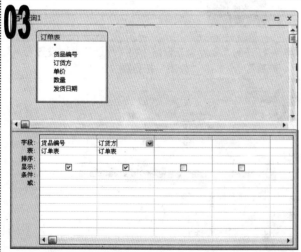

1 在查询设计视图下方的窗格中单击第一个"字段"下拉列表框右侧的下拉按钮,在弹出的下拉列表中选择"货品编号"选项。
2 用相同的方法选择"订货方"选项,如上图所示。

1 在"查询工具 设计"选项卡的"显示/隐藏"组中单击"汇总"按钮,在查询设计视图下方的窗格中自动添加一个"总计"行。

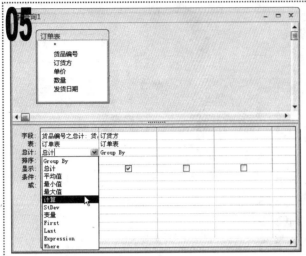

1 单击"货品编号"字段对应的"总计"文本框，使其变为下拉列表框，在其中选择"计算"选项。

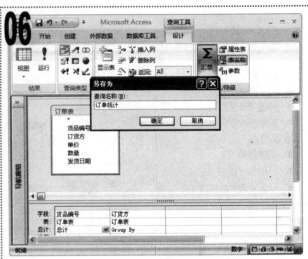

1 在快速访问工具栏中单击"保存"按钮■，在打开的"另存为"对话框的"查询名称"文本框中输入"订单统计"，单击"确定"按钮保存创建的查询。

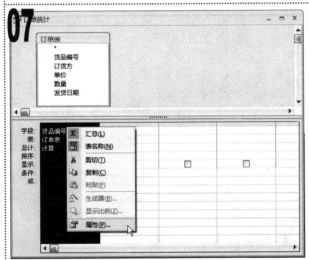

1 选择"货品编号"列，单击鼠标右键，在弹出的快捷菜单中选择"属性"选项。

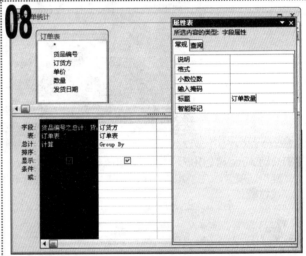

1 在打开的"属性表"窗格中将"标题"属性设置为"订单数量"，单击"关闭"按钮■关闭该窗格。

1 在"查询工具 设计"选项卡的"结果"组中单击"运行"按钮。

1 返回 Access 工作界面即可查看到创建的查询，其最终效果如上图所示，至此完成本例的制作。

百练成精

实例173　创建销售数量查询

素材:\实例 173\药品销售统计.accdb
源文件:\实例 173\药品销售统计.accdb

包含知识

- 创建 SQL 查询
- 生成表查询

重点难点

- 创建 SQL 查询
- 生成表查询

制作思路

| 输入 SQL 语句 | 生成表 | 最终效果 |

■ 启动 Access 2007,打开"药品销售统计"素材,单击"创建"选项卡,在"其他"组中单击"新建对象: 查询"按钮 🖳,在打开的"显示表"对话框中单击"关闭"按钮关闭该对话框。

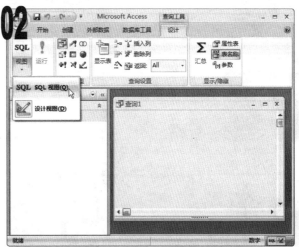

■ 在"查询工具 设计"选项卡的"结果"组中单击"视图"按钮下方的下拉按钮,在弹出的下拉列表中选择"SQL 视图"选项。

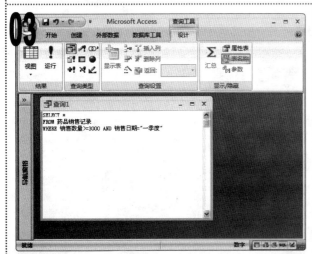

■ 在打开的 SQL 视图中输入如上图所示的 SQL 语句。

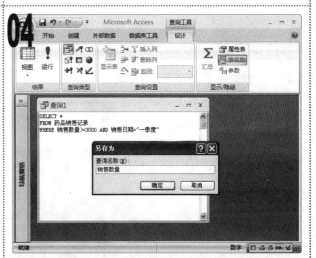

■ 在快速访问工具栏中单击"保存"按钮 🔚,在打开的"另存为"对话框的"查询名称"文本框中输入"销售数量", 单击"确定"按钮保存创建的查询。

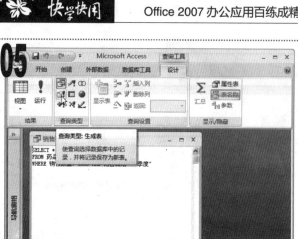

1 在"查询工具 设计"选项卡中单击"查询类型"组中的"生成表"按钮。

1 在打开的"生成表"对话框的"表名称"下拉列表框中输入"药品销售数量"，单击"确定"按钮。

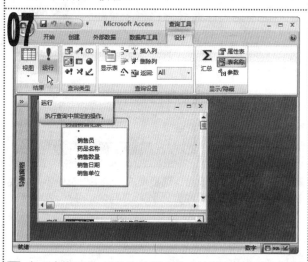

1 在"查询工具 设计"选项卡的"结果"组中单击"运行"按钮。

1 在打开的提示对话框中提示是否将符合条件的 5 条记录添加到指定的表中，单击"是"按钮。

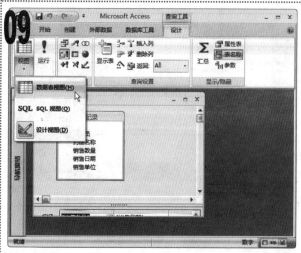

1 在"视图"组中单击"视图"按钮下方的下拉按钮，在弹出的下拉列表中选择"数据表视图"选项。

1 系统自动切换到数据表视图，其效果如上图所示，至此完成本例的制作。

实例174　为"考勤管理"数据库创建窗体

素材:\实例 174\考勤管理.accdb
源文件:\实例 174\考勤管理.accdb

包含知识
- 根据向导创建窗体
- 创建空白向导

重点难点
- 根据向导创建窗体
- 创建空白向导

制作思路

创建考勤统计窗体

创建员工信息窗体

1 启动 Access 2007,打开"考勤管理"素材,在"创建"选项卡的"窗体"组中单击"其他窗体"按钮，在弹出的下拉菜单中选择"窗体向导"选项。

1 在打开的"窗体向导"对话框的"可用字段"列表框中选择需要的字段,单击 按钮将其添加到"选定字段"列表框中,单击"下一步"按钮。

1 在打开的"请确定窗体使用的布局"对话框中设置窗体数据的布局格式,这里选中"纵栏表"单选按钮,单击"下一步"按钮。

1 在打开的"请确定所用样式"对话框的样式列表框中选择"市镇"样式,单击"下一步"按钮。

1 在打开的"请为窗体指定标题"对话框中输入"考勤统计窗体"文本，单击"完成"按钮完成窗体的创建。

1 系统自动在窗体视图中打开创建的窗体，效果如上图所示。

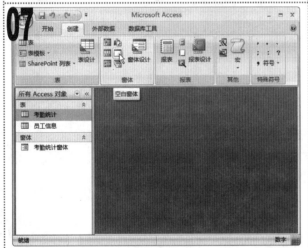

1 关闭"考勤统计窗体"，在"创建"选项卡的"窗体"组中单击"空白窗体"按钮□。

1 系统自动创建一个名为"窗体1"的空白窗体，在"字段列表"窗格中展开"员工信息"表，选择"员工证件号"字段，按住鼠标左键不放，将其拖动到空白窗体中。

1 用相同的方法将其他字段添加到空白窗体中，效果如上图所示。

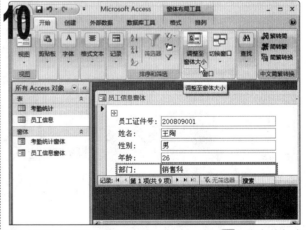

1 在快速访问工具栏中单击"保存"按钮█，将窗体保存为"员工信息窗体"，单击"开始"选项卡，在"窗口"组中单击"调整至窗体大小"按钮调整窗体的大小，至此完成本例的制作。

实例175　创建用户登录窗体

素材:\实例 175\背景.jpg
源文件:\实例 175\图书管理系统.accdb

包含知识
- 在设计视图中创建窗体
- 设置控件属性

重点难点
- 在设计视图中创建窗体
- 设置控件属性

制作思路

新建窗体并添加控件　　　添加其他控件　　　设置背景图片

1️⃣ 新建"图书管理系统"数据库,单击"创建"选项卡,在"窗体"组中单击"窗体设计"按钮。

2️⃣ 在"窗体设计工具 设计"选项卡的"控件"组中单击"标签"按钮 Aa。

1️⃣ 在"窗体1"的设计视图的"主体"区域中拖动鼠标绘制一个标签控件,在添加的标签控件中输入"用户登录"文本。

1️⃣ 单击"文本框"按钮 abl,在"窗体 1"的设计视图的"主体"区域中绘制一个文本框。

2️⃣ 在打开的"文本框向导"对话框中设置文本框中文本的字体格式,这里保持默认设置,单击"下一步"按钮。

1️⃣ 在打开的输入法设置模式对话框中保持默认设置,直接单击"下一步"按钮。

2️⃣ 在打开的为文本框设置名称对话框中输入"用户名"文本,单击"完成"按钮。

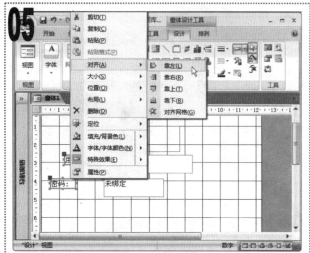

1 用相同的方法创建一个"密码"文本框控件,按住 Shift 键选择这两个控件,单击鼠标右键,在弹出的快捷菜单中选择"对齐-靠左"选项。

1 通过按键盘上的方向键和用鼠标拖动的方法调整文本框控件的位置,在"控件"组中单击"按钮"按钮█,在设计视图的"主体"区域中拖动鼠标绘制一个按钮控件,在打开的对话框中单击"下一步"按钮。

1 在打开的对话框中选中"文本"单选按钮,在文本框中输入"登录"文本,单击"完成"按钮创建一个按钮。

1 在"工具"组中单击"属性表"按钮█,在打开的"属性表"窗格的下拉列表框中选择"窗体"选项,在"全部"选项卡的"图片"文本框后单击██按钮。

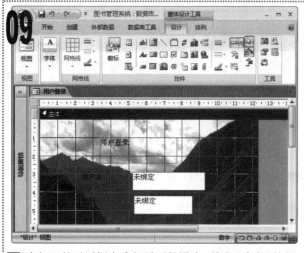

1 在打开的对话框中选择需要的图片,单击"确定"按钮,返回设计视图,并将窗体保存为"用户登录"。

1 将窗体切换到窗体视图,效果如上图所示,至此完成本例的制作。

实例176　创建交易报表

素材:\实例 176\财务\
源文件:\实例 176\财务.accdb

包含知识
- 创建报表
- 设置报表外观

重点难点
- 创建报表
- 设置报表外观

制作思路

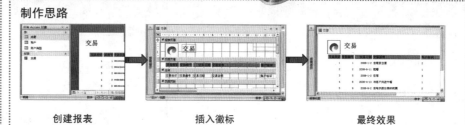

创建报表　　　　插入徽标　　　　最终效果

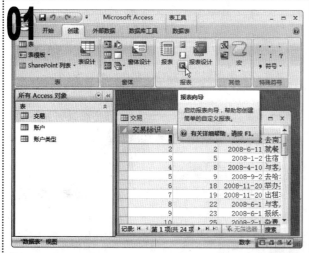

■ 启动 Access 2007，打开"财务"素材，在导航窗格中双击"交易"表对象将其打开，单击"创建"选项卡，在"报表"组中单击"报表向导"按钮█。

■ 在打开的"报表向导"对话框中单击▣按钮，将"可用字段"列表框中的所有字段添加到"选定字段"列表框中，单击"下一步"按钮。

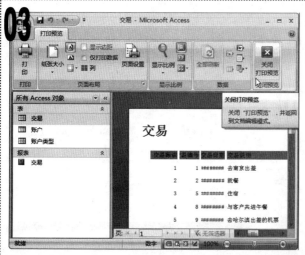

■ 在打开的对话框中单击"完成"按钮完成报表的创建，系统自动打开"交易"报表的打印预览视图，在其中可以预览创建的"交易"报表。
② 在"打印预览"选项卡的"关闭预览"组中单击"关闭打印预览"按钮█，关闭打印预览视图。

■ 系统自动切换到"交易"报表的设计视图，在"报表设计工具 设计"选项卡的"控件"组中单击"徽标"按钮█。

1 在打开的"插入图片"对话框的"查找范围"下拉列表框中选择图片的保存路径,在中间的列表框中选择"标志.gif"图片。

2 单击"确定"按钮插入图片。

1 返回报表的设计视图,调整插入的标志与标题的位置,并在"页面页眉"区域中调整字段的宽度。

1 在"报表设计工具 设计"选项卡的"控件"组中单击"日期和时间"按钮。

1 在打开的"日期和时间"对话框中选中如上图所示的复选框和单选按钮,单击"确定"按钮。

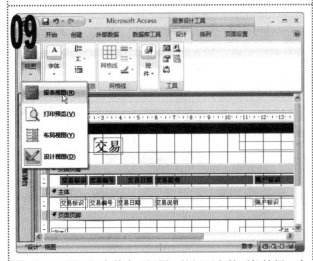

1 在"视图"组中单击"视图"按钮下方的下拉按钮,在弹出的下拉列表中选择"报表视图"选项。

1 在报表视图中查看到的效果如上图所示,保存修改过的报表,至此完成本例的制作。

实例177　创建员工档案报表

素材:\实例177\人自资源管理系统.accdb

源文件:\实例177\人自资源管理系统.accdb

包含知识
- 创建报表
- 设置报表标题

重点难点
- 创建报表
- 设置报表标题

制作思路

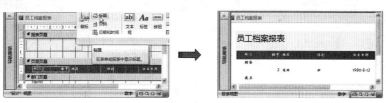

创建报表并设置标题　　　　　　最终效果

1 打开"人力资源管理系统"素材,单击"创建"选项卡,在"报表"组中单击"报表向导"按钮。

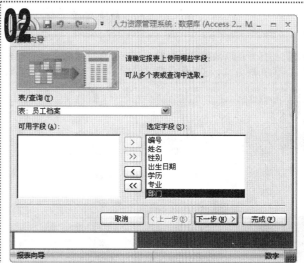

1 在打开的"报表向导"对话框中单击按钮,将"可用字段"列表框中的所有字段添加到"选定字段"列表框中,单击"下一步"按钮。

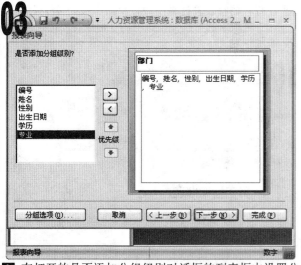

1 在打开的是否添加分组级别对话框的列表框中设置分组字段,这里选择"部门"字段,单击按钮将其添加到右侧的列表框中,单击"下一步"按钮。

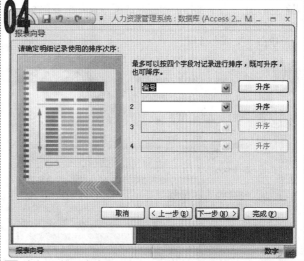

1 在打开的"请确定明细记录使用的排序次序"对话框的下拉列表框中选择"编号"选项,单击"下一步"按钮。

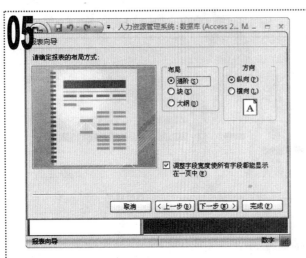

■ 在打开的"请确定报表的布局方式"对话框中设置报表的布局方式，这里保持默认设置，单击"下一步"按钮。

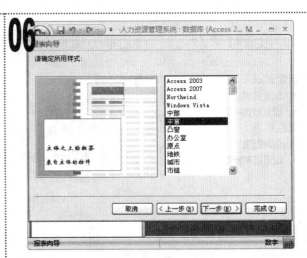

■ 在打开的"请确定所用样式"对话框中设置报表的样式，这里选择"丰富"选项，单击"下一步"按钮。

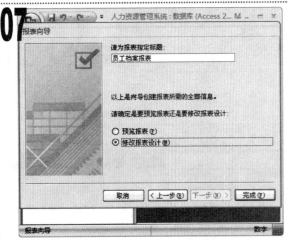

■ 在打开的为报表指定标题对话框中设置报表的标题为"员工档案报表"，选中"修改报表设计"单选按钮，单击"完成"按钮。

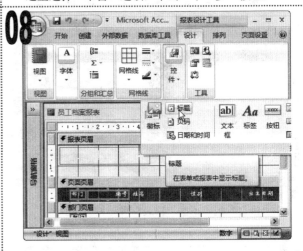

■ 在打开的报表设计视图中，单击"报表设计工具 设计"选项卡的"控件"组中的"标题"按钮，为报表添加标题。

■ 在"视图"组中单击"视图"按钮下方的下拉按钮，在弹出的下拉列表中选择"报表视图"选项。

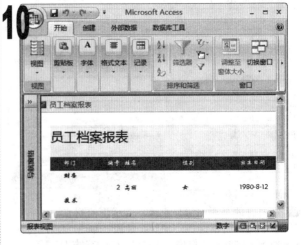

■ 系统自动切换到报表视图，保存修改过的报表，至此完成本例的制作。

第 14 章

使用 Outlook 收发邮件

实例 180 发送促销计划邮件

实例 181 阅读收到的邮件

实例 178 添加 FuHaigongsi 账户

实例 182 回复和转发邮件

实例 186 创建会议提醒

实例 188 制订 RSS

14

实例 184 创建联系人

实例 179 撰写与编辑客户回访邮件

实例 183 处理垃圾邮件

Outlook 2007 主要为用户提供电子邮件的收发服务，其中包括"收件箱"、"日历"、"联系人"和"任务"等一系列工具，可以帮助用户收发电子邮件、记录任务和管理日程等，从而有效地提高工作效率。

素材:无
源文件:无

实例178　添加 FuHaigongsi 账户

包含知识 ■ 添加邮件账户

1 选择"开始-所有程序-Microsoft Office-Microsoft Office Outlook 2007"选项，启动 Outlook 2007。

1 在打开的对话框中直接单击"下一步"按钮，打开"电子邮件账户"对话框，单击"下一步"按钮。
2 在打开的"选择电子邮件服务"对话框中直接单击"下一步"按钮。

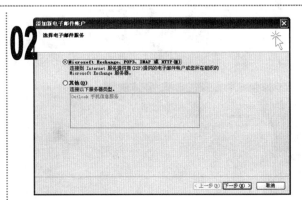

1 在打开的"自动账户设置"对话框中选中"手动配置服务器设置或其他类型服务器类型"复选框，单击"下一步"按钮。
2 在打开的"Internet 电子邮件设置"对话框中按如图所示进行设置，完成后单击"其他设置"按钮。

1 在打开的对话框中单击"发送服务器"选项卡，在其中按如图所示进行设置。
2 完成后单击"确定"按钮。

◆这里提示测试是否成功

1 在返回的对话框中单击"测试账户设置"按钮。
2 Outlook 2007 将对设置的邮件接收与发送服务器进行测试。
3 测试完成后单击"关闭"按钮。

1 在返回的"Internet 电子邮件设置"对话框中单击"下一步"按钮。
2 在打开的对话框中将提示已成功设置邮箱账户，单击"完成"按钮完成设置。

实例179　撰写与编辑客户回访邮件

素材:无
源文件:无

| 包含知识 | ■ 撰写邮件　■ 编辑邮件 |

01 启动 Outlook 2007，选择"文件-新建-邮件"选项。

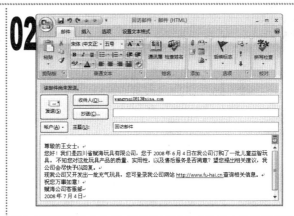

02
1 在打开的"未命名-邮件"窗口中"收件人"按钮右侧的文本框中输入收件人的电子邮箱地址。
2 在"主题"文本框中输入邮件主题，在邮件编辑区中输入邮件的内容。

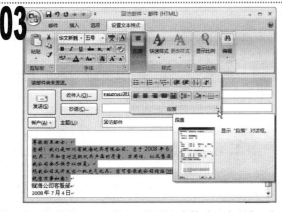

03
1 选择邮件的正文，单击"设置文本格式"选项卡，在"字体"组的"字体"下拉列表框中选择"华文新魏"选项，在"字号"下拉列表框中选择"五号"选项。
2 在"段落"组中单击"对话框启动器"按钮 。

04
1 在打开的"段落"对话框的"缩进和间距"选项卡中设置特殊格式为"首行缩进"，缩进磅值为"2 字符"，完成后单击"确定"按钮。

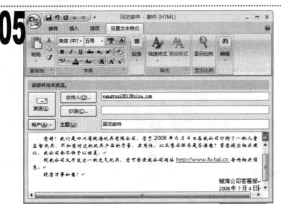

05
1 返回工作界面，选择最后两段文本，在"段落"组中单击"文本右对齐"按钮 ，使其居右侧显示，至此完成本例的制作，其效果如图所示。

知识提示

邮件窗口中的"选项"选项卡用于对邮件进行高级设置，在其中的"主题"组中可设置邮件的页面颜色、字体和效果等；通过"域"组可设置显示或隐藏"密件抄送"栏或"发件人"栏；通过"格式"组可设置邮件的编码方式；"跟踪"组用于收集收件人对该邮件的意见。

实例180　　发送促销计划邮件

素材:无
源文件:无

| 包含知识 | ■ 添加附件　■ 发送邮件 |

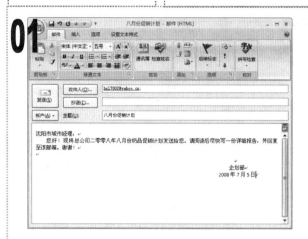

1 启动 Outlook 2007，选择"文件-新建-邮件"选项。
2 在打开的窗口中输入收件人的邮箱地址与邮件内容。

1 单击"邮件"选项卡，在"添加"组中单击"附加文件"按钮。

1 在打开的"插入文件"对话框的"查找范围"下拉列表框中选择文件的保存位置。
2 在中间的列表框中选择要发送的文件。
3 单击"插入"按钮。

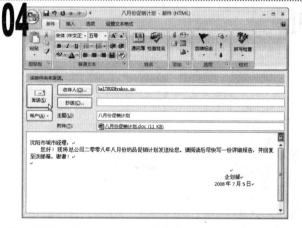

1 返回到邮件窗口，出现"附件"文本框，且要发送的文件作为附件写入其中，单击"发送"按钮。

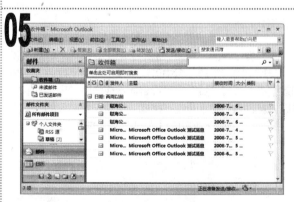

1 系统将返回 Outlook 的主窗口，并在窗口下方显示正在完成发送/接收邮件的信息，其效果如上图所示。

知识提示

在 Outlook 中，除了可在"设置文本格式"选项卡中对邮件正文的格式进行编辑外，在"邮件"选项卡的"普通文本"组中也可对其格式进行编辑，只是其功能相对于"设置文本格式"选项卡要弱一些。

此外，在邮件中还能插入图片、表格、图表及形状等对象，只需单击"插入"选项卡，在"表格"或"插图"组中单击相应的按钮，按照在 Word 中插入对象的方法进行操作即可。

实例181　阅读收到的邮件

包含知识　　■ 接收电子邮件　■ 阅读邮件　■ 下载邮件附件

素材:无
源文件:无

01
1 启动 Outlook 后，它将自动从网站中收取电子邮件，并在状态栏中显示发送/接收状态。

02
1 接收到的新邮件将放在"收件箱"中，在邮件窗口的"收件箱"窗格中单击想要阅读的邮件"qq"，邮件内容将显示在右侧的窗格中。

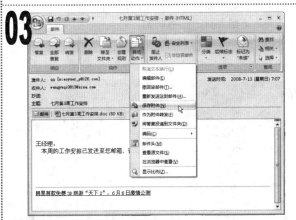

03
1 双击该邮件，打开"邮件"窗口。
2 阅读邮件后单击"动作"组中的"其他动作"按钮。
3 在弹出的下拉菜单中选择"保存附件"选项。

04
1 打开"保存附件"对话框，在"保存位置"下拉列表框中选择附件的保存位置为"E:\工作安排"。
2 单击"保存"按钮。
3 在电脑中该位置处打开保存的附件即可进行查看。

知识提示

如果在已启动 Outlook 的情况下接收邮件，可以选择"工具-发送和接收-全部发送和接收"选项，打开"Outlook 发送/接收进度"对话框，其中将显示接收进度。

注意提示

Outlook 2007 可以配置多个账户，但一次只能打开一个账户。在发送和接收邮件时，如果选择"工具-发送和接收-全部发送和接收"选项，将会为所有账户进行邮件接收，否则就需要选择账户进行邮件接收，如下图所示。

实例182　回复和转发邮件

素材:无
源文件:无

包含知识	■ 回复邮件　■ 转发邮件

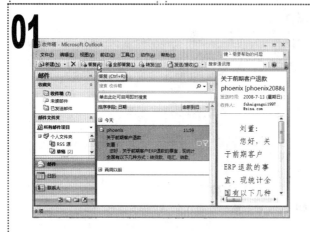

1 在 Outlook 中查看需要回复的邮件。
2 在工具栏中单击"答复"按钮。

1 在打开的答复窗口中，已自动添加了收件人地址及邮件主题。在邮件编辑区中显示了原邮件的内容，在原邮件内容上方输入回复内容即可。
2 单击"发送"按钮，将邮件发送给回复对象。

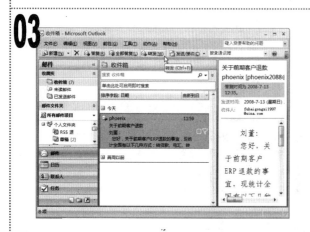

1 返回 Outlook 窗口中，单击工具栏中的"转发"按钮。

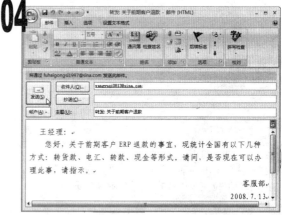

1 打开转发窗口，在"收件人"文本框中输入要转发到的邮箱地址。
2 在窗口下方的邮件编辑区中对邮件内容进行修改。
3 单击"发送"按钮将其转发出去。

知识提示

　　如果一封邮件被发送给多人，那么单击 Outlook 工具栏中的"全部答复"按钮后，系统将在打开的答复窗口中自动添加该邮件发送者及所有收件人的邮箱地址。

注意提示

　　如果要转发添加有附件的邮件，在邮件内容中最好说明该邮件中包含有附件，否则对方有可能为了防止接收到病毒文件而不接收该附件。

实例183　　处理垃圾邮件

素材:无
源文件:无

| 包含知识 | ■　删除邮件　　■　设置垃圾邮件处理选项 |

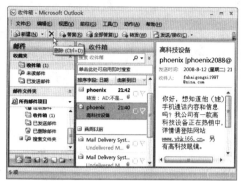

01

1 在 Outlook 窗口中查看邮件,在中间的邮件列表中选择需删除的邮件。

2 单击工具栏中的"删除"按钮 ✗,将其删除到垃圾箱中。

02

1 在邮件窗口的"邮件文件夹"窗格中选择"已删除邮件"选项,在中间窗格与右侧窗格中将显示已删除的邮件与其内容。

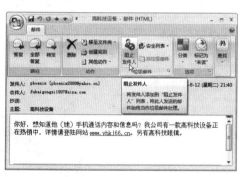

03

1 在中间窗格中双击名称为"高科技设备"的邮件,打开其阅读窗口。

2 在"垃圾邮件"组中单击"阻止发件人"按钮。

04

1 在打开的提示对话框中单击"确定"按钮。

2 返回 Outlook 窗口,选择"工具-选项"选项。

3 打开"选项"对话框,在"首选参数"选项卡中单击"垃圾电子邮件"按钮。

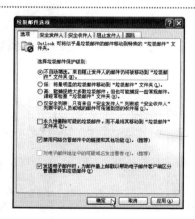

05

1 在打开的"垃圾邮件选项"对话框的"选项"选项卡中选中"不自动筛选。来自阻止发件人的邮件仍将被移动到'垃圾邮件'文件夹"单选按钮。

2 连续单击两次"确定"按钮应用设置。

知识延伸

　　如果信任某个发件人,可将其设置为安全发件人,其方法是:打开一封由该发件人发送的邮件,然后在"邮件"选项卡的"垃圾邮件"组中单击"安全列表"按钮,在弹出的下拉菜单中选择"将发件人添加到'安全发件人名单'"选项,在打开的对话框中单击"确定"按钮即可。

实例184　创建联系人

素材:无
源文件:无

包含知识　　　■ 创建联系人

1 在 Outlook 窗口的工具栏中单击"新建"按钮右侧的 ▼ 按钮，在弹出的下拉菜单中选择"联系人"选项。

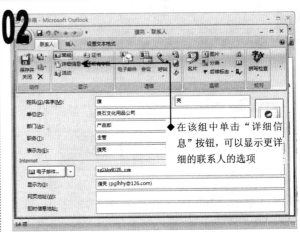

◆ 在该组中单击"详细信息"按钮，可以显示更详细的联系人的选项

1 在打开的"联系人"窗口中分别输入如图所示的联系人姓名、单位、部门、职务和电子邮箱地址等个人信息。

1 在"联系人"窗口下面的部分输入联系人的电话号码和地址等信息。

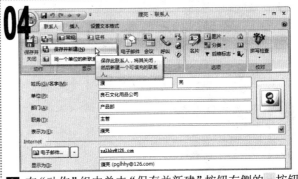

1 在"动作"组中单击"保存并新建"按钮右侧的 ▼ 按钮，在弹出的下拉菜单中选择"保存并新建"选项。

1 系统将打开一个新的联系人窗口，在其中填写其他联系人的个人信息。

2 完成后单击"动作"组中的"保存并关闭"按钮，保存设置并关闭窗口。

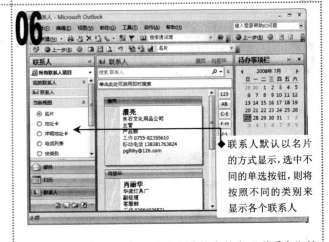

◆ 联系人默认以名片的方式显示，选中不同的单选按钮，则将按照不同的类别来显示各个联系人

1 返回 Outlook 窗口，在左侧窗格中单击"联系人"按钮，在中间的窗格中查看输入的联系人信息，各联系人将以名片的方式显示出来。

实例185　发送参加展会邀请信

素材:无
源文件:无

包含知识	■ 调用联系人　■ 抄送与密件抄送

01

1 新建一个邮件窗口，在其中输入电子邮件的主题"邀请您参加展会"与如图所示的邮件内容。
2 单击"收件人"按钮。

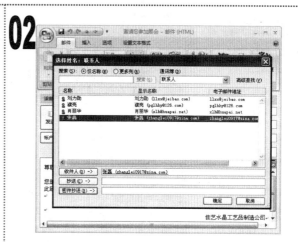

02

1 在打开的"选择姓名：联系人"对话框中选择列表框中的联系人"张磊"。
2 单击"收件人"按钮将该联系人的电子邮箱地址添加到该按钮右侧的文本框中。

03

1 选择联系人"刘力勋"，单击对话框下方的"密件抄送"按钮，将其电子邮箱地址添加到右侧的文本框中。
2 选择联系人"肖丽华"，单击"密件抄送"按钮。
3 单击"确定"按钮。

04

1 返回到邮件窗口中，可以发现在"密件抄送"文本框中增加了两个联系人的邮箱地址，并自动用分号隔开。
2 单击"发送"按钮，向所选联系人发送邀请信。

知识提示

　　"抄送"是指可以输入两个以上接收该邮件的收件人地址，在电子邮箱地址之间需要用英文的分号";"隔开。
　　"密件抄送"是指将某个收件人的名称添加到其中，将邮件的副本发送给此收件人，但其他收件人看不到此收件人的名称。

举一反三

　　试着将亲朋好友创建为联系人，在"联系人"窗口中输入姓名、单位、职务、电话号码以及家庭住址等信息，然后通过调用联系人信息的方法，向所有人抄送一封问候的电子邮件。

实例186　创建会议提醒

包含知识	■ 创建会议或约会提醒

■ 在 Outlook 2007 窗口中选择"文件-新建-会议要求"选项。

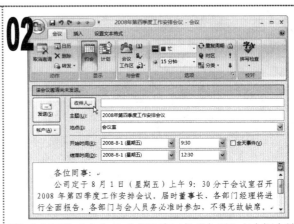

■ 在打开的"未命名-会议"窗口的"主题"文本框中输入会议主题"2008年第四季度工作安排会议",在"地点"文本框中输入"会议室"文本,在"开始时间"和"结束时间"下拉列表框中分别选择相应的时间,在邮件编辑区中输入会议提醒的内容。

2 单击"收件人"按钮。

■ 在打开的"选择与会者及资源:联系人"对话框中按住 Ctrl 键在中间的列表框中选择多个联系人。

2 单击"必选"按钮,单击"确定"按钮。

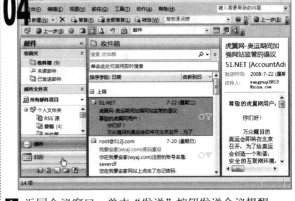

■ 返回会议窗口,单击"发送"按钮发送会议提醒。

2 返回 Outlook 工作界面,在左侧窗格中单击"日历"按钮。

■ 打开"日历"窗口,在右侧窗格中单击"天"选项卡。

2 在左侧窗格的日历中选择"2008年8月1日"选项,在右侧窗格中便能查看到该会议信息了。

知识提示

　　创建会议是为了提醒其他人员在某一时间需要做某件事情,而创建约会主要是为了提醒自己在某一时间需要做某件事情,其创建方法相似。创建的约会和会议要求还会在"待办事项列表"窗格中显示,并提前一段时间发出声音提示。

实例187   发布与分配工作任务

素材:\实例 187\tixing.wav
源文件:无

包含知识   ■ 发布任务   ■ 分配任务

01

1 启动 Outlook 2007,选择"文件-新建-任务"选项。

2 打开任务窗口,在"主题"文本框中输入任务主题,在"开始日期"和"截止日期"下拉列表框中分别选择任务的开始日期和截止日期。

3 在"状态"下拉列表框中选择任务的状态,这里保持默认设置,在"优先级"下拉列表框中选择"高"选项,选中"提醒"复选框,在其后的下拉列表框中设置提醒任务的时间。

02

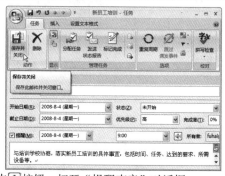

1 单击 🔊 按钮,打开"提醒声音"对话框。

2 单击"浏览"按钮,在打开的对话框中选择素材文件夹中的"tixing.wav"文件,单击"打开"按钮将其添加到"提醒声音"对话框中。

3 在"提醒声音"对话框中单击"确定"按钮确认任务提醒声音的设置。

4 返回任务窗口,在其下的邮件编辑区中输入任务内容,单击"保存并关闭"按钮。

03

1 返回 Outlook 工作界面,在左侧窗格中单击"邮件"按钮,在其中的"邮件文件夹"窗格中单击"个人文件夹"选项。

2 在右侧的"个人文件夹"窗格中对任务信息进行查看。

3 单击"采买办公用品"超链接。

04

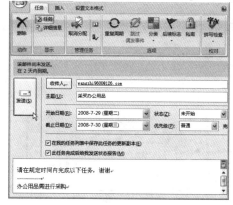

1 在打开的"采买办公用品-任务"窗口的"任务"选项卡的"管理任务"组中单击"分配任务"按钮 。

2 在"收件人"文本框中输入接受任务用户的邮箱地址,这里输入"wangzhi9600@126.com"。

3 在邮件编辑区中输入如图所示的任务要求,单击"发送"按钮发送任务。

知识提示

当收到含有任务要求的邮件后,有 3 种选择:接受、拒绝和重新指派。其中"接受"表示用户成为任务的所有者,将执行该任务;"拒绝"表示用户拒绝接受此任务,可说明拒绝任务的原因,并和任务一起返回给发送者;"重新指派"表示将该任务分配给其他人。

知识延伸

对于自己完成的任务,完成后可标记为完成,并向项目经理发送状态报告汇报工作情况;对于安排其他人完成的任务,可要求他标记为完成后在自己的副本中更新,并向自己发送状态报告。将需要做的事情创建成约会或任务后,日历会自动将该时段设置为忙,可提醒用户不再安排其他事务。创建的约会和会议要求都会在日历中显示,并提前一段时间发出声音提示。

实例188　制订 RSS

素材:无
源文件:无

包含知识
- 制订 RSS
- 设置 RSS
- 查看 RSS

重点难点
- 制订 RSS
- 设置 RSS

制作思路

新建 RSS 源　　输入 RSS 源位置　　设置 RSS 源　　查看 RSS 源

01

1 启动 Outlook 2007，选择"工具-账户设置"选项。

02

1 在打开的"账户设置"对话框中单击"RSS 源"选项卡。
2 在工具栏中单击"新建"按钮。

03

◆ 使用 RSS 不用提供姓名、
　 电子邮箱地址，不用注册

1 打开"新建 RSS 源"对话框，在文本框中输入要订阅的 RSS 地址"http://www.ftchinese.com/sc/rss_s.jsp?t=g&n=sod"。
2 单击"添加"按钮。

04

1 在打开的"RSS 源选项"对话框的"常规"栏的"源名称"文本框中输入名称"每日英语"。
2 在"下载"栏中选中"将整篇文章作为每个邮件的.html 附件下载"复选框。
3 在"送达位置"栏中单击"更改文件夹"按钮。

知识延伸

　　RSS 的全称是 Really Simple Syndication，中文意思是真正简单的联合发布系统。订阅者只需将新闻、博客一类的网站添加到 RSS 后，它便自动收集这些网站的文章更新。RSS 是基于文本的格式，它是 XML（可扩展标记语言）的一种形式。RSS files(通常也被称为 RSS feeds 或者 channels)通常只包含简单的项目列表。

知识提示

　　在人们已经习惯通过搜索引擎来获取新闻资讯的今天，一种全新的资讯传播方式已经开始流行。只要仔细观察一些门户网站，其中都有一些标记为"XML"或"RSS"的橙色图标，说明可以进行 RSS 订阅。RSS 本身是免费的，如果用户制订了付费内容，将会收到缴费通知。

05

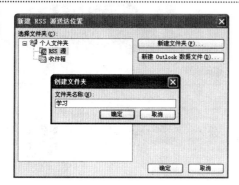

1　在打开的"新建 RSS 源送达位置"对话框的"选择文件夹"列表框中选择"RSS 源"选项。

2　单击"创建文件夹"按钮,打开"创建文件夹"对话框。

3　在"文件夹名称"文本框中输入"学习"文本。

4　连续单击 3 次"确定"按钮。

06

1　返回"账户设置"对话框,制订的 RSS 源已添加至其列表框中,单击"关闭"按钮。

07

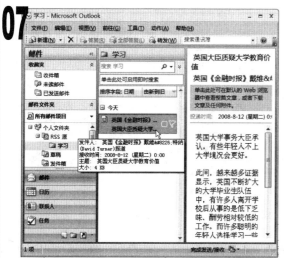

1　返回 Outlook 界面,Outlook 开始自动接收 RSS 信息。在"邮件文件夹"窗格中选择"RSS 源"文件夹中的"学习"文件夹。

2　在中间的窗格中可看到收取到的 RSS 信息,双击第一条新闻。

08

1　在打开的 RSS 文章窗口中显示该新闻的主要内容,单击"查看文章"超链接。

2　稍后将打开相应的网页,即可阅读新闻。

知识延伸

　　当订阅了某个 RSS 源后,Outlook 会在该 RSS 发行商的服务器上定期检查更新公告。RSS 发行商通过设置限制,来帮助管理其服务器上的需求。有的发行商会严格执行这些限制,例如下面的更新就限制为 1 小时。

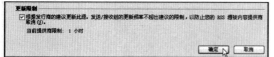

知识延伸

　　通过向他人发送带有 RSS 源配置信息链接的电子邮件,可以与他人共享自己所喜爱的 RSS 源。为了共享多个 RSS 源,Microsoft Office Outlook 2007 支持".opml"文件格式,此格式用于在能够组织和显示 RSS 源的程序间交换 RSS 源订阅信息集合,这些程序称为 RSS 聚合器。Outlook 2007 含有 RSS 聚合器功能,因此如果要与他人共享 RSS 源集合,首先要将它导出到一个扩展名为".opml"格式的 XML 文件中,然后将该文件作为电子邮件附件发送给他人,也可以将该".opml"文件复制到双方均可访问的网络共享文件夹中。

实例189　　打印日程表

素材:无

源文件:无

包含知识　　■ 创建约会　　■ 创建任务　　■ 打印日程表

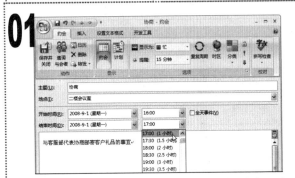

1 启动 Outlook 2007，选择"文件-新建-约会"选项。

2 打开约会窗口，在"主题"文本框中输入约会的主题，在"开始时间"和"结束时间"下拉列表框中分别选择约会的开始时间和结束时间，在其下的邮件编辑区中输入约会的详细内容。

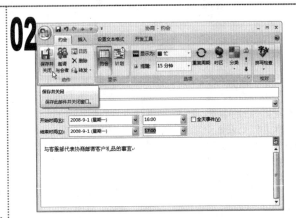

1 在"约会"选项卡的"动作"组中单击"保存并关闭"按钮，保存并关闭创建的约会。

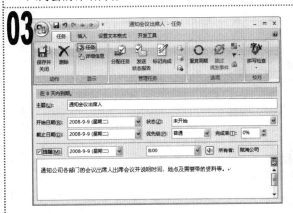

1 选择"文件-新建-任务"选项，打开任务窗口，按照相同的方法创建新任务。

2 输入相应内容后，选中"提醒"复选框，保持其后各下拉列表框中的默认设置。

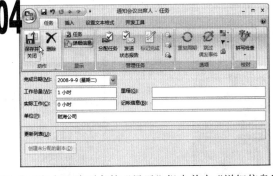

1 在"任务"选项卡的"显示"组中单击"详细信息"按钮，在打开窗口的"完成日期"下拉列表框中选择如图所示的日期，在"工作总量"文本框中输入"1 小时"文本，在"单位"文本框中输入公司名称，这里输入"赋海公司"文本。

2 单击"保存并关闭"按钮，保存并关闭创建的任务。

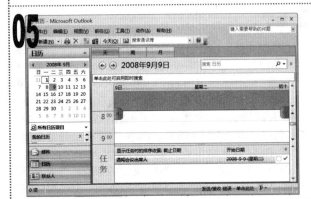

1 在 Outlook 2007 工作界面的左侧窗格中选择"日历"选项，选择需要打印的日程表的日期"2008 年 9 月 9 日"，选择"文件-打印预览"选项，对创建的日程进行打印预览。

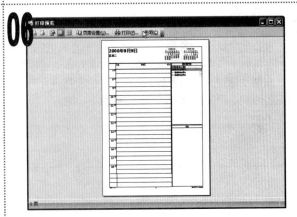

1 在打印预览状态下，查看其效果，确认无误后，即可单击"打印"按钮打印出该日程表。

第 15 章

Word 办公综合应用

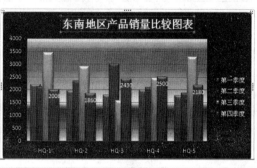
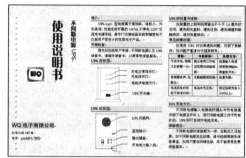

实例 190　制作应聘人员登记表

实例 192　制作业务宣传单

实例 191　制作通知公文

实例 194　制作产品销售图表

实例 193　制作传真页面模板

实例 196　制作精简的员工手册

15

实例 195　制作产品说明书

Word 在办公方面的应用主要分为行政文书和商务文档两大方面。本章将综合前面学习的知识点，详细讲解 7 个综合实例的制作方法，让大家通过实例巩固知识点的同时学会各种办公文档的制作方法。

实例190　制作应聘人员登记表

素材:无

源文件:\实例190\应聘人员登记表.docx

包含知识
- 插入表格
- 绘制列线
- 设置行高
- 删除行
- 设置对齐方式

重点难点
- 绘制列线

制作思路

输入文本并插入表格　　　为表格添加内容和列线　　　设置对齐方式

应用场所

应聘登记表是每个公司都需要制作的基本表格之一。

1 新建一个名为"应聘人员登记表"的空白文档，在文档编辑区中输入如上图所示的文本。

2 设置"应聘人员登记表"文本的格式为"宋体、三号、居中、加粗"，其他文本保持默认的字体格式。

1 按 Enter 键换行，单击"插入"选项卡，在"表格"组中单击"表格"按钮，在弹出的下拉菜单中选择"插入表格"选项。

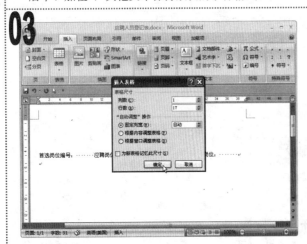

1 在打开的"插入表格"对话框的"表格尺寸"栏的"列数"数值框中输入数值"1"，在"行数"数值框中输入数值"17"，单击"确定"按钮。

1 在文本插入点处插入一个 1 列 17 行的表格，表格左、右边线超出了页边距。分别单击表格左、右边线，按住鼠标左键的同时按住 Alt 键往页面中心拖动边线，直到边线压在页边距符号上，如上图所示。

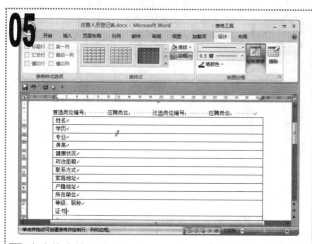

1 在表格中输入如图所示的文本,单击"表格工具 设计"选项卡,在"绘图边框"组中单击"绘制表格"按钮,移动鼠标光标到文档编辑区中,鼠标光标变成 ⧄ 形状。

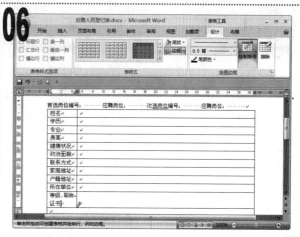

1 移动鼠标光标到"姓名"文本后,按住鼠标左键不放并向下拖动,直到"等级、职称、证书"文本后,释放鼠标绘制出一条列线。

1 在表格中输入登记表中的其他文本,并在相应的位置绘制列线。

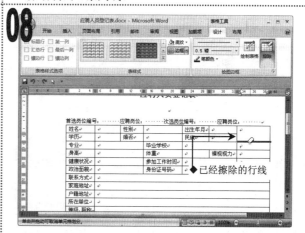

1 单击"表格工具 设计"选项卡,在"绘图边框"组中单击"擦除"按钮,在如上图所示的行线处单击鼠标,擦除两条行线。

1 在"等级、职称、证书"下面的连续 5 行中分别输入"工作经历"、"个人特长"、"家庭成员"、"历来奖惩情况"和"特别提示"文本。

2 选择这 5 行,单击"表格工具 布局"选项卡,在"单元格大小"组的"高度"数值框中输入"3.7 厘米",设置这 5 行的行高。

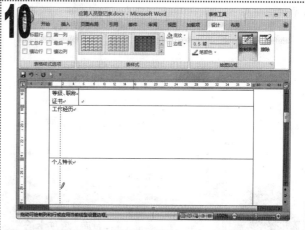

1 单击"表格工具 设计"选项卡,在"绘图边框"组中单击"绘制表格"按钮,移动鼠标光标到如上图所示的位置处,按住鼠标左键不放并向下拖动,出现一条虚线。

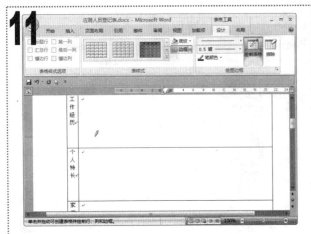

1　释放鼠标，为这5行绘制出一条列线，由于距离太窄，文本自动竖排。

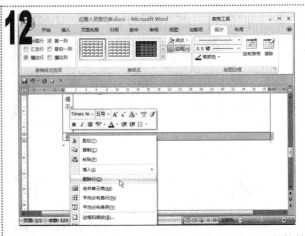

1　选择表格最下面的空行，单击鼠标右键，在弹出的快捷菜单中选择"删除行"选项，删除空行。

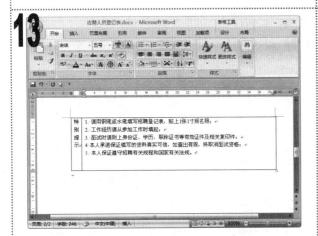

1　在"特别提示"单元格后面的单元格中输入如上图所示的文本。

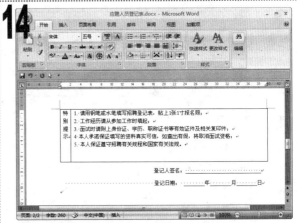

1　在表格外面输入"登记人签名"等文本，通过"字体"组中的U按钮输入线条。

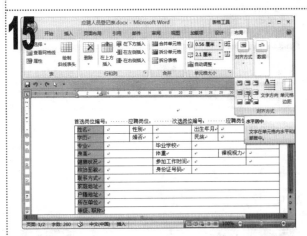

1　选择第一列单元格，在"表格工具 布局"选项卡的"对齐方式"组中单击"水平居中"按钮，使文本在表格的单元格中居中显示。

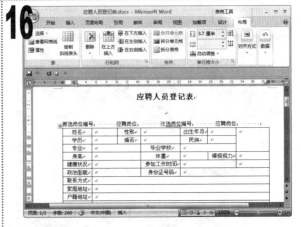

1　用同样的方法设置表格中其他文本在表格的单元格中居中显示，按Ctrl+S组合键保存文档。

素材:\实例 191\内容.docx

源文件:\实例 191\通知.docx

实例191　　制作通知公文

包含知识

- 插入特殊符号
- 绘制直线
- 复制粘贴文本
- 创建编号

重点难点

- 创建编号
- 重新编号

应用场所

通知公文是一种规范的应用文，应用非常广泛。

制作思路

输入文本并设置文本格式　　　粘贴文本内容　　　完成后的效果

1 新建一个名为"通知"的空白文档，输入"20080016"和"有效期五年"文本，如图所示，设置文本格式为"黑体、三号"，将文本插入点定位到"有效期"和"五年"文本之间。

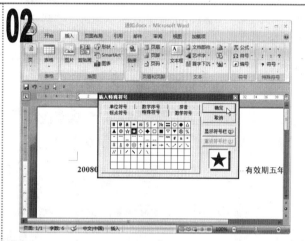

1 单击"插入"选项卡，在"特殊符号"组中单击"符号"按钮，在弹出的下拉菜单中选择"更多"选项，打开"插入特殊符号"对话框。

2 单击"特殊符号"选项卡，在中间的列表框中选择★符号，单击"确定"按钮。

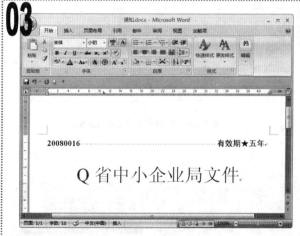

1 星形符号插入到文本中，将文本插入点定位到"五年"文本后，按 Enter 键换行。

2 输入"Q 省中小企业局文件"文本，设置文本格式为"宋体、小初、红色、居中"。

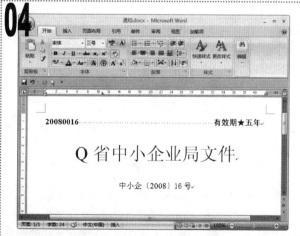

1 按 Enter 键换行，输入"中小企〔2008〕16 号"文本，设置文本格式为"宋体、三号、黑色、居中"。

1 单击"插入"选项卡，在"插图"组中单击"形状"按钮，在弹出的下拉菜单中选择"线条"栏中的直线，按住 Shift 键绘制一条水平直线。

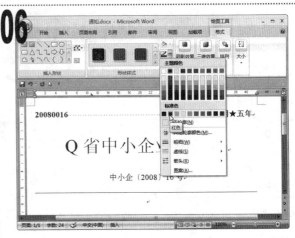

1 在"绘图工具 格式"选项卡的"形状样式"组中单击"形状轮廓"按钮 右侧的 按钮，在弹出的下拉菜单中选择"红色"选项，将线条设置成红色。

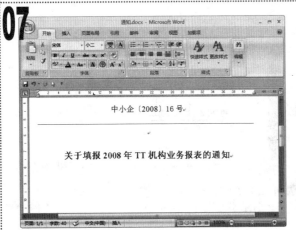

1 按两次 Enter 键，输入副标题"关于填报 2008 年 TT 机构业务报表的通知"，设置字体格式为"宋体、小二、加粗、居中"。

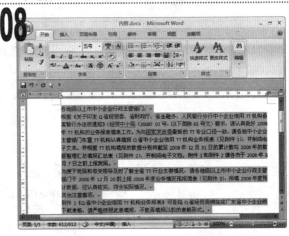

1 打开"内容"素材，按 Ctrl+A 组合键选择文档中的全部内容，按 Ctrl+C 组合键复制所选内容。

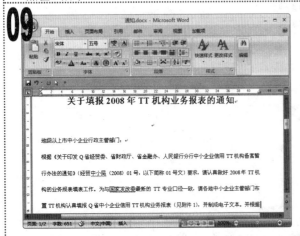

1 切换到"通知"文档中，按 Enter 键换行，按 Ctrl+V 组合键粘贴复制的内容。

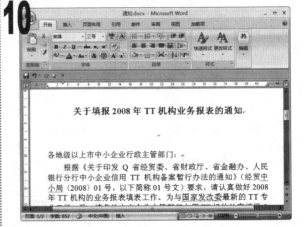

1 设置第 1 段文本的文本格式为"宋体、三号、文本左对齐、段前自动、行距固定值 20 磅"。

2 设置第 2 段、第 3 段以及"其他注意事项:"和"附件:"文本的字体格式为"宋体、三号、两端对齐、首行缩进两个字符、段前 5 磅、行距固定值 20 磅"。

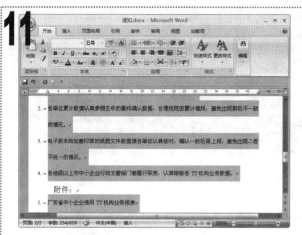

11 选择"其他注意事项："和"附件："文本下面的文本，单击"开始"选项卡，在"段落"组中单击"编号"按钮，选择的文本自动编号。

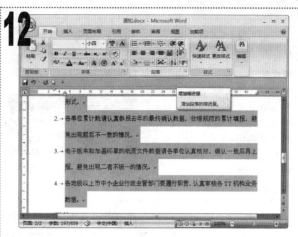

12 在"开始"选项卡的"段落"组中单击"增加缩进量"按钮两次，文本向后缩进两个字符。

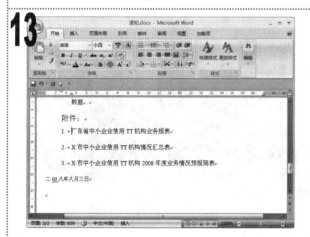

13 按 Esc 键，退出文本的选择状态。将文本插入点定位到"广东省中小企业信用 TT 机构业务报表"文本中，单击鼠标右键，在弹出的快捷菜单中选择"重新开始于 1"选项，让此处的文本重新从数字 1 开始编号。

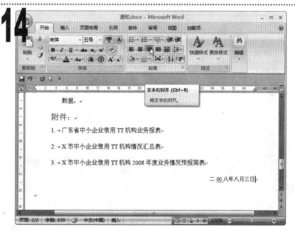

14 选择"二 00 八年八月三日"文本，单击"开始"选项卡，在"段落"组中单击"文本右对齐"按钮，使文本靠右对齐。

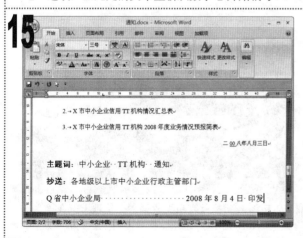

15 在文本"二 00 八年八月三日"的下一行输入如上图所示的文本，设置其字体格式为"宋体、三号、文本左对齐"，将"主题词："和"抄送："文本的字体修改为"黑体"，并加粗显示。

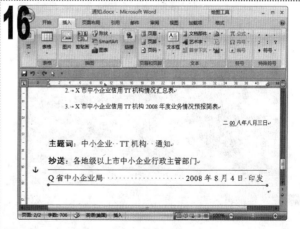

16 在最后两行文本下面绘制两条黑色的直线，按 Ctrl+S 组合键保存文档，完成本例的制作。

实例192　制作业务宣传单

素材:无

源文件:\实例192\业务宣传单.docx

包含知识
- 设置页面方向和背景颜色
- 添加艺术字
- 插入并美化表格
- 插入形状

重点难点
- 美化表格
- 插入形状

应用场所

制作思路

输入文本并添加艺术字　　→　　插入并美化表格　　→　　插入形状

通过业务宣传单，还可以制作出类似的产品宣传单、活动宣传单等多种媒体广告。

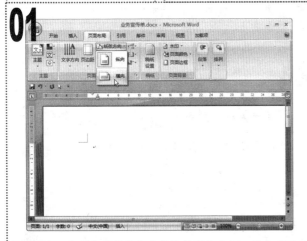

1 新建一个名为"业务宣传单"的空白文档，单击"页面布局"选项卡，在"页面设置"组中单击"纸张方向"按钮，在弹出的下拉列表中选择"横向"选项，将文档页面设置成横向。

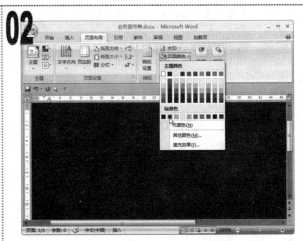

1 在"页面布局"选项卡的"页面背景"组中单击"页面颜色"按钮，在弹出的下拉菜单中选择"红色"选项，设置页面背景为红色。

1 在文档编辑区的文本插入点处输入"多又多 超级便宜"文本，设置文本格式为"方正大黑简体、二号"。

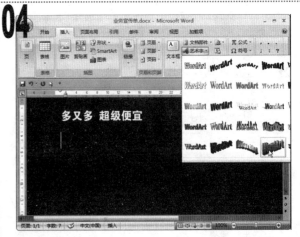

1 按 Enter 键换行，单击"插入"选项卡，在"文本"组中单击"艺术字"按钮，在弹出的下拉列表中选择"艺术字样式 28"选项。

1 在打开的"编辑艺术字文字"对话框的"文本"文本框中输入要添加的艺术字"赶快行动起来吧！"，在"字体"下拉列表框中选择"文鼎新艺体简"选项，单击"确定"按钮。

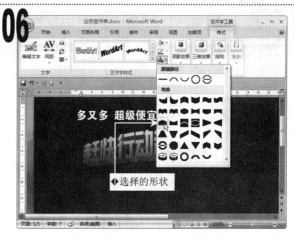

1 在"艺术字工具 格式"选项卡的"艺术字样式"组中单击"更改艺术字形状"按钮 ，在弹出的下拉列表中选择"山形"选项。

1 在"艺术字工具 格式"选项卡的"排列"组中单击"文字环绕"按钮，在弹出的下拉菜单中选择"浮于文字上方"选项。

1 用鼠标拖动文本"赶快行动起来吧！"到合适的位置。

1 单击"插入"选项卡，在"表格"组中单击"表格"按钮，在弹出的下拉菜单中选择最左侧的 8 个小方框，插入一个 2 列 4 行的表格。

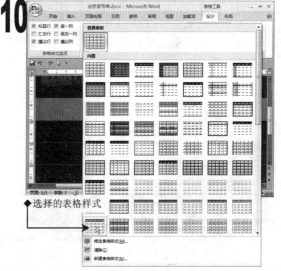

1 单击"表格工具 设计"选项卡，在"表样式"组的列表框中选择"浅色列表-强调文字颜色 6"选项。

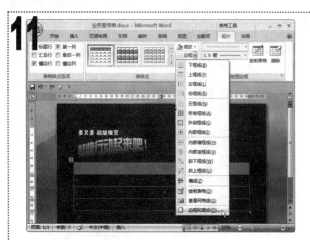

11 将文本插入点定位到表格中，在"表格工具 设计"选项卡的"表样式"组中单击"边框"按钮右侧的▪按钮，在弹出的下拉菜单中选择"边框和底纹"选项。

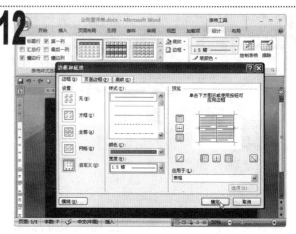

12 在打开的"边框和底纹"对话框的"宽度"下拉列表框中选择"1.5磅"选项，在右侧的"预览"栏的中间区域中单击所有的表格边框线，修改边框线的宽度，单击"确定"按钮。

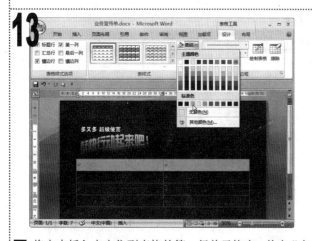

13 将文本插入点定位到表格的第一行单元格中，单击"底纹"按钮，在弹出的下拉菜单中选择"橙色"选项。

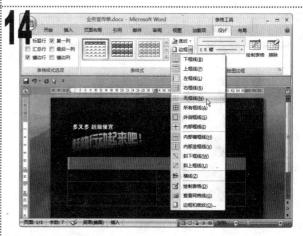

14 选择表格的第一行，单击"边框"按钮右侧的▪按钮，在弹出的下拉菜单中选择"无框线"选项，取消第一行单元格的框线。

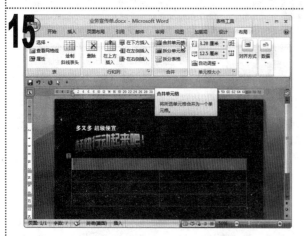

15 保持单元格的选择状态，单击"表格工具 布局"选项卡，在"合并"组中单击"合并单元格"按钮，将第一行中的两个单元格合并成一个单元格。

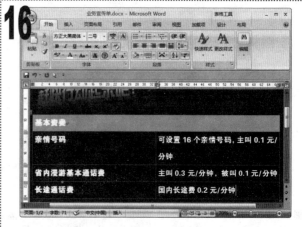

16 在表格中输入如上图所示的文本，设置其文本格式与"多又多 超级便宜"相同。

17

1 设置表格中第一行为居中对齐，选择表格中间的列线，按住鼠标不放并向左侧拖动，让文本显示在一行中。

18

1 单击"插入"选项卡的"插图"组中的"形状"按钮，在表格上方插入一个"爆炸形"形状。

19

1 在"绘图工具 格式"选项卡的"形状样式"组的列表框中选择"彩色轮廓-强调文字颜色 1"选项作为形状的样式。

20

1 在图形上单击鼠标右键，在弹出的快捷菜单中选择"添加文字"选项，在图形中出现文本插入点，输入"哇！"文本，设置其字体格式为"方正大黑简体、初号、红色"。

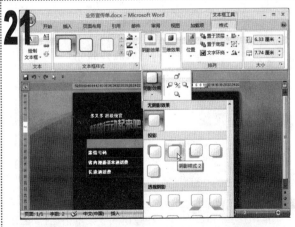

21

1 保持"爆炸形"形状的选择状态，在"文本框工具 格式"选项卡的"阴影效果"组中单击"阴影效果"按钮，在弹出的下拉菜单中选择"阴影样式 2"选项。

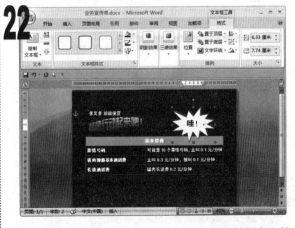

22

1 设置后的效果如图所示，按 Ctrl+S 组合键保存文档，完成本例的制作。

实例193　制作传真页面模板

素材:无

源文件:\实例193\传真页面.dotx

包含知识

- 插入形状并设置样式
- 插入剪贴画
- 输入下划线
- 将文档保存为模板

重点难点

- 插入剪贴画
- 将文档保存为模板

应用场所

制作思路

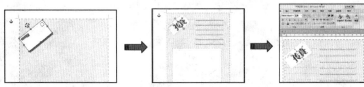

插入形状和剪贴画 ➡ 插入艺术字、输入下划线 ➡ 保存为模板

企业可以设计有特色的传真页面，这样能给人留下深刻的印象。

1 新建一个空白文档，在"插入"选项卡的"插图"组中单击"形状"按钮，在弹出的下拉菜单中选择"折角形"形状。

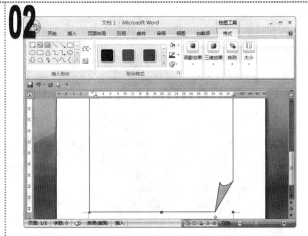

1 在文档编辑区中拖动鼠标绘制一个折角形，其大小与页面大小相同（不超过页边距）。

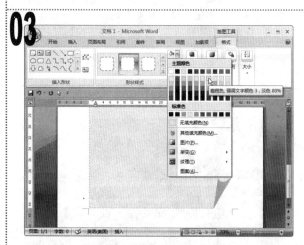

1 在"绘图工具 格式"选项卡的"形状样式"组的列表框中选择"虚线轮廓-强调文字颜色3"选项。

2 单击"形状填充"按钮 👆 右侧的 ▾ 按钮，在弹出的下拉菜单中选择"橄榄色，强调文字颜色3，淡色80%"选项，为折角形设置填充色。

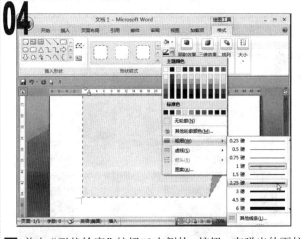

1 单击"形状轮廓"按钮 ☑ 右侧的 ▾ 按钮，在弹出的下拉菜单中选择"粗细"选项，在弹出的子菜单中选择"2.25磅"选项，修改折角形的边线粗细。

05
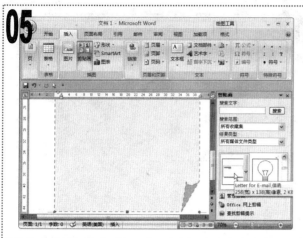

1　单击"插入"选项卡，在"插图"组中单击"剪贴画"按钮，在窗口右侧自动打开"剪贴画"任务窗格，单击"搜索"按钮搜索出 Word 自带的剪贴画。
2　在窗格下部的列表框中找到并选择一种信函样式的剪贴画。

06
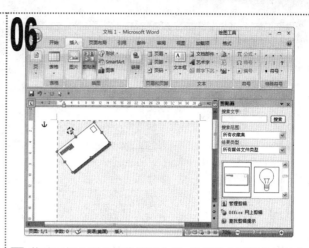

1　剪贴画插入到文档编辑区中后，将其移动到折角形的左上角位置，并适当缩小和旋转该剪贴画，如上图所示。

07
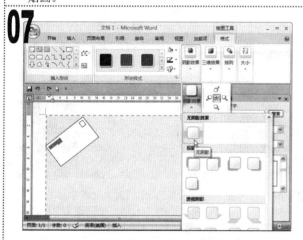

1　保持剪贴画的选择状态，单击"绘图工具 格式"选项卡，在"阴影效果"组中单击"阴影效果"按钮，在弹出的下拉菜单中选择"无阴影效果"栏中的"无阴影"选项，取消剪贴画的阴影。

08
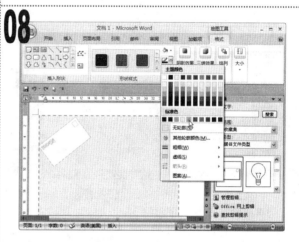

1　单击"形状轮廓"按钮 ✎ 右侧的 ▾ 按钮，在弹出的下拉菜单中选择"绿色"选项，设置剪贴画的轮廓颜色。

09
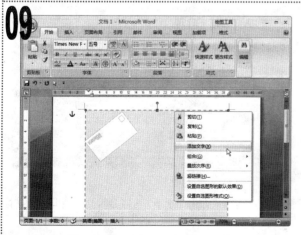

1　选择折角形，在其上单击鼠标右键，在弹出的快捷菜单中选择"添加文字"选项。

10
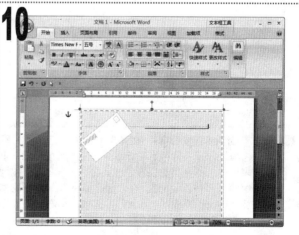

1　按 3 次 Enter 键，再按空格键数次至页面中心位置，单击"下划线"按钮 U，通过按空格键输入一条横线。

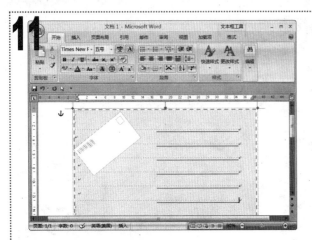

11 用相同的方法，隔行输入一条横线，总共 6 条，如图所示。

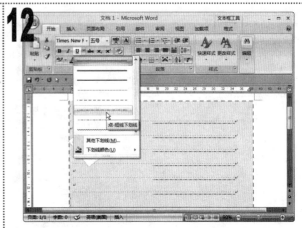

12 选择横线，单击"下划线"按钮 U 右侧的 · 按钮，在弹出的下拉菜单中选择"点-短线下划线"选项。

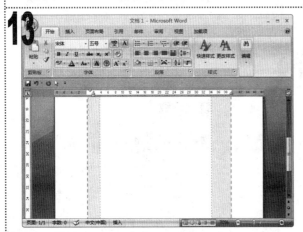

13 在折角形下方绘制一个矩形形状，并设置其形状样式为"虚线轮廓-强调文字颜色 3"。

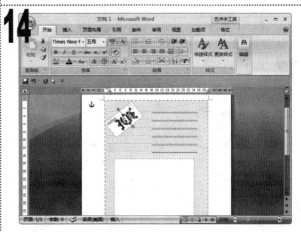

14 插入一个文本为"传真"、样式为"艺术字样式 8"、字体为"方正粗倩简体"的艺术字，并设置为"浮于文字上方"，然后将其移动到信封剪贴画上，并旋转角度。

15 单击"Office"按钮，在弹出的菜单中选择"另存为"选项，打开"另存为"对话框，在"保存位置"下拉列表框中选择文档的保存位置，在"文本名"下拉列表框中输入"传真页面"，在"保存类型"下拉列表框中选择"Word 模板（*.dotx）"选项，单击"保存"按钮，将文档保存为模板。

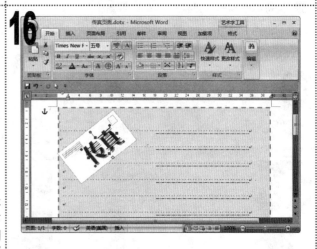

16 保存后的效果如上图所示，文档名称及后缀名出现在标题栏中，至此完成本例的制作。

实例194　　制作产品销售图表

素材:无

源文件:\实例 194\销售图表.docx

包含知识
- 利用公式计算数据
- 插入图表
- 美化图表

重点难点
- 插入图表
- 美化图表

制作思路

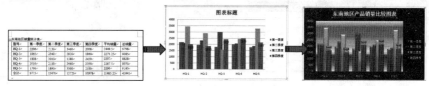

插入表格并利用公式计算数据　　插入图表并让其数据关联起来　　美化图表

应用场所

销售图表是数据图表化的体现，对财务管理人员非常适用。

1 新建一个名为"销售图表"的空白文档，在文本插入点处输入"东南地区销量统计表"文本。

2 按 Enter 键换行，单击"插入"选项卡，在"表格"组中单击"表格"按钮，在弹出的下拉菜单中选择最左侧的 49 个小方格，插入一个 7 行 7 列的表格。

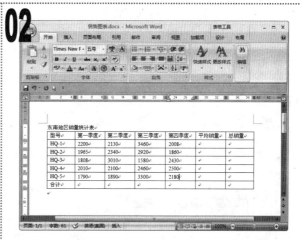

1 在表格的相应单元格中输入表头文本以及本年 4 个季度的销售数据。

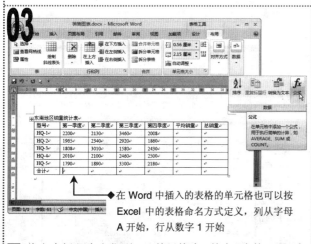

◆ 在 Word 中插入的表格的单元格也可以按 Excel 中的表格命名方式定义，列从字母 A 开始，行从数字 1 开始

1 将文本插入点定位到 B7 单元格中，单击"表格工具 布局"选项卡，在"数据"组中单击"公式"按钮。

1 在打开的"公式"对话框的"公式"文本框中修改公式为"=SUM(B2:B6)"，表示对 B2:B6 单元格区域中的数据进行求和计算，单击"确定"按钮。

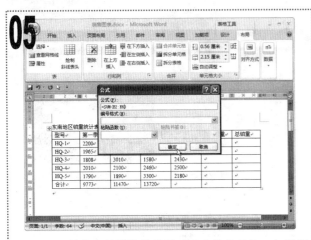

1 使用同样的方法计算其他需要求和的单元格，如图所示，在 E7 单元格中进行求和计算，在"公式"对话框的"公式"文本框中修改公式为"=SUM(E2:E6)"，单击"确定"按钮。

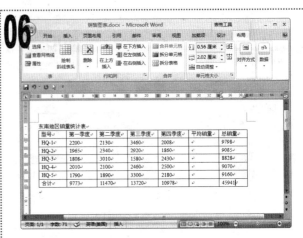

1 使用同样的方法对"总销量"列中的数据也进行求和计算，结果如上图所示。

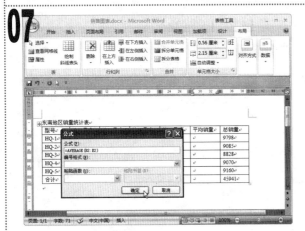

1 将文本插入点定位到 F2 单元格中，打开"公式"对话框，在"公式"文本框中删除除"="外的所有内容，在"粘贴函数"下拉列表框中选择"AVERAGE"选项，再在"公式"栏中的括号中输入"B2:E2"，单击"确定"按钮。

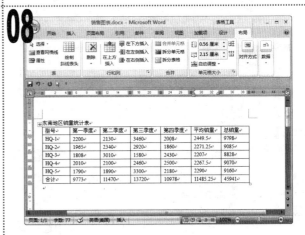

1 使用同样的方法计算"平均销量"列各单元格中的数据。

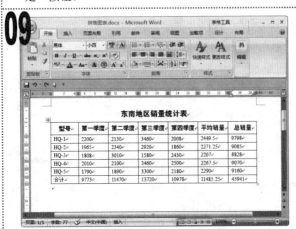

1 设置表名文本的格式为"方正大黑简体、小三、居中"，设置表头文本的格式为"黑体、小四、居中"，并适当调整第一行的行高。

1 将文本插入点定位到表格的下一行，单击"插入"选项卡，在"插图"组中单击"图表"按钮，打开"插入图表"对话框，保持默认设置，单击"确定"按钮。

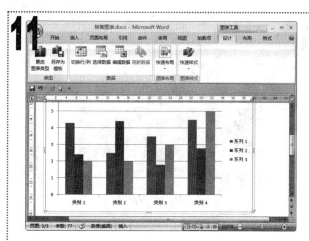

11 在文档编辑区中插入柱形图图表，此时图表和表格没有任何关系。

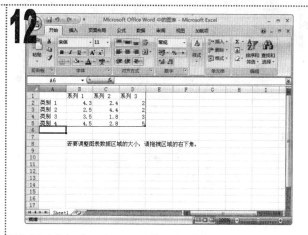

12 同时会打开一个 Excel 数据表，其中的现有数据也没有意义。

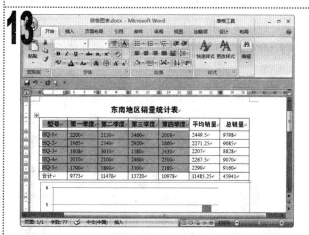

13 在表格中选择 A1:E6 单元格区域，按 Ctrl+C 组合键复制该单元格区域。

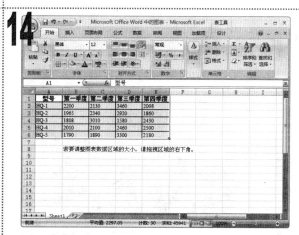

14 在 Excel 数据表中，拖动区域右下角的 ┘ 图标，让数据区域增加一行和一列。

2 选择 A1:E6 单元格区域，按 Ctrl+V 组合键将 Word 中的表格内容粘贴到 Excel 中。

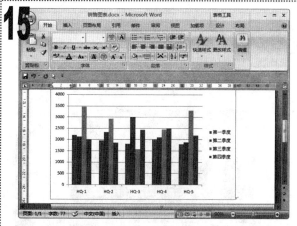

15 粘贴表格内容后，与步骤 "11" 比较，Word 的表格中的数据和图表关联起来了。

16 单击 "图表工具 设计" 选项卡，在 "图表布局" 组中单击 "快速布局" 按钮，在弹出的下拉列表中选择 "布局 10" 选项，使图表重新排列。

17

1 在图表的"图表标题"文本框中单击鼠标，修改"图表标题"文本为"东南地区产品销量比较图表"文本。

18

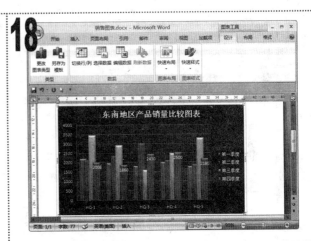

1 在"图表工具 设计"选项卡的"图表样式"组中单击"快速样式"按钮，在弹出的下拉列表中选择"样式42"选项，图表变成黑色背景的样式。

19

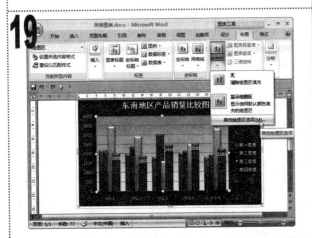

1 单击"图表工具 布局"选项卡，在"背景"组中单击"绘图区"按钮，在弹出的下拉菜单中选择"其他绘图区选项"选项。

20

1 在打开的"设置绘图区格式"对话框的"填充"栏中选中"渐变填充"单选按钮，单击"预设颜色"按钮，在弹出的下拉列表中选择"金色年华Ⅱ"选项，单击"关闭"按钮。

21

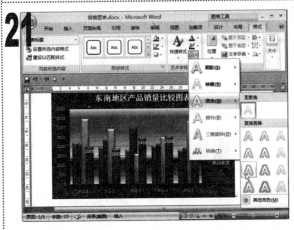

1 选择图表标题文字，单击"图表工具 格式"选项卡，在"艺术字样式"组中单击"文本效果"按钮，在弹出的下拉菜单中选择"发光"选项，在弹出的子菜单中选择"强调文字颜色1，11pt发光"选项。

22

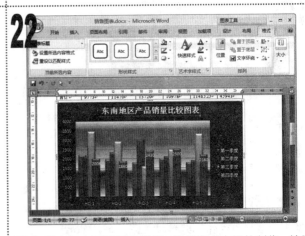

1 标题文本应用设置的效果，最终完成本例的制作，效果如上图所示。

实例195　　制作产品说明书

素材:\实例 195\图片\

源文件:\实例 195\产品说明书.docx

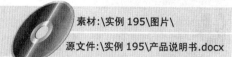

包含知识
- 页面分栏
- 插入标注形状
- 设置页面背景
- 预览并打印文档

重点难点
- 页面分栏
- 设置页面背景

制作思路

输入说明书内容并设置格式　　插入标注形状和表格　　打印文档

应用场所

产品说明书是介绍产品最好的书面表达方式，应用在商业产品的各个领域。

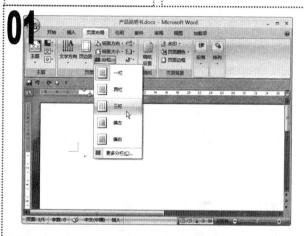

1 新建一个名为"产品说明书"的空白文档，单击"页面布局"选项卡，在"页面设置"组中单击"纸张方向"按钮，在弹出的下拉列表中选择"横向"选项，将页面设置为横向。

2 单击"分栏"按钮，在弹出的下拉菜单中选择"三栏"选项，将页面分为 3 栏。

1 按数次 Enter 键换行，在文档编辑区上方绘制一个垂直文本框，设置为无填充色、无轮廓，在其中输入两行文本。设置"不间断电源 UPS"文本的格式为"方正粗倩简体（英文字体为 Arial）、三号"，"使用说明书"文本的格式为"方正粗倩简体、小初"。

1 定位文本插入点到文本框下面，单击"插入"选项卡，在"插图"组中单击"图片"按钮，在打开的对话框中选择要插入的图片"公司标志.gif"，单击"插入"按钮。

2 在"图片工具 格式"选项卡的"排列"组中单击"文字环绕"按钮，在弹出的下拉菜单中选择"浮于文字上方"选项，移动图片到如图所示的位置。

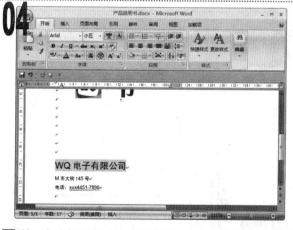

1 输入如上图所示的公司基本信息文本，设置第 1 行文本的格式为"黑体（英文字体为 Arial）、三号、左对齐、字符底纹"，第 2 行和第 3 行文本的格式为"黑体（英文字体为 Arial）、小五、左对齐"。

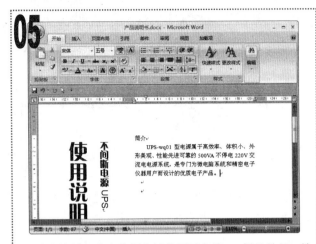

1 将文本插入点定位到文档编辑区中第 **2** 栏的首行，输入如上图所示的文本，字体格式保持默认，设置段落格式为首行缩进两个字符。

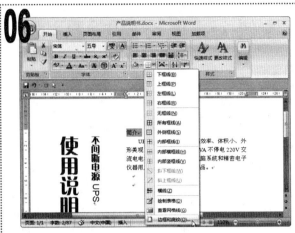

1 选择"简介"文本，在"开始"选项卡的"段落"组中单击"下框线"按钮右侧的 按钮，在弹出的下拉菜单中选择"边框和底纹"选项。

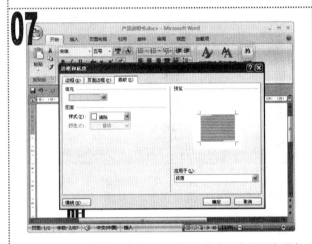

1 在打开的"边框和底纹"对话框中单击"底纹"选项卡，在"填充"下拉列表框中选择"橄榄色，强调文字 3，淡色 60%"选项。

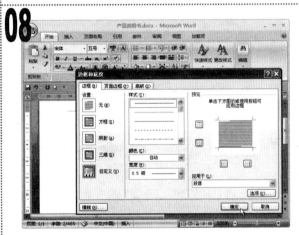

1 单击"边框"选项卡，在预览栏中图的底部单击鼠标，增加一条边线，完成设置后单击"确定"按钮。

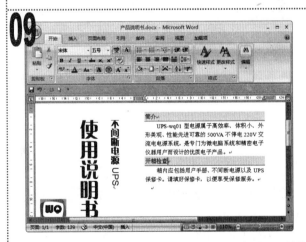

1 输入"开箱检查"的有关文本，通过"格式刷"工具将"简介"文本的格式应用到"开箱检查"文本。

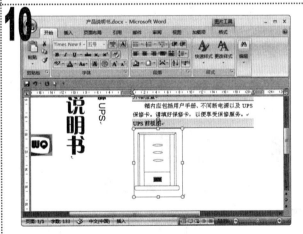

1 输入"UPS 前板图"文本，设置与"简介"文本相同的格式，并在其下插入素材图片"1.jpg"。

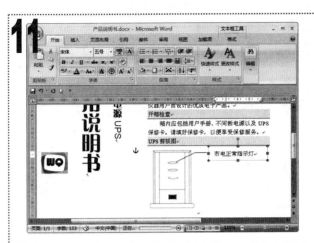

11

1. 在"插入"选项卡的"插图"组中单击"形状"按钮，在弹出的下拉菜单中选择"线形标注 3（无边框）"选项。
2. 在图片右侧绘制一个标注形状，在标注文本框中输入标注文本"市电正常指示灯"。

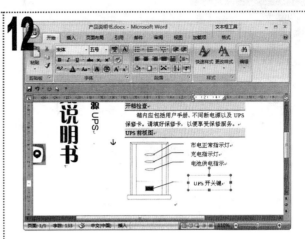

12

1. 按住 Shift+Ctrl 组合键，垂直拖动标注，复制 3 个标注后，输入相应的标注文本。

13

1. 输入"UPS 后板图"文本，设置其格式同"简介"文本，在其下插入素材图片"2.jpg"。
2. 在图片右侧绘制 4 个标注形状，在标注文本框中输入相应的标注文本。

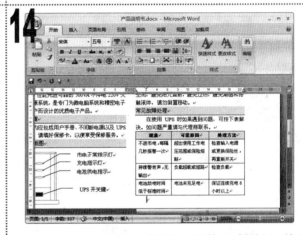

14

1. 将文本插入点定位到文档编辑区的第 3 栏首行，输入需要的文本并设置文本格式。在"常见故障处理"标题下插入一个表格，如上图所示。

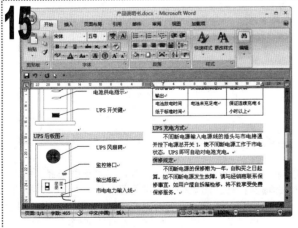

15

1. 在表格下面空一行，输入内容并设置格式。

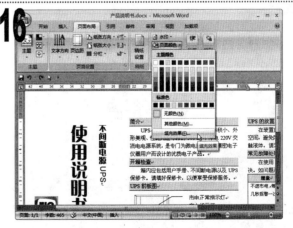

16

1. 单击"页面布局"选项卡，在"页面背景"组中单击"页面颜色"按钮，在弹出的下拉菜单中选择"填充效果"选项。

1 在打开的"填充效果"对话框中单击"纹理"选项卡，在其中的"纹理"列表框中选择"羊皮纸"选项，单击"确定"按钮。

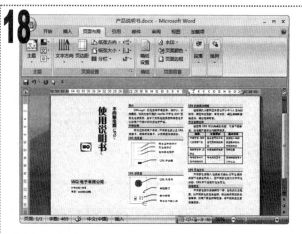

1 设置页面背景纹理效果后，缩小窗口的显示比例，查看整体效果。

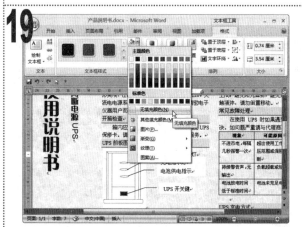

1 选择一个标注形状，在"文本框工具 格式"选项卡的"文本框样式"组中单击"形状填充"按钮右侧的·按钮，在弹出的下拉菜单中选择"无填充颜色"选项，取消标注形状的底色。

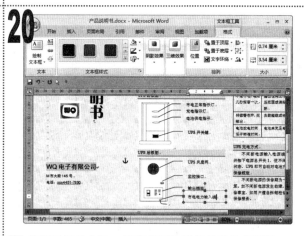

1 使用同样的方法，将所有标注形状的底色都删除。

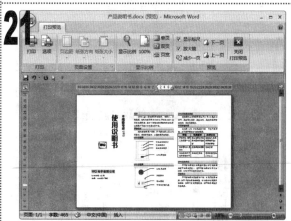

1 单击"Office"按钮，在弹出的菜单中选择"打印-打印预览"选项，进入文档的打印预览状态。

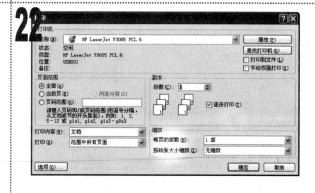

1 单击"Office"按钮，在弹出的菜单中选择"打印"选项，在打开的"打印"对话框中单击"属性"按钮，在打开的对话框中设置页面为横向，返回"打印"对话框，直接单击"确定"按钮开始打印文档。

实例196　　**制作精简的员工手册**

素材:\实例 196\公司标志.gif

源文件:\实例 196\员工手册.docx

包含知识	制作思路

包含知识
- 页面设置
- 输入文本并设置文本格式
- 设置并应用样式
- 插入 SmartArt 图形

重点难点
- 设置并应用样式
- 插入封面

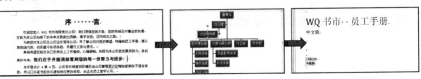

输入文本并设置文本格式　　　插入组织结构图　　　插入封面

应用场所　　大小企业基本都需要创建一本员工手册,以规范员工管理制度。

01

1️⃣ 新建一个名为"员工手册"的空白文档,单击"页面布局"选项卡,在"页面设置"组中单击"对话框启动器"按钮 。

2️⃣ 在打开的对话框的"页边距"选项卡的"上"和"下"数值框中分别输入"2.54 厘米",在"左"和"右"数值框中分别输入"3.17 厘米"。

02

1️⃣ 单击"纸张"选项卡,在"纸张大小"下拉列表框中选择"A4"选项,单击"确定"按钮,将页面大小设置为 A4。

03

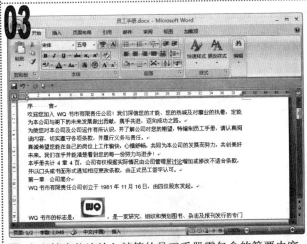

1️⃣ 在文档中依次输入精简的员工手册需包含的简要内容,即序言、公司简介、公司组织结构、员工酬金以及休假与考勤制度。

2️⃣ 将文本插入点定位到"WQ 书市的标志是:"文本之后,通过"插入"选项卡的"插图"组中的"图片"按钮插入素材文件"公司标志.gif"。

04

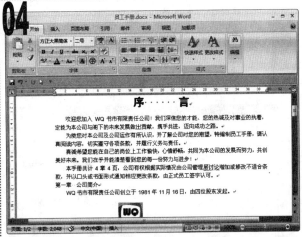

1️⃣ 选择除类似"序言"这种标题外的所有文本,将其段落格式设置为"首行缩进"。选择"序言"文本,通过"开始"选项卡中的"字体"和"段落"组设置其文本格式为"方正大黑简体、二号、居中对齐"。

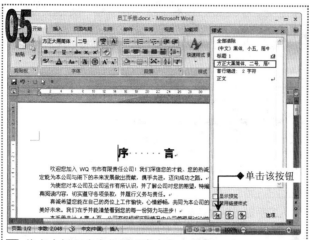

1. 将文本插入点定位到"序言"文本中。
2. 在"开始"选项卡的"样式"组中单击"对话框启动器"按钮，打开"样式"任务窗格，当前选择的样式就是"序言"文本的样式，单击"新建样式"按钮。

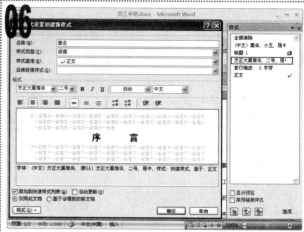

1. 打开"根据格式设置创建新样式"对话框，在其中的"名称"文本框中输入"章名"，其他设置保持不变，单击"确定"按钮，新建"章名"样式。

1. 双击"开始"选项卡的"剪贴板"组中的"格式刷"按钮，使其处于按下状态。
2. 在文档中的标题处单击鼠标，应用"章名"样式。

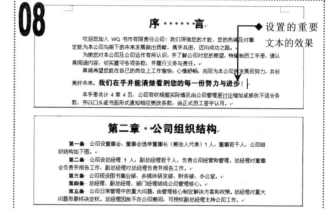

1. 将序言中的重要文本设置为"方正大黑简体、四号、红色"，让文档中的重要内容更突出，如上图所示。将类似"第一条"文本的格式设置为"方正大黑简体"。

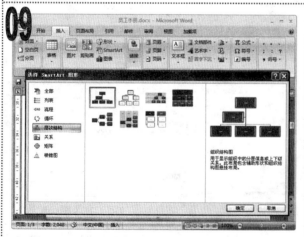

1. 将文本插入点定位到第二章末，在"插入"选项卡的"插图"组中单击"SmartArt"按钮。
2. 在打开的"选择 SmartArt 图形"对话框左侧的列表框中单击"层次结构"选项卡，在中间的列表框中选择"组织结构图"选项，单击"确定"按钮。

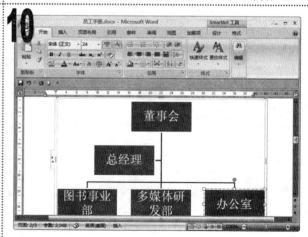

1. 组织结构图立即插入到文档中，单击各个形状，在其中重新输入相应的文本，如上图所示。

11 选择"总经理"形状，单击"SmartArt 工具 设计"选项卡，在"创建图形"组中单击"添加形状"按钮下方的 ▼ 按钮，在弹出的下拉列表中选择"添加助理"选项。

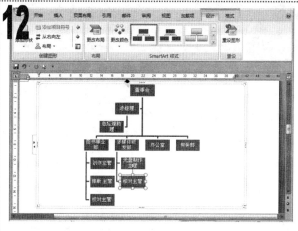

12 在插入的形状上单击鼠标右键，在弹出的快捷菜单中选择"编辑文字"选项，在其中的文本插入点处输入"总经理助理"文本。用同样的方法在"办公室"右侧添加形状，在"图书事业部"下方添加 3 个形状，在"多媒体研发部"下方添加两个形状，并输入相应的文本。

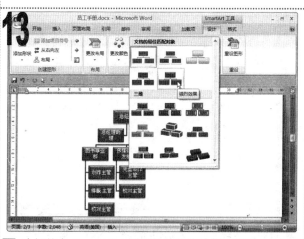

13 选择整个 SmartArt 图形外的双线边框，在"SmartArt 工具 设计"选项卡的"SmartArt 样式"组的样式列表框中选择"强烈效果"选项。

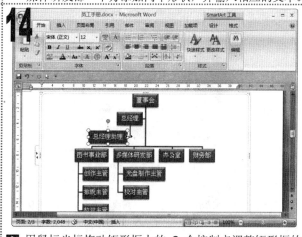

14 用鼠标光标拖动矩形框上的 8 个控制点调整矩形框的大小，使文本在矩形框中显示为一行。

15 单击"插入"选项卡，在"页眉和页脚"组中单击"页眉"按钮，在弹出的下拉菜单中选择"条纹型"选项，在文档中自动插入该样式的页眉。

2 将"键入文档标题"文本修改为"WQ 书市 员工手册"文本，并设置其字体格式为"方正粗倩简体、五号"。

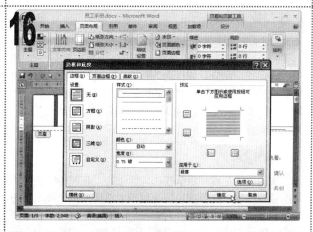

16 选择插入的页眉中的唯一一段落标记，单击"页面布局"选项卡，在"页面背景"组中单击"页面边框"按钮，打开"边框和底纹"对话框。单击"边框"选项卡，在"设置"栏中选择"无"选项，单击"确定"按钮，从而取消页眉中的横线。

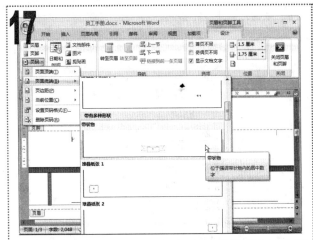

17

1 将文本插入点定位到页脚位置，在"页眉和页脚工具 设计"选项卡的"页眉和页脚"组中单击"页码"按钮，在弹出的下拉菜单中选择"页面底端-带状物"选项。

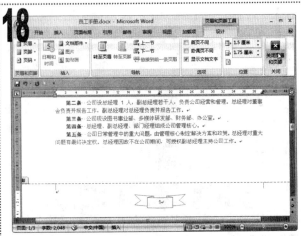

18

1 "带状物"样式的页码即插入到文档底部，单击"关闭页眉和页脚"按钮，退出页眉和页脚编辑状态。

19

1 将文本插入点定位到"序言"文本之前，单击"插入"选项卡，在"页"组中单击"封面"按钮，在弹出的下拉菜单中选择"条纹型"选项。

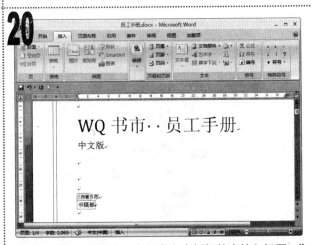

20

1 封面插入到文档中，在相应文本框标签中输入标题、作者等信息，至此完成本例的制作。

▌注意提示

与之前的版本相比，Word 2007 的 SmartArt 图形新增了一个特色的功能，即在插入的图形外框左侧有一个按钮，鼠标光标指向它将变为形状，此时单击鼠标可在其左侧展开一个用于输入文字的列表框。其中的文本呈分级显示，如本例就能很好地体现组织结构图的层次关系。

▌注意提示

快速访问工具栏默认在功能区上方，在其中的空白处单击鼠标右键，在弹出的快捷菜单中选择"在功能区下方显示"选项，该工具栏将会调整到功能区下方显示。本章实例中的快速访问工具栏就是这样设置的，如果大家觉得这样的方式更类似 Word 旧版本的工具条，操作起来更方便顺手，可以在自己的电脑上进行此设置。

▌知识延伸

在步骤"06"中的"根据格式设置创建新样式"对话框中创建新样式时，可以为该样式设置一个快捷键，这样，当再需要使用该样式时，只需按该快捷键即可。

设置快捷键的方法是：单击对话框底部的"格式"按钮，在弹出的下拉菜单中选择"快捷键"选项，打开"自定义键盘"对话框，定位文本插入点到"请按新快捷键"文本框中，然后按下要设置为该样式的快捷键，该快捷键即被输入到文本框中。单击"指定"按钮，刚输入的快捷键被添加到"当前快捷键"列表框中，单击"关闭"按钮关闭该对话框即可。

第 16 章

Excel 办公综合应用

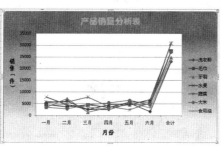
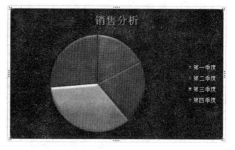

实例 197 制作收发记录表

实例 198 制作奖金统计表

实例 200 制作利润分配表

实例 201 制作财务预测图表

实例 202 制作销售统计图表

实例 203 制作销售分析图表

实例 204 制作库存管理工作表

16

　　Excel 在办公方面的应用比较广泛，如行政和人力资源、销售、教学以及财务等方面。本章将综合前面学习的知识点，详细讲解 8 个综合实例的制作方法，让大家通过实例巩固知识点的同时掌握 Excel 在办公方面的应用。

实例197　制作收发记录表

素材:无

源文件:\实例197\收发记录.xlsx

包含知识
- 工作表的创建
- 数据的输入
- 单元格行高和列宽的设置
- 设置对齐方式
- 插入特殊符号

重点难点
- 设置单元格格式

应用场所　企事业单位对信函收发的管理。

制作思路

制作表头

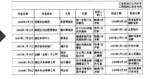
输入记录

1 新建一个工作簿，将其以"收发记录表"为名进行保存。

2 在 A1 单元格中输入"信函收发记录表"文本，在工作表中选择第 1~第 10 行。

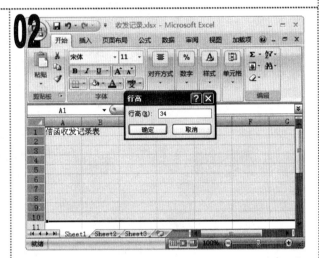

1 在"开始"选项卡的"单元格"组中单击"格式"按钮，在弹出的下拉菜单中选择"行高"选项。

2 在打开的"行高"对话框的文本框中输入"34"，单击"确定"按钮，单元格将自动应用设置的行高。

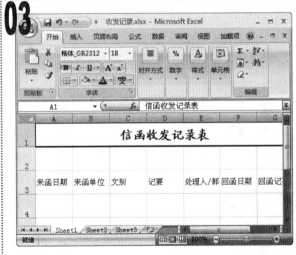

1 在 A3:G3 单元格区域中依次输入如图所示的表头字段，选择 A1:G1 单元格区域，单击"对齐方式"组中的"合并后居中"按钮。

2 在"字体"组中设置字体为"楷体_GB2312"，字号为"18"，字形为"加粗"。

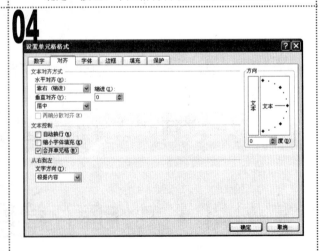

1 选择 A2:G2 单元格区域，单击"对齐方式"组中的"对话框启动器"按钮。

2 在打开的"设置单元格格式"对话框的"对齐"选项卡的"水平对齐"下拉列表框中选择"靠右（缩进）"选项，选中"合并单元格"复选框，单击"确定"按钮。

05

■ 选择合并后的 **A2:G2** 单元格区域，单击"插入"选项卡，在"特殊符号"组中单击"符号"按钮，在弹出的下拉菜单中选择"更多"选项。

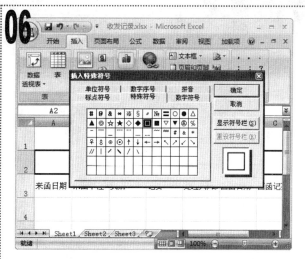

06

■ 在打开的"插入特殊符号"对话框中单击"特殊符号"选项卡。
② 在其列表框中选择"□"符号，单击"确定"按钮。

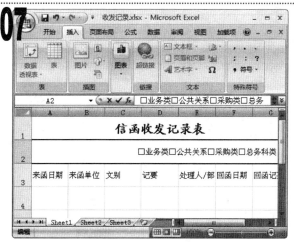

07

■ 插入符号"□"，并在其后输入文本"业务类"。
② 用相同的方法插入符号"□"，并输入如图所示的信息。

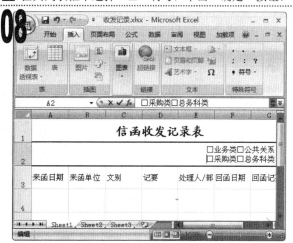

08

■ 将文本插入点定位到"公共关系"文本后，按 Alt+Enter 组合键，将其中的内容分两行显示。

09

■ 选择 **A3:G10** 单元格区域，单击"开始"选项卡，在"对齐方式"组中单击"对话框启动器"按钮。

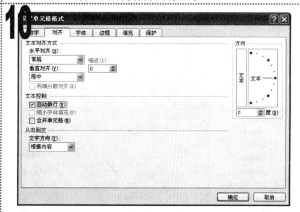

10

■ 在打开的"设置单元格格式"对话框的"对齐"选项卡的"文本控制"栏中选中"自动换行"复选框，单击"确定"按钮，此时如果表格中的数据在一行中容纳不下，则自动换行显示。

11 在状态栏上连续单击"缩小"按钮，将显示比例调整到 90%，选择 A3:G3 单元格区域，在"对齐方式"组中单击"居中"按钮，使文本居中对齐。

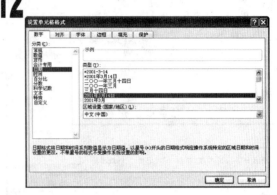

1 选择 A4 单元格，单击"字体"组中的"对话框启动器"按钮，在打开的"设置单元格格式"对话框中单击"数字"选项卡，在"分类"列表框中选择"日期"选项，在"类型"列表框中选择"2001 年 3 月 14 日"选项，单击"确定"按钮。

1 输入日期"2008-8-1"，按 Enter 键后，该单元格中的内容将自动显示为"2008 年 8 月 1 日"。

14

1 输入第一条记录中的其他内容，设置其中回函日期的格式与来函日期的相同，并调整单元格的列宽。

1 选择 A4 单元格，按 Ctrl+C 组合键，选择 A5:A10 单元格区域，在"剪贴板"组中单击"粘贴"按钮下方的 按钮，在弹出的下拉菜单中选择"选择性粘贴"选项。

1 在打开的"选择性粘贴"对话框中选中"粘贴"栏中的"格式"单选按钮，单击"确定"按钮，用相同的方法设置 F5:F10 单元格区域的格式，并输入其他记录，所有单元格都将自动应用设置的格式。

2 调整列宽，并为工作表添加所有的边框，保存该工作簿，完成本例的制作。

实例198　制作奖金统计表

素材:无

源文件:\实例 198\奖金统计表.xlsx

包含知识
- 数据的输入
- 数据的填充
- 单元格边框的设置
- 公式的使用
- 艺术字的使用

重点难点
- 公式的使用

应用场所

主要应用于工资管理方面。

制作思路

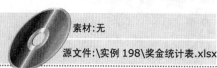

输入数据　　　　　　计算数据　　　　　添加边框和插入艺术字

1 新建"奖金统计表"工作簿,将 Sheet1 工作表重命名为"奖金统计表",然后将 Sheet2 和 Sheet3 工作表删除。

2 在 A2:G2 单元格区域中输入如上图所示的表头内容。

1 在 A3 单元格中输入"YG1001",使用鼠标拖动的方法在 A4:A12 单元格区域中填充数据。

2 在 B3:F12 单元格区域中输入如上图所示的数据。

1 选择 G3 单元格,将文本插入点定位到编辑栏中,在其中输入公式"=E3+F3"。

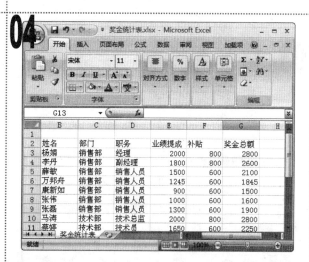

1 按 Enter 键在 G3 单元格中计算出结果,用鼠标拖动的方法复制公式,在 G4:G12 单元格区域中计算出其他员工的奖金总额。

1 选择 E3:G12 单元格区域，在"开始"选项卡的"数字"组的"常规"下拉列表框中选择"货币"选项，修改数据的类型。

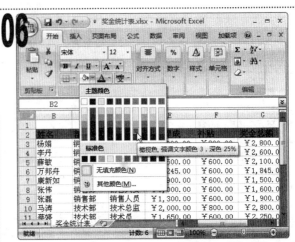

1 选择 A2:G2 单元格区域，将字体设置为"加粗"，单击"填充颜色"按钮右侧的▾按钮，在弹出的下拉菜单中选择"橄榄色，强调文字颜色 3，深色 25%"选项。

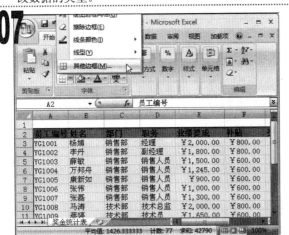

1 选择 A2:G12 单元格区域，单击"下边框"按钮右侧的▾按钮，在弹出的下拉菜单中选择"其他边框"选项。

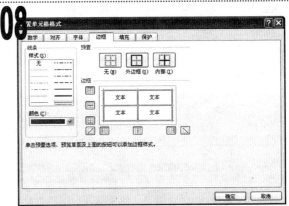

1 在打开的"设置单元格格式"对话框的"样式"列表框中选择最后一种线条样式，在"颜色"下拉列表框中选择"蓝色"选项，为选择的单元格设置边框样式，单击"确定"按钮。

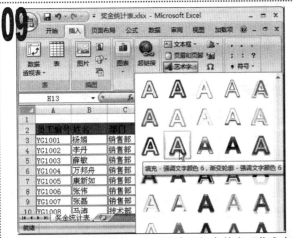

1 单击"插入"选项卡，在"文本"组中单击"艺术字"按钮▲。
2 在弹出的下拉列表中选择"填充-强调文字颜色 6，渐变轮廓-强调文字颜色 6"选项。

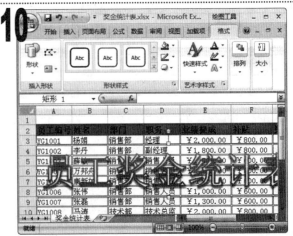

1 在艺术字文本框中删除默认的文本，输入"员工奖金统计表"文本。

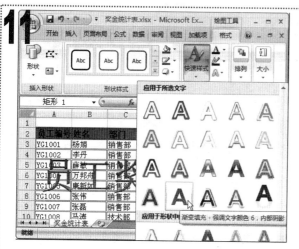

1 在"绘图工具 格式"选项卡的"艺术字样式"组中单击"快速样式"按钮，在弹出的下拉列表中选择"渐变填充-强调文字颜色 6，内部阴影"选项。

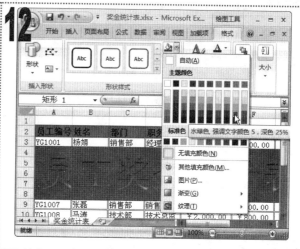

1 单击"文本效果"按钮，在弹出的下拉菜单中选择"水绿色，强调文字颜色 5，深色 25%"选项。

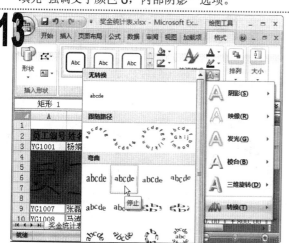

1 单击"文本效果"按钮，在弹出的下拉菜单中选择"转换"选项，在其子菜单的"弯曲"栏中选择"停止"选项。

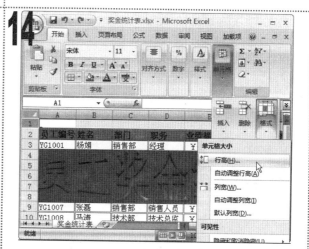

1 选择 A1:G1 单元格区域，单击"开始"选项卡，在"单元格"组中单击"格式"按钮，在弹出的下拉菜单中选择"行高"选项。

1 在打开的"行高"对话框的"行高"文本框中输入"70"，单击"确定"按钮。

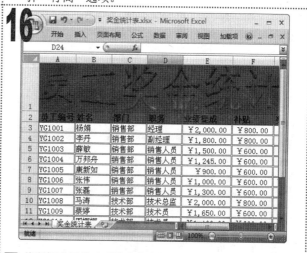

1 将鼠标光标移动到艺术字边框上，当鼠标光标变成形状时，按住鼠标左键不放并拖动鼠标光标到 A1:G1 单元格区域，调整艺术字的边框，完成本例的制作。

实例199　制作考试情况表

素材:无

源文件:\实例199\考试情况表.xlsx

包含知识
- 填充数据
- SUM 函数的使用
- IF 函数的使用
- AVERAGE 函数的使用
- MAX 函数的使用

重点难点
- SUM 函数的使用

制作思路

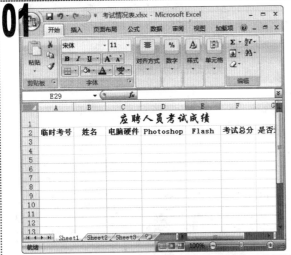

输入数据　　　计算数据　　　设置表格样式

应用场所　用于教学和办公过程中处理比较复杂的数据。

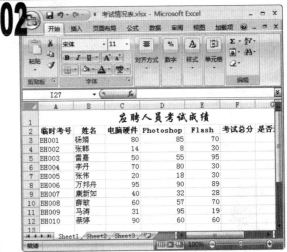

1. 新建"考试情况表"工作簿,合并 A1:G1 单元格区域,输入"应聘人员考试成绩"文本,在 A2:G2 单元格区域中输入如上图所示的数据。
2. 设置 A1 单元格中文本的字体格式为"华文楷体、18号",将 A2:G2 单元格区域的文本加粗。

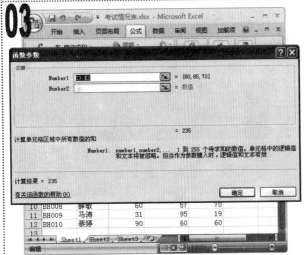

1. 在 A3 单元格中输入"BH001",使用鼠标拖动的方法在 A4:A12 单元格区域中填充序列数据。
2. 在 B3:E12 单元格区域中输入如上图所示的文本内容。

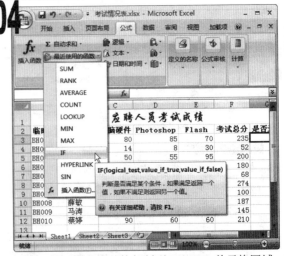

1. 选择 F3 单元格,单击"公式"选项卡,在"函数库"组中单击"最近使用的函数"按钮,在弹出的下拉菜单中选择"SUM"选项,在打开的"函数参数"对话框中单击"确定"按钮。

1. 将 F3 单元格中的函数复制到 F4:F12 单元格区域,计算出其他单元格中的数据。
2. 选择 G3 单元格,单击"最近使用的函数"按钮,在弹出的下拉菜单中选择"IF"选项。

05

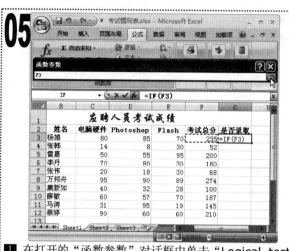

☑ 在打开的"函数参数"对话框中单击"Logical_test"
文本框右侧的"折叠"按钮▦，在工作表中选择 F3 单
元格，然后在折叠的"函数参数"对话框中单击"展开"
按钮▦。

06

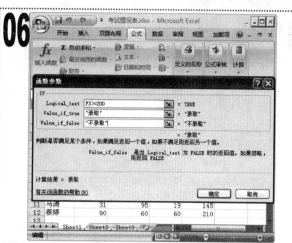

☑ 返回"函数参数"对话框，在"Logical_test"文本框
中输入">=200"。
☑ 在"Value_if_true"和"Value_if_false"文本框中分别
输入""录取""和""不录取""文本，单击"确定"按钮。

07

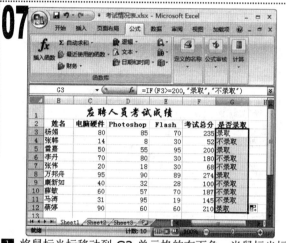

☑ 将鼠标光标移动到 G3 单元格的右下角，当鼠标光标变
为➕形状时，按住鼠标左键并向下拖动复制公式。

08

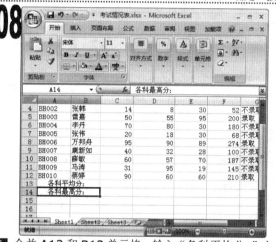

☑ 合并 A13 和 B13 单元格，输入"各科平均分："文本。
☑ 合并 A14 和 B14 单元格，输入"各科最高分："文本。

09

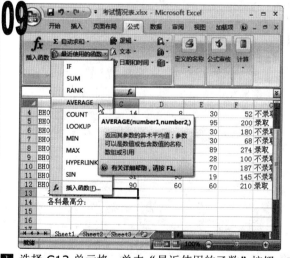

☑ 选择 C13 单元格，单击"最近使用的函数"按钮，在
弹出的下拉菜单中选择"AVERAGE"选项。

10

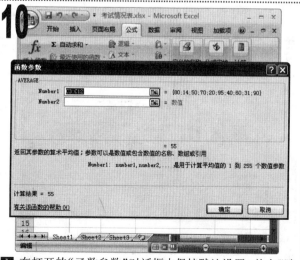

☑ 在打开的"函数参数"对话框中保持默认设置，单击"确
定"按钮。

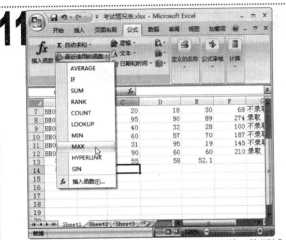

1 将 C13 单元格中的函数复制到 D13:E13 单元格区域中，计算数据结果，选择 C14 单元格，单击"最近使用的函数"按钮，在弹出的下拉菜单中选择"MAX"选项。

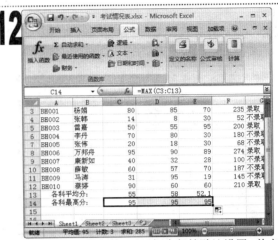

1 在打开的"函数参数"对话框中保持默认设置，单击"确定"按钮，返回工作表，将该单元格中的函数复制到 D14:E14 单元格区域中计算出相应的数据。

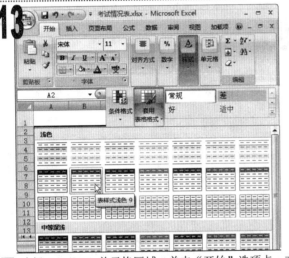

1 选择 A2:G14 单元格区域，单击"开始"选项卡，在"样式"组中单击"套用表格格式"按钮，在弹出的下拉菜单中选择"表样式浅色 9"选项。

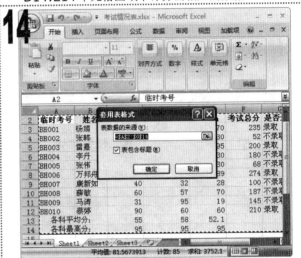

1 在打开的对话框中保持默认设置，单击"确定"按钮。

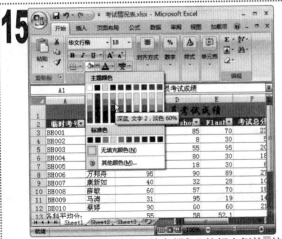

1 选择 A1 单元格，单击"填充颜色"按钮右侧的 按钮，在弹出的下拉菜单中选择"深蓝，文字 2，淡色 60%"选项。

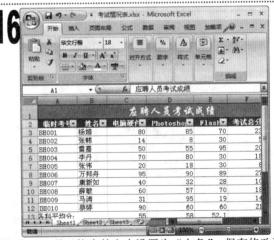

1 将 A1 单元格中的文本设置为"白色"，保存修改过的工作簿，完成本例的制作。

实例200　　制作利润分配表

素材:无

源文件:\实例 200\利润分配表.xlsx

包含知识
- 填充序列
- 公式的使用
- 设置单元格格式

重点难点
- 填充序列
- 公式的使用

制作思路

输入数据　　　　　　　　　计算数据　　　　　　　　　完成设置

应用场所

各种简单办公数据的计算。

1 新建"利润分配表"工作簿,将 Sheet1 工作表重命名为"利润分配表",删除 Sheet2 和 Sheet3 工作表。

2 合并 A1:D1 单元格区域,输入"利润分配表"文本,在 A2:D2 单元格区域中输入如上图所示的文本。

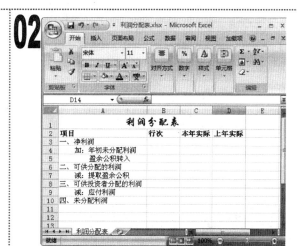

1 选择 A1 单元格,设置单元格中文本的字体格式为"华文行楷、18 号",将 A2:D2 单元格区域中的数据设置为加粗。

2 在 A3:A10 单元格区域中输入如上图所示的文本,并调整 A 列单元格的列宽。

1 在 B3 和 B4 单元格中分别输入"1"和"2"。

2 同时选择 B3 和 B4 单元格,将鼠标光标移动到选择的单元格的右下角,当鼠标光标变为+形状时,按住鼠标左键不放并拖动鼠标。

1 将鼠标光标拖动到 B10 单元格上时释放鼠标左键,即可在 B3:B10 单元格中填充序列数据。

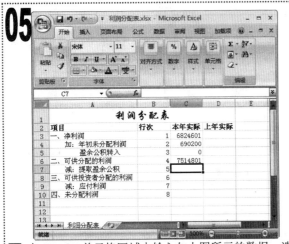

1 在 C3:C5 单元格区域中输入如上图所示的数据，选择 C6 单元格，输入公式"=SUM(C3:C5)"，按 Enter 键计算出结果。

1 在 C7 单元格中输入数据"556125"，选择 C8 单元格，输入公式"=C6-C7"，按 Enter 键计算出结果。

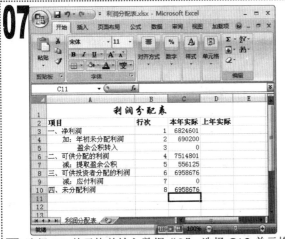

1 选择 C9 单元格并输入数据"0"，选择 C10 单元格，输入公式"=C8-C9"，按 Enter 键计算出结果。

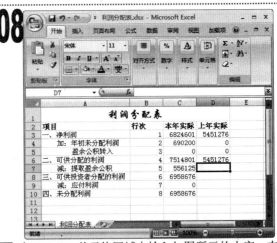

1 在 D3:D5 单元格区域中输入如图所示的内容，在 D6 单元格中输入公式"=SUM(D3:D5)"，按 Enter 键计算出结果。

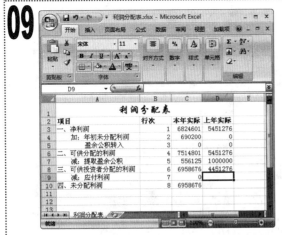

1 选择 D7 单元格并输入数据"1000000"，选择 D8 单元格，输入公式"=D6-D7"，按 Enter 键计算出结果。

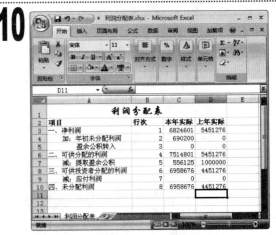

1 在 D9 单元格中输入数据"0"，在 D10 单元格中输入公式"=D8-D9"，按 Enter 键计算出结果。

1 选择 C3:D10 单元格区域，在"开始"选项卡的"数字"组的"常规"下拉列表框中选择"货币"选项，修改数据的类型。

1 单击"单元格"组中的"格式"按钮，在弹出的下拉菜单中选择"自动调整列宽"选项。

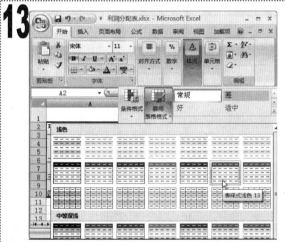

1 单击"样式"组中的"套用表格格式"按钮，在弹出的下拉菜单中选择"表样式浅色 13"选项。

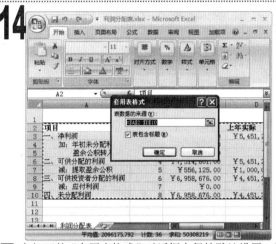

1 在打开的"套用表格式"对话框中保持默认设置，单击"确定"按钮应用样式。

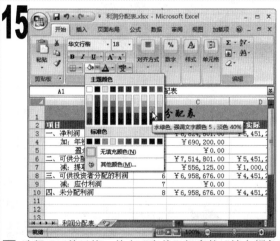

1 选择 A1 单元格，单击"字体"组中的"填充颜色"按钮右侧的 按钮，在弹出的下拉菜单的"主题颜色"栏中选择"水绿色，强调文字颜色 5，淡色 40%"选项。

1 将标题文本的字体颜色设置为"白色"，保存该工作簿，完成本例的制作。

实例201　　　　制作财务预测图表

素材:无

源文件:\实例201\财务预测表.xlsx

包含知识
- 创建图表
- 编辑图表
- 添加趋势线

重点难点
- 创建图表
- 编辑图表
- 添加趋势线

制作思路

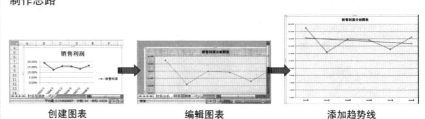

| 创建图表 | 编辑图表 | 添加趋势线 |

应用场所　　　分析一段时间内数据的变化趋势。

1 新建"财务预测表"工作簿,将 Sheet1 工作表重命名为"财务预测表",删除 Sheet2 和 Sheet3 工作表。

2 合并 A1:G1 单元格区域,并输入如上图所示的数据,将 B3:G3 单元格区域中的数据设置为"百分比"数据类型。

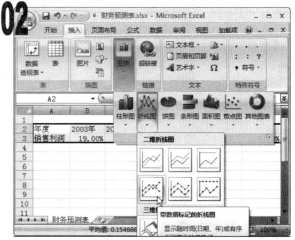

1 选择 B2:G3 单元格区域,单击"插入"选项卡。

2 在"图表"组中单击"折线图"按钮,在弹出的下拉菜单的"二维折线图"栏中选择"带数据标记的折线图"选项。

1 此时在工作表中将出现相应的"折线图"图表,选择图表,设置其位置和大小,效果如上图所示。

1 在"图表工具 设计"选项卡的"位置"组中单击"移动图表"按钮。

1. 在打开的"移动图表"对话框中选中"新工作表"单选按钮，在其后的文本框中输入"财务分析"文本，单击"确定"按钮。

1. 由于本例中的图例只有一项，因此可在"图表工具 布局"选项卡的"标签"组中单击"图例"按钮，在弹出的下拉菜单中选择"无"选项，关闭图例的显示。

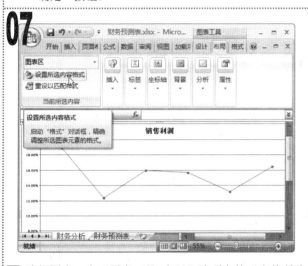

1. 选择图表，在"图表工具 布局"选项卡的"当前所选内容"组中单击"设置所选内容格式"按钮。

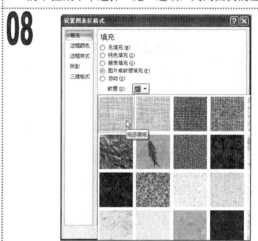

1. 在打开的"设置图表区格式"对话框的"填充"选项卡中选中"图片或纹理填充"单选按钮。
2. 单击"纹理"按钮，在弹出的下拉列表中选择"纸莎草纸"选项，单击"关闭"按钮关闭该对话框。

1. 选择图表绘图区，单击"图表工具 格式"选项卡，在"形状样式"组的列表框中选择"细微效果-强调颜色6"选项，为图表设置形状样式。

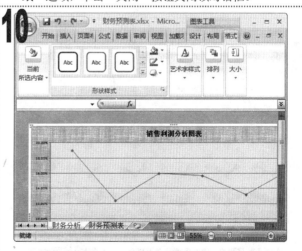

1. 返回工作界面即可查看到为图表绘图区应用的形状样式，其效果如上图所示。

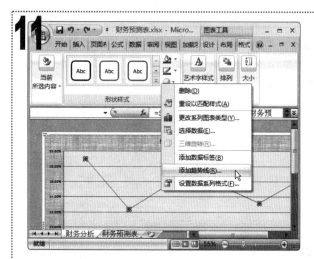

11 选择折线图，单击鼠标右键，在弹出的快捷菜单中选择"添加趋势线"选项。

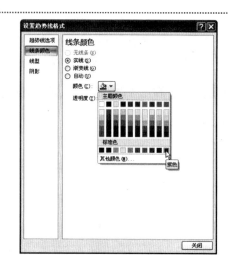

12 在打开的"设置趋势线格式"对话框中单击左侧的"线条颜色"选项卡，选中"实线"单选按钮，单击"颜色"按钮，在弹出的下拉菜单中选择"紫色"选项。

13 单击"线型"选项卡，在"宽度"数值框中输入"2.25磅"。

14 单击"阴影"选项卡，单击"预设"按钮，在弹出的下拉列表的"内部"栏中选择"内部居中"选项，单击"关闭"按钮关闭该对话框。

15 单击"图表工具 设计"选项卡，在"图表样式"组的"快速样式"下拉列表框中选择"样式39"选项。

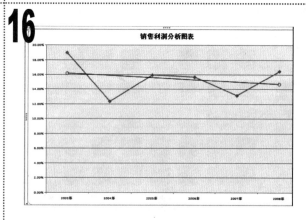

16 返回工作表即可查看到修改后的图表样式，保存修改过的工作簿，完成本例的制作。

实例202　　**制作销售统计图表**

素材:无

源文件:\实例 202\销售统计表.xlsx

包含知识
- 创建图表
- 设置图表格式
- 创建坐标轴标题

重点难点
- 设置图表格式
- 创建坐标轴标题

制作思路

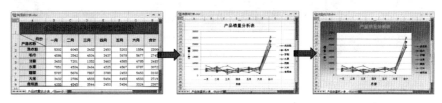

输入数据　　　　　创建图表　　　　　编辑图表样式

应用场所　　用于预测产品的销售前景。

01

1️⃣ 新建一空白工作簿，重命名 Sheet1 工作表为"产品销量统计表"，在 A1 单元格中输入表格标题，设置第 1 行和第 2 行的行高为"40"。

02

1️⃣ 选择 A2 单元格，在"设置单元格格式"对话框中为其添加斜线边框，并插入两个横排文本框，分别输入"产品名称"和"月份"文本，然后移动到如图所示的位置。

03

1️⃣ 输入其他表头文本，选择 A1:H1 单元格区域，将其合并，设置其格式为"方正彩云简体、22 号、居中"，同时选择 B2:H2 和 A3:A9 单元格区域，设置其格式为"方正粗圆简体、12 号、居中"。

04

1️⃣ 选择文本框中的文字，为其设置和表头文本相同的字体和字号。

05

1️⃣ 设置表格标题所在的单元格的填充颜色为"绿色"，表头文本所在单元格的填充颜色为"橄榄色"。

06

月份 产品名称	一月	二月	三月	四月	五月	六月	合计
洗衣粉	5302	6045	2452	2450	5203	1554	23006
毛巾	4586	3542	4534	3437	5678	5677	27454
牙膏	3453	7201	1352	3463	4585	4785	24831
水果	7851	4534	2464	4525	4567	6787	30728
蔬菜	5787	5676	7867	3788	2450	5453	31024
大米	3432	2786	4533	5454	6453	4533	27191
食用油	4355	4545	3544	2453	5454	3324	23675

1️⃣ 在 B3:H9 单元格区域中输入数据后，选择 A1:H9 单元格区域，为表格添加所有框线和粗匣框线。

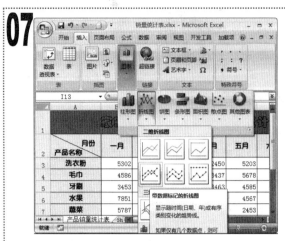

07 选择 A2:H9 单元格区域，单击"插入"选项卡，在"图表"组中单击"折线图"按钮，在弹出的下拉菜单中选择"带数据标记的折线图"选项。

08 图表自动插入到工作表中，将鼠标光标移至插入的图表上，当其变为 ✛ 形状时拖动鼠标，将图表移至销售统计表的下方。

09 单击"图表工具 布局"选项卡，在"标签"组中单击"图表标题"按钮，在弹出的下拉菜单中选择"图表上方"选项。

10 图表上方插入了一个图表标题文本框，选择其中的文本，将其修改为"产品销量分析表"。

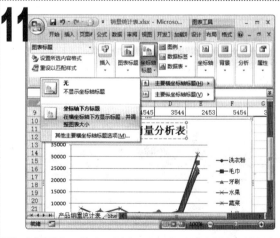

11 选择图表，单击"图表工具 布局"选项卡，在"标签"组中单击"坐标轴标题"按钮，在弹出的下拉菜单中选择"主要横坐标轴标题-坐标轴下方标题"选项。

12 在图表下方插入一个横坐标轴标题文本框，将其中的文本修改为"月份"。

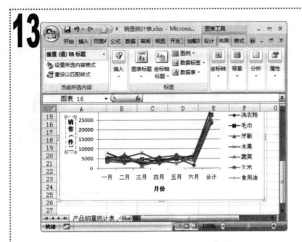

13

■　用同样的方法选择"主要纵坐标轴标题-竖排标题"选项，在图表左侧插入一个纵坐标轴标题文本框，将其中的文本修改为"销售（件）"。

14

■　将鼠标光标移到图表右下角的控制点处，当其变为↖形状时，按住鼠标左键不放向右下角拖动，调整图表的大小。

15

■　在图表区的空白处单击鼠标右键，在弹出的快捷菜单中选择"设置图表区域格式"选项。

16

■　在打开的"设置图表区格式"对话框中单击"填充"选项卡，选中"渐变填充"单选按钮，单击"预设颜色"按钮，在弹出的下拉列表中选择"雨后初晴"选项，单击"关闭"按钮。

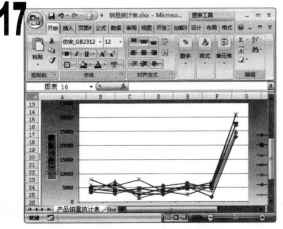

17

■　将横坐标轴标题和纵坐标轴标题的字体格式均设置为"仿宋_GB2312、加粗、12"。

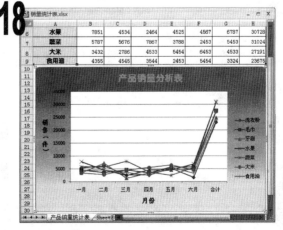

18

■　将图表标题的字体格式设置为"方正粗圆简体、加粗、18 号、橙色"，效果如图所示，保存工作簿，完成产品销量统计表的制作。

实例203　制作销售分析图表

素材:无

源文件:\实例 203\销售分析.xlsx

包含知识
- 创建图表
- 设置图表格式
- 创建图表标题

重点难点
- 设置图表格式
- 创建图表标题

制作思路

家家电器产品销量分析（单位：台）			
产品名称	第一季度	第二季度	第三季度	第四季度
电视机	100	120	200	150
电冰箱	80	100	200	90
微波炉	120	200	180	210
洗衣机	180	150	150	200

创建工作表　　　　　创建图表并更改图表样式　　　　　更改图表类型

应用场所　　　在销售中通过图表对数据进行直观的分析。

1 新建"销量分析"空白工作簿，选择 A1:E1 单元格区域，在"开始"选项卡的"对齐方式"组中单击"合并后居中"按钮，将选择的单元格区域合并。

2 在 A1 单元格中输入如上图所示的文本内容。

1 选择 A2 单元格，输入"产品名称"文本，用相同的方法在 B2:E2 单元格区域中输入如上图所示的表头文本。

1 在 A3:A6 单元格区域中输入如上图所示的产品名称。

1 在 B3:E6 单元格区域中输入每个季度产品的销量，具体数据如上图所示。

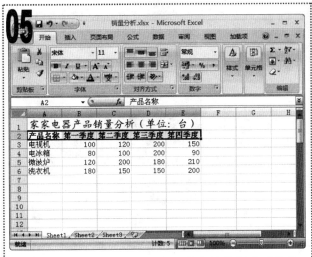

1　选择 A1 单元格中的文本，将字体设置为"楷体_
　　GB2312"，字号设置为"16"。
2　选择表头文本，单击"加粗"按钮 **B**，将表头文本设
　　置为加粗。

1　选择 A1:E6 单元格区域中的所有数据，单击"字体"
　　组中的"对话框启动器"按钮。

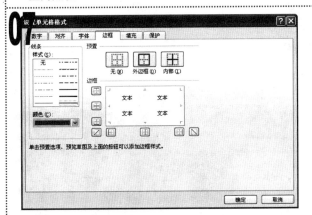

1　在打开的"设置单元格格式"对话框中单击"边框"选
　　项卡，在"样式"栏中选择最后一种样式。
2　在"颜色"下拉列表框中选择"蓝色"选项。

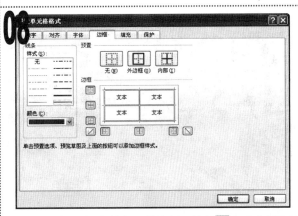

1　在"预置"栏中单击"外边框"按钮和"内部"按
　　钮为单元格设置边框，单击"确定"按钮应用设置。

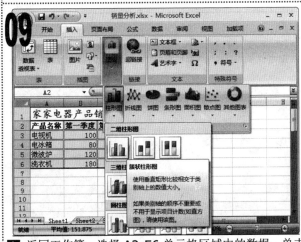

1　返回工作簿，选择 A2:E6 单元格区域中的数据，单击
　　"插入"选项卡，在"图表"组中单击"柱形图"按钮，
　　在弹出的下拉菜单中选择"簇状柱形图"选项。

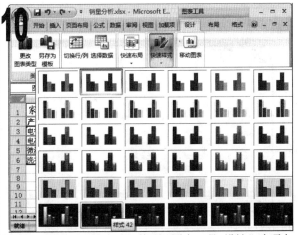

1　插入图表后，将自动切换到"图表工具 设计"选项卡，
　　在"图表样式"组的列表框中选择"样式 42"选项，
　　更改图表的样式。

1 单击"图表工具 布局"选项卡，在"标签"组中单击"图表标题"按钮。

2 在弹出的下拉菜单中选择"图表上方"选项。

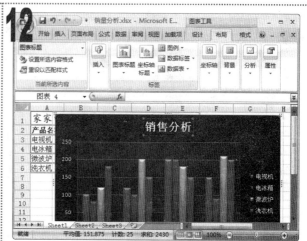

1 在图表的上方位置将出现一个文本框，将鼠标光标定位到文本框中，删除默认的文本，输入"销售分析"文本，如上图所示。

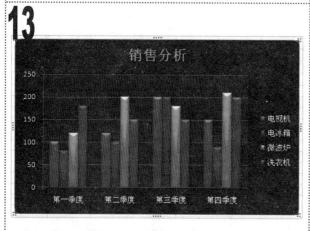

1 选择图表标题文本，单击"开始"选项卡，在"字体"组中将标题文本的颜色设置为"橙色"。

1 选择图表，在"图表工具 设计"选项卡的"类型"组中单击"更改图表类型"按钮。

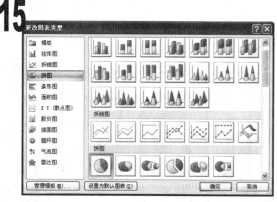

1 在打开的"更改图表类型"对话框的左侧单击"饼图"选项卡，在右侧的"饼图"栏中选择第一种饼图样式，单击"确定"按钮。

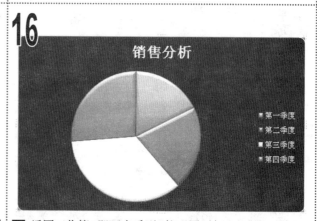

1 返回工作簿，即可查看到"柱形图"被更改为了"饼图"，至此完成本例的制作。

实例204　制作库存管理工作表

素材:无

源文件:\实例 204\库存管理表.xlsx

包含知识
- 设置单元格格式
- 创建样式
- 应用样式

重点难点
- 创建样式
- 应用样式

制作思路

| 设置样式 | 输入公式计算数据 | 完成表格制作后的效果 |

应用场所　用于库管人员管理产品的库存数量。

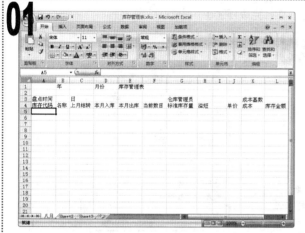

01

1 新建工作簿并保存为"库存管理表",将 Sheet1 工作表重命名为"八月"。

2 在"八月"工作表中输入表格标题和表头文本。

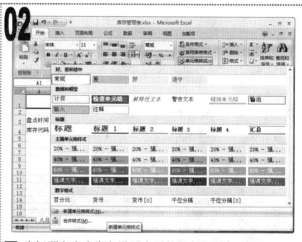

02

1 为标题和表头字段设置合适的行高和列宽,选择 E1:F1 单元格区域,将其合并。

2 选择 A1:F1 单元格区域,单击"开始"选项卡,在"样式"组的"单元格样式"下拉列表框中选择"新建单元格样式"选项。

03

1 在打开的"样式"对话框中单击"格式"按钮。

04

1 在打开的"设置单元格格式"对话框中单击"对齐"选项卡,在"水平对齐"下拉列表框中选择"居中"选项,在"垂直对齐"下拉列表框中选择"靠下"选项。

知识延伸

　　库存管理是指根据外界对库存的要求和企业订购的特点,预测、计划和执行补充库存的行为,并对这种行为进行控制,重点在于确定如何订货、订购多少以及何时定货。

知识提示

　　本例制作的库存管理工作表较为简单,只需套用简单的函数公式和输入原始数据就能生成。

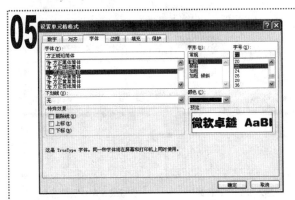

05

1 单击"字体"选项卡,在"字体"列表框中选择"方正琥珀简体"选项,在"字号"列表框中选择"22"选项。

06

1 单击"边框"选项卡,在"样式"列表框中选择右侧第6种样式,在"边框"栏中单击"下框线"按钮,单击"确定"按钮,返回"样式"对话框,单击"确定"按钮,完成样式1的设置。

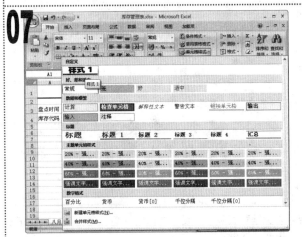

07

1 选择A1:F1单元格区域,在"开始"选项卡的"样式"组的"单元格样式"下拉列表框中选择"样式1"选项。

08

1 选择A4单元格,用相同的方法打开"样式"对话框,在"样式名"文本中输入"表头字段"文本,单击"格式"按钮。

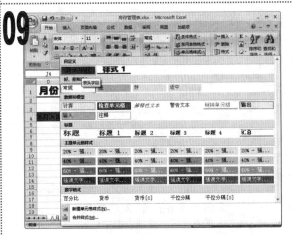

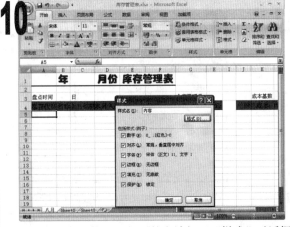

09

1 在打开的"设置单元格格式"对话框的"对齐"选项卡中将水平和垂直对齐方式都设置为"居中",在"字体"选项卡中设置格式为"方正黑体简体、14号",在"边框"选项卡中设置外边框为"细实线",在"填充"选项卡中设置填充颜色为"紫色",单击"确定"按钮。

2 返回"样式"对话框,单击"确定"按钮,在工作表中为A4:H4和J4:L4单元格区域应用设置的样式。

10

1 选择A5单元格,用相同的方法打开"样式"对话框,在"样式名"文本中输入"内容"文本,单击"格式"按钮。

2 在打开的对话框的"数字"选项卡的"分类"列表框中选择"数值"选项,在"小数位数"数值框中输入"0",在"负数"列表框中选择最后一个选项,单击"确定"按钮,返回"样式"对话框,单击"确定"按钮。

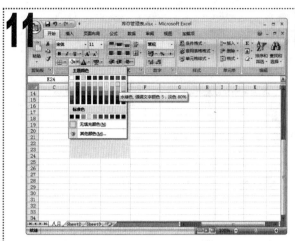

11 ■ 选择 D5:E24 单元格区域，设置其填充颜色为"水绿色，强调文字颜色 5，淡色 80%"。

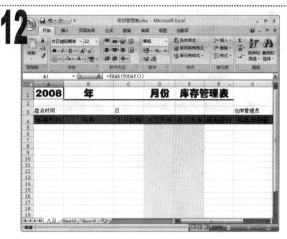

12 ■ 选择 A1 单元格，输入公式"=YEAR(TODAY())"，按 Ctrl+Enter 组合键计算年份数。

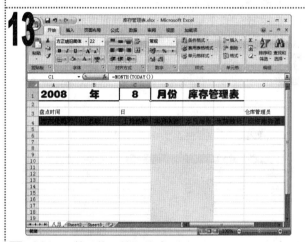

13 ■ 选择 C1 单元格，输入公式"=MONTH(TODAY())"，按 Ctrl+Enter 组合键计算月份数。

14 ■ 选择 B3 单元格，输入公式"=DAY(TODAY())"，按 Ctrl+Enter 组合键计算日期天数。

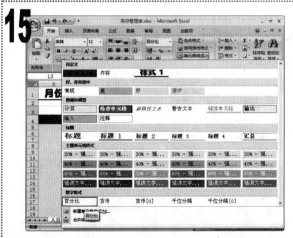

15 ■ 在 H3 单元格中输入仓库管理员的姓名"刘洋"，在 L3 单元格中输入"0.7"。
■ 选择 L3 单元格，单击"开始"选项卡，在"样式"组的"单元格样式"列表框中选择"百分比"选项。

16 ■ 利用填充控制柄在 A5:A24 单元格区域中输入库存代码，在 B5:B24 单元格区域中输入对应的名称，并根据实际盘点情况填入上月结转数、本月入库数、本月出库数以及标准库存量，效果如图所示。

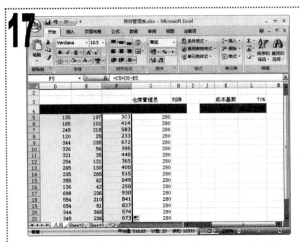

17

1. 选择 F5 单元格，输入公式 "=C5+D5-E5"，按 Ctrl +Enter 组合键计算结果。
2. 拖动填充控制柄将公式向下复制，计算所有库存的当前数目。

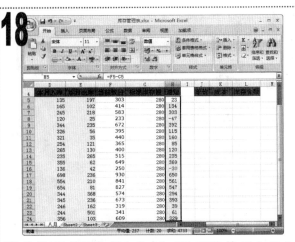

18

1. 选择 H5 单元格，输入公式 "=F5-G5"，按 Ctrl+Enter 组合键计算结果，拖动填充控制柄将公式向下复制，计算所有库存的溢短数量。
2. 选择 H5:H24 单元格区域，为其应用前面设置的单元格样式，其效果如图所示。

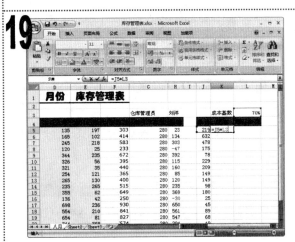

19

1. 在 J5:J24 单元格区域中输入各库存物品对应的单价，选择 K5 单元格，输入公式 "=J5*L3"。

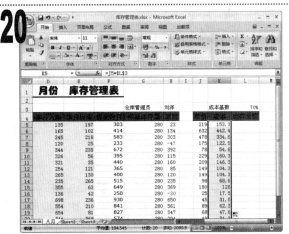

20

1. 按 F4 键将 L3 单元格变为绝对引用，按 Ctrl+Enter 组合键计算该库存的成本。
2. 拖动填充控制柄计算所有库存的成本。

21

1. 选择 L5 单元格，输入公式 "=K5*F5"，按 Ctrl+Enter 组合键计算该库存的金额。
2. 拖动填充控制柄计算所有库存的金额。

22

1. 选择 A5:H24 和 J5:L24 单元格区域，设置其边框为 "所有框线"，对齐方式为 "居中"，效果如图所示，完成本例的制作。

第 17 章

PowerPoint 办公综合应用

 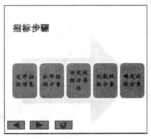  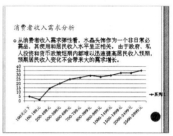

实例 205 制作"办公礼仪培训"演示文稿

实例 207 制作体育馆招标演示文稿

实例 206 制作数学加法课件

实例 208 制作"水族馆"演示文稿

实例 211 制作"销售策划"演示文稿

实例 210 制作"茶具展示"演示文稿

实例 209 制作销售计划演示文稿

17

前面学习了制作幻灯片的各种方法和技巧，本章将综合应用前面所学的知识，学习制作各种类型的办公演示文稿，主要包括培训、课件、销售、策划、宣传招标以及商品展示等类型的演示文稿。

快学快用　Office 2007 电脑应用百练成精

实例205　制作"办公礼仪培训"演示文稿

素材:\实例 205\

源文件:\实例 205\办公礼仪培训.pptx

包含知识
- 设置图片背景格式
- 更改项目符号颜色
- 自定义放映

重点难点
- 设置图片背景格式
- 自定义放映

应用场所　用于制作提升公司形象的礼仪培训类演示文稿。

制作思路

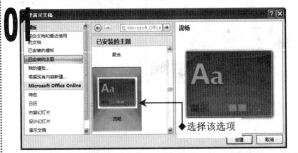

制作标题幻灯片　　　　制作标题与内容版式的幻灯片　　　制作两栏内容版式的幻灯片

01

◆ 选择该选项

1 启动 PowerPoint 2007，单击"Office"按钮，在弹出的菜单中选择"新建"选项。
2 在打开的"新建演示文稿"对话框的"模板"栏中单击"已安装的主题"选项卡，在中间的列表框中选择"流畅"选项，单击"创建"按钮。

02

◆ 选择该选项

1 单击"视图"选项卡，在"演示文稿视图"组中单击"幻灯片母版"按钮。
2 选择左侧窗格中的第 1 张幻灯片母版，在编辑窗口中的幻灯片的空白位置单击鼠标右键，在弹出的快捷菜单中选择"设置背景格式"选项。

03

1 在打开的"设置背景格式"对话框中单击"图片"选项卡，单击"重新着色"按钮，在弹出的下拉列表中选择"背景颜色 2 浅色"选项。
2 单击"关闭"按钮。

04

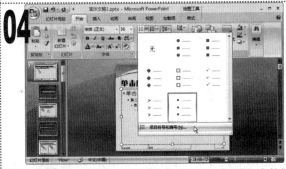

1 在"开始"选项卡的"字体"组中设置标题文本的格式为"方正粗倩简体、44 号、深红、加粗"。
2 选择第一级文本，将其字体颜色设置为"深青，文字 2"，单击"段落"组中"项目符号"按钮右侧的 按钮，在弹出的下拉菜单中选择"项目符号和编号"选项。

05

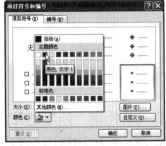

1 在打开的"项目符号和编号"对话框中单击"颜色"按钮，在弹出的下拉菜单中选择"黑色，文字 1"选项，单击"确定"按钮。

06

1 将每一张幻灯片中的标题文本框都移动至合适位置，并置于顶层，最后单击"关闭母版视图"按钮退出母版视图。

07

1 单击"Office"按钮 ，在弹出的菜单中选择"另存为"选项。

2 在打开的"另存为"对话框中以"办公礼仪培训"为名保存演示文稿。

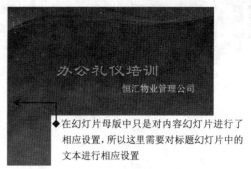

08

◆ 在幻灯片母版中只是对内容幻灯片进行了相应设置，所以这里需要对标题幻灯片中的文本进行相应设置

1 在第 1 张幻灯片中输入标题与副标题文本，并将标题文本的格式设置为"隶书、60 号、加粗、居中、文字阴影"，将副标题文本的格式设置为"宋体、32 号、右对齐"。

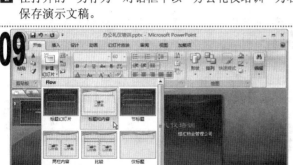

09

1 单击"开始"选项卡，单击"幻灯片"组中的"新建幻灯片"按钮旁的 ▼ 按钮，在弹出的下拉列表框中选择"标题和内容"选项。

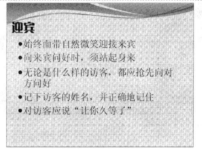

10

迎宾
● 始终面带自然微笑迎接来宾
● 向来宾问好时，须站起身来
● 无论是什么样的访客，都应抢先向对方问好
● 记下访客的姓名，并正确地记住
● 对访客应说"让你久等了"

1 在新建的幻灯片中输入标题和文本内容，效果如上图所示。

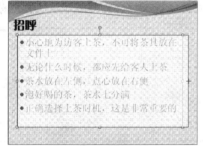

11

招呼
● 小心地为访客上茶，不可将茶具放在文件上
● 无论什么时候，都应先给客人上茶
● 茶水放在左侧，点心放在右侧
● 泡好喝的茶，茶水七分满
● 正确选择上茶时机，这是非常重要的

1 使用同样的方法新建第 3 张版式为"标题和内容"的幻灯片，在其中输入标题和正文文本。

2 拖动占位符右侧的框线调整占位符的宽度。

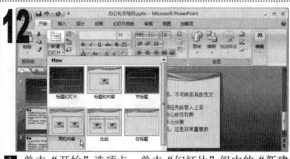

12

1 单击"开始"选项卡，单击"幻灯片"组中的"新建幻灯片"按钮旁的下拉按钮，在弹出的下拉列表框中选择"两栏内容"选项。

13

电话技巧
● 接听电话时，仍应保持正确的姿势与甜美笑容
● 讲电话时左手拿听筒，右手做记录
● 尽快拿起话筒，迅接需求敏意
● 转接电话一定要确认对方姓名和身份
● 不要忘记礼貌性的寒暄
● 让对方先挂断电话，再轻放话筒
● 接电话时不可让对方等候太久。

1 在幻灯片中输入标题文本，在左侧占位符中输入正文内容，设置其字号为"20"。

2 单击右侧占位符中的"插入图片"项目占位符。

14

1 在打开的"插入图片"对话框的"查找范围"下拉列表框中选择素材所在的文件夹，在列表框中选择图片"电话技巧.jpg"。

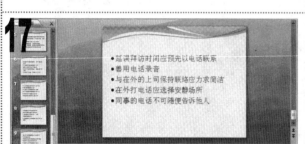

1 单击"插入"按钮，在幻灯片中可以看到插入图片的效果，调整其大小与位置。

1 新建一张"标题和内容"版式的幻灯片。
2 选择标题占位符，按 Delete 键将其删除，在其下的占位符中输入文本内容。

1 新建版式为"标题和内容"的幻灯片。
2 使用同样的方法制作第 6~第 9 张幻灯片，将标题占位符删除，在其下的占位符中输入所需的文本内容。

1 新建版式为"两栏内容"的幻灯片，在左侧占位符中输入文本并设置其字号，在右侧占位符中插入图片。
2 使用同样的方法制作第 11~第 13 张幻灯片。

1 单击"幻灯片放映"选项卡，单击"开始放映幻灯片"组中的"自定义幻灯片放映"按钮，在弹出的下拉菜单中选择"自定义放映"选项。

1 在打开的"自定义放映"对话框中单击"新建"按钮。

1 在打开的"定义自定义放映"对话框的"幻灯片放映名称"文本框中输入"接待礼仪"文本。
2 在左侧列表框中选择第 2~第 3 张幻灯片，单击"添加"按钮，单击"确定"按钮。

1 在返回的"自定义放映"对话框中单击"新建"按钮。

1 在打开的"定义自定义放映"对话框的"幻灯片放映名称"文本框中输入"电话礼仪"文本。

2 在左侧列表框中选择第 4～第 9 张幻灯片，单击"添加"按钮，再单击"确定"按钮。

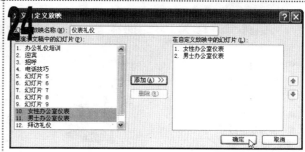

1 使用同样的方法将第 10～第 11 张幻灯片自定义为"仪表礼仪"自定义放映。

1 使用同样的方法将所有幻灯片定义为"全部"自定义放映。

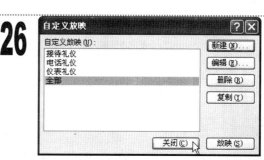

1 在"定义自定义放映"对话框中定义完所有自定义放映后，返回"自定义放映"对话框，单击"关闭"按钮。

1 单击"幻灯片放映"选项卡，单击"开始放映幻灯片"组中的"自定义幻灯片放映"按钮，在弹出的下拉菜单中选择"仪表礼仪"选项。

1 此时将放映第 10 张幻灯片，在其上单击鼠标右键，在弹出的快捷菜单中选择"自定义放映-电话礼仪"选项。

1 此时将放映"电话礼仪"自定义放映中的幻灯片，在幻灯片中单击鼠标右键，在弹出的快捷菜单中选择"定位至幻灯片-6 幻灯片 6"选项。

1 此时将放映该演示文稿中的第 9 张幻灯片，按 Esc 键退出放映并保存演示文稿，完成本例的制作。

实例206　　制作数学加法课件

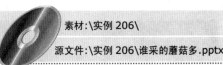

素材:\实例 206\
源文件:\实例 206\谁采的蘑菇多 .pptx

包含知识
■ 制作母版
■ 插入图片
■ 添加动画
■ 设置项目符号

重点难点
■ 添加动画

应用场所

制作思路

制作标题幻灯片　　制作第2张幻灯片　　制作第3张幻灯片　　制作第4张幻灯片

用于制作教学课件类演示文稿。

01

1 启动 PowerPoint 并新建演示文稿，将其以"谁采的蘑菇多"为名进行保存。

2 单击"视图"选项卡，单击"演示文稿视图"组中的"幻灯片母版"按钮。

02

1 进入幻灯片母版视图，选择左侧窗格中的第 1 张幻灯片，单击"背景"组中的"对话框启动器"按钮，在打开的"设置背景格式"对话框中选中"图片或纹理填充"单选按钮，单击"文件"按钮。

03

1 在打开的"插入图片"对话框的"查找范围"下拉列表框中选择素材所在的文件夹，在中间的列表框中选择"背景"图片，单击"插入"按钮。

2 返回"设置背景格式"对话框，单击"关闭"按钮。

04

1 单击"关闭母版视图"按钮退出母版视图。

2 在普通视图中幻灯片的空白位置单击鼠标右键，在弹出的快捷菜单中选择"设置背景格式"选项，在打开的对话框中单击"文件"按钮。

05

1 在打开的"插入图片"对话框中选择"未标题-1"图片，单击"插入"按钮。

06

1 删除幻灯片中的占位符，插入文本框并输入"采"文本，设置其字体格式为"方正少儿简体、60 号、深蓝，文字 2，深色 25%"。

1 复制 4 个"采"文本所在的文本框，分别修改其中的文本。

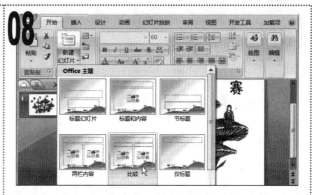

1 单击"幻灯片"组中的"新建幻灯片"按钮旁的下拉按钮，在弹出的下拉菜单中选择"比较"选项。

1 在新建幻灯片的标题占位符中输入文本，设置其字体格式为"方正少儿简体、24 号"，并将其居中显示。

1 在副标题和正文占位符中分别输入相应的文本。

1 在幻灯片中分别插入图片"小兔一家"和"老鼠一家"，适当调整它们的大小，并将其放置在如上图所示的位置。

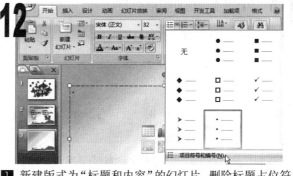

1 新建版式为"标题和内容"的幻灯片，删除标题占位符。
2 单击"段落"组中的"项目符号"按钮右侧的 按钮，在弹出的下拉菜单中选择"项目符号和编号"选项。

1 在打开的"项目符号和编号"对话框中单击"图片"按钮。

1 在打开的"图片项目符号"对话框中单击"导入"按钮。

15

1 在打开的对话框的"查找范围"下拉列表框中选择素材所在的文件夹，在中间的列表框中选择图片"蘑菇 1"，然后单击"添加"按钮。

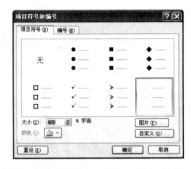

16

1 返回"图片项目符号"对话框，单击"确定"按钮。

2 返回"项目符号和编号"对话框，在"大小"数值框中输入"400"，单击"确定"按钮。

17

1 在第 3 张幻灯片中输入第 1 段文本，完成后按 Enter 键换行，输入下一段文本。

2 使用同样的方法输入第 3 段文本。

18

1 新建版式为"比较"的幻灯片，在幻灯片中的占位符中输入相应的内容。

19

1 在幻灯片下方中间的位置插入"素材:\实例 211\"文件夹中的图片"小兔一家"，并适当调整其大小。

2 在幻灯片中间的位置插入一个文本框，并输入相应的文本，设置文本的字号为"44"。

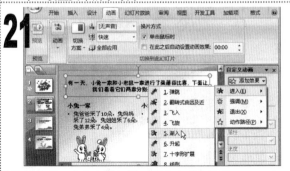

20

1 选择第 1 张幻灯片，打开"自定义动画"任务窗格。

2 选择幻灯片中的所有文本框，单击"添加效果"按钮，在弹出的下拉菜单中选择"进入-**2**.翻转式由远及近"选项。

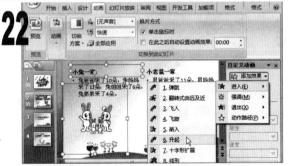

21

1 选择第 2 张幻灯片，选择最上方的占位符。

2 单击"添加效果"按钮，在弹出的下拉菜单中选择"进入-**5**.渐入"选项。

22

1 同时选择幻灯片左侧的副标题占位符和图片"小兔一家"，为其添加"升起"进入效果。

2 为右侧的占位符和图片添加与左侧对应位置的对象相同的动画效果。

23

1. 选择左侧的正文占位符，单击"添加效果"按钮，在弹出的下拉菜单中选择"进入-其他效果"选项。
2. 在打开的"添加进入效果"对话框中选择"展开"选项，单击"确定"按钮。

24

1. 选择第 3 张幻灯片，选择其中的占位符。
2. 单击"添加效果"按钮，在弹出的下拉菜单中选择"进入-**2**.飞入"选项。

25

1. 选择第 4 张幻灯片，依次为左侧副标题占位符和正文占位符、右侧副标题占位符和正文占位符添加合适的动画效果。
2. 选择幻灯片中间位置的文本框，为其添加"展开"进入动画。

26

1. 保持文本框的选择状态，单击"添加效果"按钮，在弹出的下拉菜单中选择"强调-**4**.放大/缩小"选项。

27

1. 选择图片，为其添加"螺旋飞入"进入动画。
2. 在"自定义动画"任务窗格的列表框中的图片动画选项上单击鼠标右键，在弹出的快捷菜单中选择"效果选项"选项。

28

1. 在打开的"螺旋飞入"对话框的"声音"下拉列表框中选择"鼓掌"选项。
2. 单击"确定"按钮。

29

1. 按 F5 键放映幻灯片，可以查看到制作的幻灯片效果。最后保存演示文稿，完成本例的制作。

知识延伸

　　在制作本例时，为幻灯片中的对象添加动画效果时，一定要注意其中动画对象出现的先后顺序，如果在为对象添加动画效果后，发现播放的顺序有误，可直接在"自定义动画"任务窗格的列表框中调整动画出现的先后顺序。在为动画对象添加动画效果时，添加的动画效果不必拘泥于某一种格式，只要能使幻灯片播放时更漂亮即可。

实例207 制作体育馆招标演示文稿

素材:\实例 207\

源文件:\实例 207\招标书.pptx

包含知识
- 应用、修改主题
- 插入 SmartArt 形状
- 预览幻灯片

重点难点
- 插入 SmartArt 形状
- 预览幻灯片

制作思路

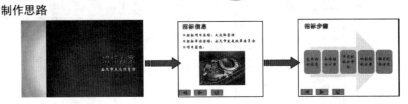

制作标题幻灯片　　　　制作第 2 张幻灯片　　　　制作第 8 张幻灯片

应用场所

用于制作招标类演示文稿。

1 启动 PowerPoint 2007，新建演示文稿并将其以"招标书"为名进行保存。

2 进入母版视图，在"幻灯片母版"选项卡的"编辑主题"组中单击"主题"按钮，在弹出的下拉菜单中选择如上图所示的选项。

1 单击"颜色"按钮，在弹出的下拉列表中选择"纸张"选项。

1 选择左侧任务窗格中的第 1 张幻灯片。

2 单击"插入"选项卡，单击"插图"组中的"形状"按钮，在弹出的下拉列表中选择"动作按钮：后退或前一项"选项。

1 在幻灯片左下角拖动鼠标绘制自选图形，释放鼠标后将自动打开"动作设置"对话框，保持默认设置，单击"确定"按钮。

1 使用同样的方法在幻灯片中绘制"动作按钮：前进或下一项"及"动作按钮：上一张"形状。

2 退出母版视图返回普通视图。

1 在左侧窗格中单击"大纲"选项卡，将鼠标光标定位到第 1 张幻灯片后，连续按 Enter 键新建 15 张幻灯片。

2 将鼠标光标分别定位到各张幻灯片后面，输入每张幻灯片的标题。

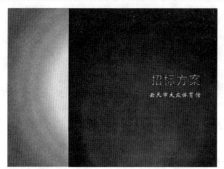

1 选择第 1 张幻灯片，在其中输入副标题文本。

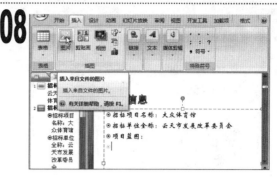

1 选择第 2 张幻灯片，在正文占位符中输入正文内容。
2 单击"插入"选项卡，在"插图"组中单击"图片"
 按钮。

1 在打开的"插入图片"对话框中选择素材所在的文件夹，
 在中间的列表框中选择图片"035"。
2 单击"插入"按钮。

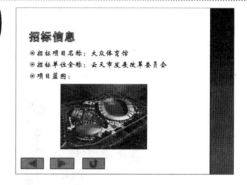

1 拖动图片四周的控制点，等比例改变图片的大小。
2 将图片置于正文的正下方。
3 在第 3 张幻灯片中输入正文内容。

1 在第 4 张幻灯片中输入正文内容，选择"招标步骤"
 文本。
2 单击"插入"选项卡，在"链接"组中单击"超链接"
 按钮。

1 在打开的"插入超链接"对话框左侧选择"本文档中的
 位置"选项，在中间的列表框中选择第 8 张幻灯片。
2 单击"确定"按钮。
3 在第 5~第 7 张幻灯片中输入正文内容。

1 选择第 8 张幻灯片，单击占位符中的"插入 SmartArt
 图形"项目占位符。

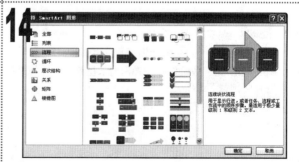

1 在打开的"选择 SmartArt 图形"对话框左侧单击"流程"
 选项卡，在中间的列表框中选择"连续块状流程"选项。
2 单击"确定"按钮。

15

1 在插入的 SmartArt 图形中最右侧的矩形上单击鼠标右键,在弹出的快捷菜单中选择"添加形状-在后面添加形状"选项。

16

1 在新插入的矩形上单击鼠标右键,在弹出的快捷菜单中选择"编辑文字"选项,输入所需文本。

2 在新添加的矩形后面再添加一个矩形并选择"编辑文字"选项,输入所需文本。

17

1 在插入的 SmartArt 图形的矩形中输入相应的文本并设置其字体为"华文新魏",颜色为"黑色"。

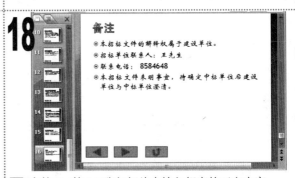

18

1 在第 9~第 16 张幻灯片中输入相应的正文内容。

19

1 单击"Office"按钮,在弹出的下拉菜单中选择"打印-打印预览"选项。

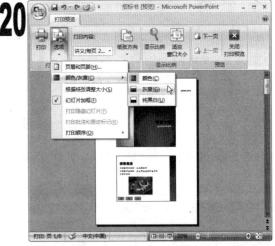

20

1 在"页面设置"组的"打印内容"下拉列表框中选择"讲义(每页 2 张幻灯片)"选项。

2 单击"打印"组中的"选项"按钮,在弹出的下拉菜单中选择"幻灯片加框"选项,再次单击该按钮,在弹出的下拉菜单中选择"颜色/灰度-灰度"选项。

3 在窗口中预览好幻灯片的打印效果后,单击"打印"组中的"打印"按钮,可打开"打印"对话框进行幻灯片的打印。

实例208　　**制作"水族馆"演示文稿**

素材:\实例 208\

源文件:\实例 208\水族馆.pptx

包含知识

- 设置母版背景
- 添加艺术字
- 添加背景音乐
- 添加动画

重点难点

- 添加背景音乐

制作思路

制作标题幻灯片　　　　制作第 2 张幻灯片　　　　制作最后一张幻灯片

应用场所　　用于制作宣传类演示文稿。

01

1 在 PowerPoint 2007 中新建演示文稿，将其以"水族馆"为名进行保存。

2 进入母版视图，单击"背景"组中的"对话框启动器"按钮。

02

1 在打开的"设置背景格式"对话框中选中"图片或纹理填充"单选按钮。

2 单击"文件"按钮。

03

1 在打开的"插入图片"对话框的"查找范围"下拉列表框中选择素材所在的文件夹，在中间的列表框中选择"123"图片，单击"插入"按钮。

2 返回"设置背景格式"对话框，单击"关闭"按钮。

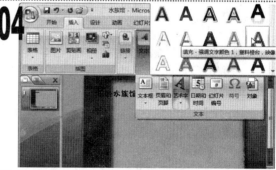

04

1 退出母版视图，返回到普通视图。

2 删除幻灯片中的占位符，单击"插入"选项卡，单击"文本"组中的"艺术字"按钮，在弹出的下拉列表中选择"填充-强调文字颜色 1，塑料棱台，映像"选项。

05

1 在艺术字文本框中输入"乐源水族馆，欢迎您的到来"文本。

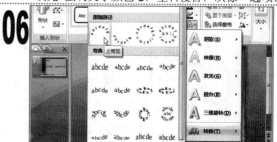

06

1 将艺术字的文本颜色设置为"红色"。

2 单击"格式"选项卡，在"艺术字样式"组中单击"文本效果"按钮，在弹出的菜单中选择"转换-上弯弧"选项。

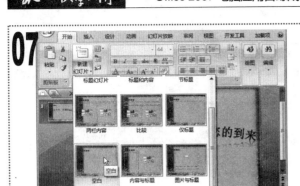

1 单击"开始"选项卡，在"幻灯片"组中单击"新建幻灯片"按钮旁的下拉按钮，在弹出的下拉菜单中选择"空白"选项，新建一张幻灯片。

1 单击"插入"选项卡，在"插图"组中单击"图片"按钮，在打开的对话框中选择素材所在文件夹中如上图所示的图片，单击"插入"按钮。

1 将插入的图片调整至合适大小，并将它们按照如上图所示的位置进行排列。

1 新建两张版式为"空白"的幻灯片，在每张幻灯片中分别插入素材文件夹中的 4 张图片，并对其大小和位置进行调整。

1 新建版式为"空白"的第 5 张幻灯片。
2 在幻灯片中插入文本框并输入文本，设置文本格式为"幼圆、40 号、蓝色、加粗"。

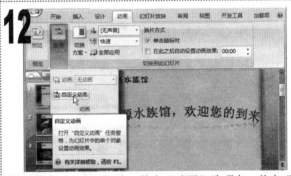

1 选择第 1 张幻灯片，单击"动画"选项卡，单击"动画"组中的"自定义动画"按钮。

1 选择艺术字，单击"自定义动画"任务窗格中的"添加效果"按钮，在弹出的下拉菜单中选择"进入-2.淡出式回旋"选项。

1 单击"插入"选项卡，单击"媒体剪辑"组中的"声音"按钮。

15

1 在打开的对话框中选择素材文件夹，在其中选择声音文件 "Water16"，单击 "确定" 按钮。

16

1 在打开的提示对话框中单击 "自动" 按钮。

17

1 在 "自定义动画" 任务窗格的列表框中的声音选项上单击鼠标右键，在弹出的快捷菜单中选择 "效果选项" 选项。

18

1 在打开的 "播放 声音" 对话框的 "效果" 选项卡的 "开始播放" 栏中选中 "从头开始" 单选按钮。

2 在 "停止播放" 栏中选中最后一个单选按钮，并在其后的数值框中输入 "5"。

19

1 单击 "计时" 选项卡，在 "开始" 下拉列表框中选择 "之前" 选项，在 "重复" 下拉列表框中选择 "直到幻灯片末尾" 选项。

20

1 单击 "声音设置" 选项卡，选中其中的 "幻灯片放映时隐藏声音图标" 复选框。

2 单击 "确定" 按钮。

21

1 在 "自定义动画" 任务窗格的列表框中选择声音选项，单击列表框下方的 ⬆ 按钮，将其移动至艺术字动画的上方。

22

1 选择第 2 张幻灯片，为其中的图片分别添加进入动画。

2 在 "自定义动画" 任务窗格的列表框中选择第一个动画选项，在 "开始" 下拉列表框中选择 "之前" 选项，分别选择其他动画选项，在 "开始" 下拉列表框中选择 "之后" 选项。

1 为第 3 和第 4 张幻灯片中的图片分别设置进入动画效果，并设置与第 2 张幻灯片中图片相同的开始效果。

2 为第 5 张幻灯片中的文本添加进入动画效果。

3 单击"幻灯片放映"选项卡，单击"设置"组中的"排练计时"按钮。

1 程序开始播放幻灯片，依次单击鼠标左键放映幻灯片中的动画。

1 放映完毕后，将打开提示对话框提示是否保存排练时间，单击"是"按钮进行保存。

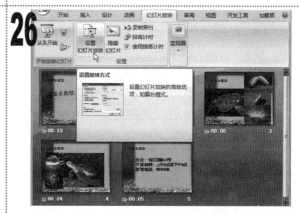

1 返回演示文稿，幻灯片将自动显示为幻灯片浏览视图，并在每张幻灯片下显示排练放映时间。

2 单击"幻灯片放映"选项卡，单击"设置"组中的"设置幻灯片放映"按钮。

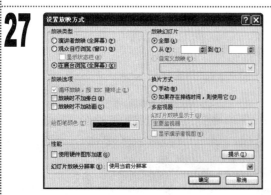

1 在打开的"设置放映方式"对话框的"放映类型"栏中选中"在展台浏览（全屏幕）"单选按钮。

2 单击"确定"按钮。

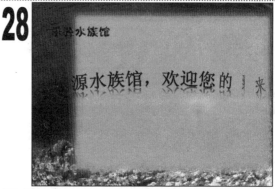

1 按 F5 键放映幻灯片，幻灯片将按排练计时时间自动播放，并且从头至尾都将播放插入的背景声音，最后保存演示文稿，完成本例的制作。

实例209　制作销售计划演示文稿

素材:无
源文件:\实例209\下半年销售计划.pptx

包含知识
- 设置幻灯片背景
- 添加并设置表格格式
- 添加超链接

重点难点
- 设置幻灯片背景
- 添加并设置表格格式

应用场所 | 用于制作公司报告类演示文稿。

制作思路

设置幻灯片背景　　　　　插入剪贴画　　　　　插入表格并设置样式

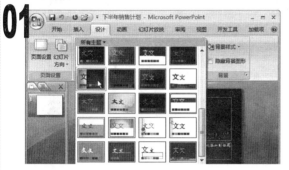

1. 启动 PowerPoint 2007,程序自动新建一个空白演示文稿,将其以"下半年销售计划"为名进行保存。
2. 单击"设计"选项卡,在"主题"组的列表框中选择"华丽"选项。

1. 单击"主题"组中的"颜色"按钮,在弹出的下拉菜单中选择"Office"选项。

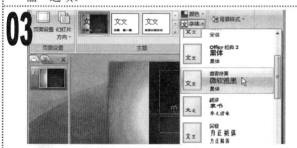

1. 单击"主题"组中的"字体"按钮,在弹出的下拉菜单中选择"暗香扑面"选项。

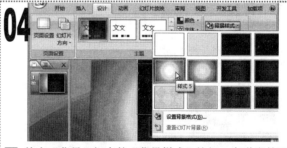

1. 单击"背景"组中的"背景样式"按钮,在弹出的下拉菜单中选择"样式5"选项。

1. 在幻灯片中输入标题与副标题文本,将第 2 行副标题文本的颜色设置为"绿色"。
2. 在"幻灯片"任务窗格中的幻灯片上单击鼠标右键,在弹出的快捷菜单中选择"新建幻灯片"选项。

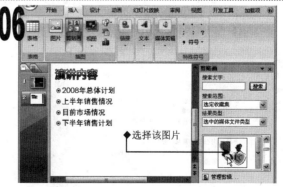

1. 在第 2 张幻灯片中输入标题与正文内容。
2. 单击"插入"选项卡,单击"插图"组中的"剪贴画"按钮,在打开的"剪贴画"任务窗格中选择如图所示的图片。

07

① 将插入的剪贴画移到幻灯片的右下角，并适当调整其大小。

08

① 新建第 3 张幻灯片，在其中输入标题与正文文本。
② 插入剪贴画并调整其位置和大小。

09

① 新建第 4 张幻灯片，输入标题文本。
② 单击占位符中的"插入表格"按钮，在打开的"插入表格"对话框的"列数"和"行数"数值框中分别输入"3"和"5"，单击"确定"按钮。

10

① 在插入的表格中输入相应的表格内容，效果如上图所示。

11

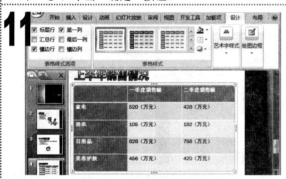

① 通过拖动鼠标的方式增加表格的高度。
② 单击"表格工具 设计"选项卡，在"表格样式选项"组中选中"第一列"复选框，在"表格样式"组的列表框中选择"中度样式 2-强调 3"选项。

12

① 将表格第 1 行和第 1 列中文字的字号设置为"24"，颜色设置为"黑色"，其他单元格中的颜色设置为"红色"，字号设置为"24"。
② 单击"表格工具 布局"选项卡，在"对齐方式"组中分别单击"居中"和"垂直居中"按钮。

13

① 新建第 5 张幻灯片，在其中输入标题和正文文本。

14

① 新建第 6 张幻灯片，在其中输入标题与正文文本，然后添加与第 4 张中格式相同的表格，并输入相应的内容。

15

1 新建版式为"空白"的第 7 张幻灯片，在其中插入艺术字并输入文本，效果如上图所示。

16

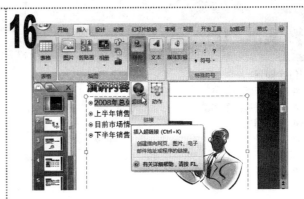

1 选择第 2 张幻灯片，选择正文中的第 1 段文本，单击"插入"选项卡，单击"链接"组中的"超链接"按钮。

17

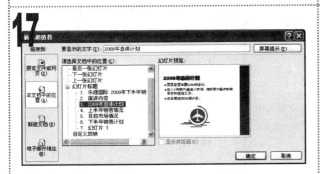

1 在打开的"插入超链接"对话框左侧选择"本文档中的位置"选项，在中间的列表框中选择第 3 张幻灯片。
2 单击"确定"按钮。

18

1 使用同样的方法分别将第 2～第 4 段文本链接至第 4～第 6 张幻灯片中。

19

1 选择第 1 张幻灯片。
2 单击"动画"选项卡，在"切换到此幻灯片"组的"切换方案"下拉列表框中选择"随机切换效果"选项。

20

1 在"切换到此幻灯片"组的"切换速度"下拉列表框中选择"中速"选项，单击"全部应用"按钮，将动画方案应用到演示文稿中的所有幻灯片中。
2 保存演示文稿，完成本例的制作。

▌ 注意提示

在制作第 6 张幻灯片中的表格时，可复制第 4 张幻灯片中的表格，将其粘贴至第 6 张幻灯片中，然后直接修改其中的表格内容即可。

▌ 知识延伸

当幻灯片中的内容较少而使幻灯片版式看起来很空时，可以在其中添加剪贴画或图片等填充版式，这样可以使幻灯片看起来更饱满。

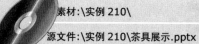

素材:\实例 210\

源文件:\实例 210\茶具展示.pptx

实例210 制作"茶具展示"演示文稿

包含知识
- 制作母版
- 插入并设置图片格式
- 插入背景音乐
- 排练计时

重点难点
- 插入并设置图片格式

应用场所 | 用于制作商品展示类演示文稿。

制作思路

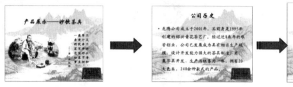

制作标题幻灯片　　制作标题与内容版式的幻灯片　　制作两栏内容版式的幻灯片

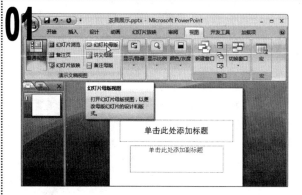

01

1　启动 PowerPoint 2007 并新建演示文稿，将其以"茶具展示"为名进行保存。

2　单击"视图"选项卡，单击"演示文稿视图"组中的"幻灯片母版"按钮。

02

1　进入幻灯片母版视图，选择左侧任务窗格中的第 1 张幻灯片，单击"背景"组中的"对话框启动器"按钮，在打开的"设置背景格式"对话框中选中"图片或纹理填充"单选按钮，单击"文件"按钮。

03

1　在打开的"插入图片"对话框的"查找范围"下拉列表框中选择素材所在的文件夹，在中间的列表框中选择"国画.jpg"图片，单击"插入"按钮。

04

1　返回"设置背景格式"对话框，在对话框左侧单击"图片"选项卡，在右侧单击"重新着色"按钮，在弹出的下拉列表中选择"背景颜色 2 浅色"选项。

2　单击"全部应用"按钮，再单击"关闭"按钮。

05

1　在"插入"选项卡中单击"插图"组中的"图片"按钮。

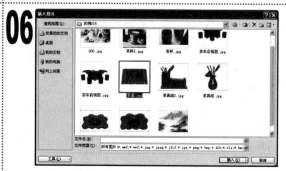

06

1　在打开的对话框中选择"茶道.jpg"图片。

1 调整图片的大小并将其移动至幻灯片的右下角。

2 单击"格式"选项卡，单击"调整"组中的"重新着色"
按钮，在弹出的下拉菜单中选择"设置透明色"选项。

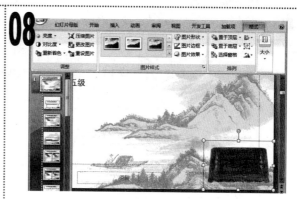

1 在"茶道"图片的白色区域中单击鼠标左键，将其设置
为透明。

1 选择幻灯片中的标题文本，将其字体格式设置为"华文
行楷、44 号"。

2 将正文文本的格式设置为"楷体、32 号"

1 切换至普通视图，删除副标题占位符，输入标题文本，
并将其移至幻灯片的上方中间位置。

2 插入图片"000.jpg"，调整其大小并移动至幻灯片左侧。

1 选择图片，单击"图片工具 格式"选项卡，在"图片样
式"组的列表框中选择"柔化边缘椭圆"选项。

2 在"排列"组中单击"旋转"按钮，在弹出的下拉列表
中选择"水平翻转"选项。

1 单击"插入"选项卡，在"文本"组中单击"文本框"
按钮下方的下拉按钮，在弹出的下拉菜单中选择"垂直
文本框"选项。

1 在幻灯片右侧单击鼠标左键，输入一首古诗及其作者，
设置古诗文本的字体格式为"华文楷体、24 号"，作者
文本的字体格式为"华文楷体、18 号"。

1 新建第 2 张幻灯片，在其中输入标题与正文文本，设
置正文文本的行距为"1.5 倍行距"。

1️⃣ 新建第 3 张幻灯片，删除正文占位符，在标题占位符中输入文本，设置其字号为"88"，并将其移动至幻灯片的中间位置。

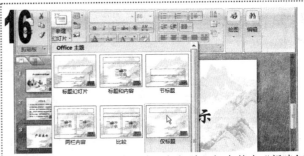

1️⃣ 单击"开始"选项卡，在"幻灯片"组中单击"新建幻灯片"按钮旁的下拉按钮，在弹出的下拉菜单中选择"仅标题"选项，插入一张幻灯片。

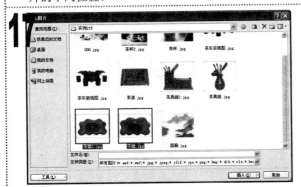

1️⃣ 打开"插入图片"对话框，在其中选择"茶盘.jpg"和"茶盘 2.jpg"图片，单击"插入"按钮。

1️⃣ 调整插入图片的大小和位置。
2️⃣ 输入标题文本"茶盘系列"。

1️⃣ 新建版为"仅标题"的第 5 张幻灯片，输入标题文本并插入素材文件夹中的"茶具组.jpg"和"茶具组 2.jpg"图片。
2️⃣ 调整图片的大小和位置，并将图片中的白色区域设置为透明。

1️⃣ 新建版为"仅标题"的第 6 张幻灯片，输入标题文本并插入素材文件夹中的"茶车.jpg"和"茶车 2.jpg"图片。
2️⃣ 调整图片的大小和位置，并将图片中的白色区域设置为透明。
3️⃣ 单击"插入"选项卡，单击"插图"组中的"形状"按钮，在弹出的下拉菜单中选择"右箭头标注"选项。

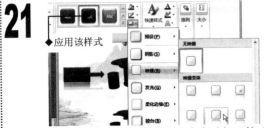

1️⃣ 在幻灯片中拖动鼠标绘制形状，在自动打开的"绘图工具 格式"选项卡的"形状样式"组的列表框中选择"强烈效果-强调颜色 2"选项。
2️⃣ 单击"形状效果"按钮，在弹出的下拉列表中选择"映像-半映像，4pt 偏移量"选项。

1️⃣ 在形状上输入文本，设置文本的字体格式为"方正楷体简体、28 号、加粗、黑色"。
2️⃣ 在幻灯片中复制形状，修改其中的文本，完成后的效果如图所示。

23

1 新建版式为"仅标题"的第 7 张幻灯片，输入标题文本并插入素材文件夹中的"茶杯.jpg"和"茶杯 2.jpg"图片。
2 调整图片的大小和位置。
3 选择"茶杯"图片，在自动打开的"图片工具 格式"选项卡中单击"图片效果"按钮，在弹出的下拉菜单中选择"柔化边缘-50 磅"选项。

24

1 使用同样的方法为"茶杯 2"图片应用"柔化边缘-50磅"样式，效果如上图所示。

25

1 新建版式为"标题和内容"的幻灯片，在其中输入标题与正文内容。

26

1 新建版式为"仅标题"的幻灯片，在其中输入文本，设置其字号为"96"，并将其移至幻灯片的中间位置。

27

1 选择第 1 张幻灯片，单击"动画"选项卡，在"切换到此幻灯片"组的"切换速度"下拉列表框中选择"中速"选项，在"切换方案"下拉列表框中选择"随机切换效果"选项，单击"全部应用"按钮。

28

1 单击"插入"选项卡，单击"媒体剪辑"组中的"声音"按钮。

29

1 在打开的对话框中选择要插入的文件"Gaoshanls.wav"。

30

1 插入音乐文件后，在打开的对话框中单击"自动"按钮。

31

1　单击"动画"选项卡,单击"动画"组中的"自定义动画"按钮,打开"自定义动画"任务窗格。
2　在任务窗格中的声音文件选项上单击鼠标右键,在弹出的快捷菜单中选择"效果选项"选项。

32

1　在打开的"播放 声音"对话框的"效果"选项卡的"开始播放"栏中选中"从头开始"单选按钮。
2　在"停止播放"栏中选中最后一个单选按钮,并在其后的数值框中输入"9"。

33

1　单击"计时"选项卡,在"开始"下拉列表框中选择"之前"选项,在"重复"下拉列表框中选择"直到幻灯片末尾"选项。

34

1　单击"声音设置"选项卡,选择其中的"幻灯片放映时隐藏声音图标"复选框。
2　单击"确定"按钮。

35

1　单击"幻灯片放映"选项卡,单击"设置"组中的"排练计时"按钮。

36

1　单击鼠标放映幻灯片并进行排练计时。放映完毕后,将打开提示对话框,单击"是"按钮。

37

1　单击"设置"组中的"设置幻灯片放映"按钮,打开"设置放映方式"对话框,在"放映类型"栏中选中"在展台浏览(全屏幕)"单选按钮,单击"确定"按钮。

38

1　按 F5 键放映幻灯片,幻灯片将按排练计时时间自动播放,并且从头至尾都将播放插入的背景声音,最后保存演示文稿,完成本例的制作。

实例211 制作 "销售策划" 演示文稿

素材:无
源文件:\实例 211\销售策划.pptx

包含知识
- 设置幻灯片背景
- 添加并设置 SmartArt 图形
- 添加并设置图表

重点难点
- 添加并设置 SmartArt 图形
- 添加并设置图表

制作思路

设置幻灯片背景　　　　插入图表　　　　插入 SmartArt 图形

应用场所

用于制作销售策划类演示文稿。

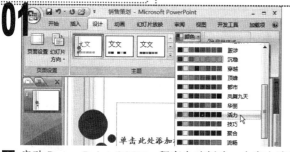

1 启动 PowerPoint 2007,程序自动新建一个空白演示文稿,将其以 "销售策划" 为名进行保存。

2 单击 "设计" 选项卡,在 "主题" 组的列表框中选择 "凸显" 选项,单击 "颜色" 按钮,在弹出的下拉列表中选择 "活力" 选项。

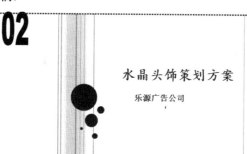

1 在幻灯片中输入标题和副标题文本,设置标题文本的格式为 "华文楷体、54 号",副标题文本的格式为 "宋体、32 号"。

2 调整标题占位符和副标题占位符的位置,其效果如上图所示。

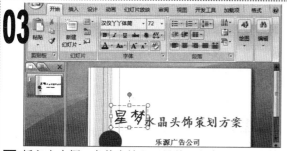

1 插入文本框,在其中输入 "星梦" 文本,设置其字体格式为 "汉仪丫丫体简、72 号、加粗、紫色",并将其移动至标题占位符的前方。

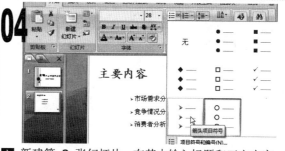

1 新建第 2 张幻灯片,在其中输入标题和正文内容,将标题文本的字号设置为 "54"。

2 将插入点定位在正文文本中,单击 "开始" 选项卡,在 "段落" 组中单击 "项目符号" 按钮右侧的 按钮,在弹出的下拉菜单中选择如图所示的样式。

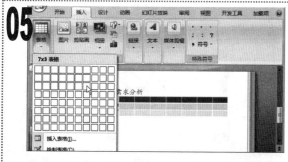

1 新建第 3 张幻灯片,在其中输入标题与正文文本。

2 单击 "插入" 选项卡,单击 "表格" 按钮,在弹出的下拉菜单中选择如图所示的方框,插入一个 7 列 3 行的表格。

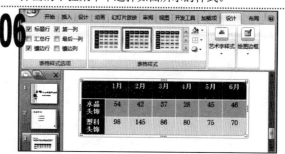

1 在表格中输入表格内容。

2 单击 "表格工具 设计" 选项卡,在 "表格样式选项" 组中选中 "第一列" 复选框,在 "表格样式" 组的列表框中选择 "中度样式 2-强调 4" 选项。

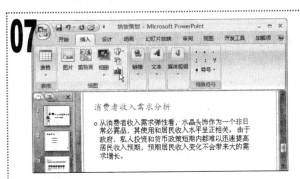

1 新建第 4 张幻灯片，在其中输入标题与正文文本。

2 单击"插入"选项卡，单击"插图"组中的"图表"按钮 。

1 在打开的"插入图表"对话框左侧单击"折线图"选项卡，在右侧选择"带数据标记的堆积折线图"选项。

2 单击"确定"按钮。

1 在打开的 Excel 表格窗口中输入如上图所示的数据。

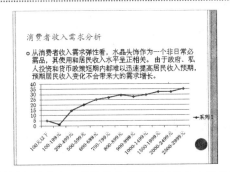

1 调整图表的大小，并将其移动至幻灯片中合适的位置。

1 新建第 5 张幻灯片，在其中输入标题与正文文本。

2 插入类型为"带数据标记的堆积折线图"的折线图图表，在打开的 Excel 表格中输入如上图所示的数据。

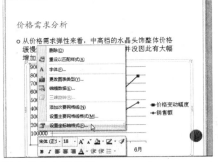

1 调整图表的大小和位置。

2 在纵坐标轴上单击鼠标右键，在弹出的快捷菜单中选择"设置坐标轴格式"选项。

1 在打开的对话框中分别选中"最大值"和"主要刻度单位"栏中的"固定"单选按钮，并分别在其后的文本框中输入"100000"和"200000"，单击"关闭"按钮。

1 单击"图表工具 布局"选项卡，在"标签"组中单击"图表标题"按钮，在弹出的下拉菜单中选择"图表上方"选项。

15

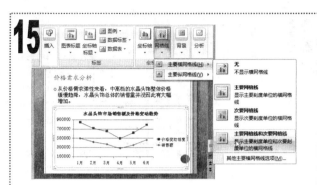

1. 在插入的图表标题文本框中输入标题。
2. 在"表格工具 布局"选项卡的"坐标轴"组中单击"网格线"按钮，在弹出的下拉列表中选择"主要横网格线-主要网格线和次要网格线"选项。

16

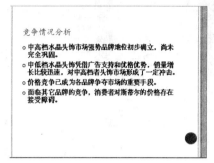

1. 新建第 6 张幻灯片，输入标题和正文文本，并加粗正文文本。

17

1. 新建第 7 张幻灯片，输入标题和正文文本。

18

1. 新建第 8 张幻灯片，输入标题和正文文本。

19

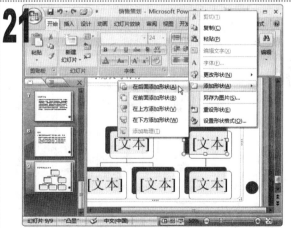

1. 新建第 9 张幻灯片，输入标题文本。
2. 单击正文占位符中的"插入 SmartArt 图形"项目占位符。

20

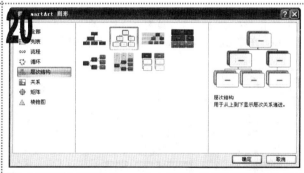

1. 在打开的"选择 SmartArt 图形"对话框左侧单击"层次结构"选项卡，在右侧选择"层次结构"选项。
2. 单击"确定"按钮。

21

1. 在添加的 SmartArt 图形中第 2 排右侧的形状上单击鼠标右键，在弹出的快捷菜单中选择"添加形状-在后面添加形状"选项。

22

1. 在新添加的形状上单击鼠标右键，在弹出的快捷菜单中选择"添加形状-在下方添加形状"选项。

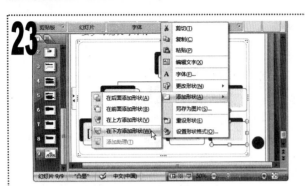

23

1 在新添加的形状上单击鼠标右键,在弹出的快捷菜单中选择"添加形状-在下方添加形状"选项。

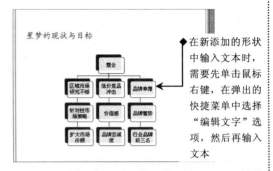

24

在新添加的形状中输入文本时,需要先单击鼠标右键,在弹出的快捷菜单中选择"编辑文字"选项,然后再输入文本

1 选择 SmartArt 图形中不需要的形状,按 Delete 键将其删除。

2 在 SmartArt 形状中输入文本,其效果如上图所示。

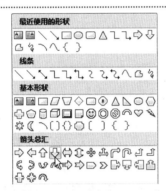

25

1 单击"插入"选项卡,单击"插图"组中的"形状"按钮,在弹出的下拉菜单中选择"下箭头"选项。

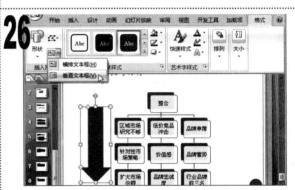

26

1 拖动鼠标在幻灯片左侧绘制一个"下箭头",然后单击"绘图工具 格式"选项卡,在"插入形状"组中单击"文本框"按钮,在弹出的下拉列表中选择"垂直文本框"选项。

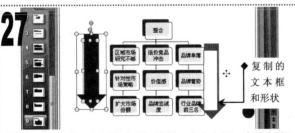

27

复制的文本框和形状

1 在"下箭头"位置拖动鼠标绘制一个文本框,在其中输入文本,设置其字体格式为"华文楷体、28 号、加粗、蓝色"。

2 同时选择"下箭头"形状和文本框,按住 Ctrl 键将其向右侧拖动进行复制。

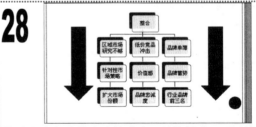

28

1 将文本框中的文本修改为"品牌提升",其效果如上图所示。

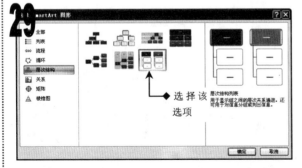

29

选择该选项

1 新建第 10 张幻灯片,输入标题文本,插入类型为"层次结构列表"的 SmartArt 图形。

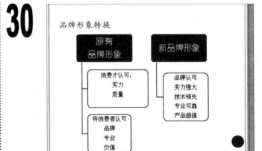

30

1 删除 SmartArt 图形右侧下方的形状,并在剩下的形状中输入文本,设置上方一排形状中的字体为"幼圆"。

2 保存演示文稿,完成本例的制作。

第18章
Office 组件协同办公

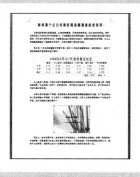  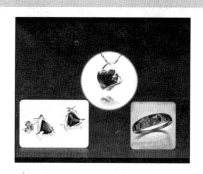

实例 214 制作 "饰品推广" 演示文稿

实例 213 编辑 "员工工资表" 工作簿

实例 212 制作 "业务培训" 文档

Office 2007 的各个组件之间可以通过复制、粘贴、插入对象或者链接等方式实现信息的共享，极大地提高办公效率。本章将通过 3 个实例综合讲解用 Office 组件协同办公的方法，读者可举一反三，在实际工作中灵活运用。

实例212　　制作"业务培训"文档

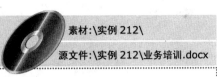

素材:\实例212\

源文件:\实例212\业务培训.docx

包含知识
- 输入文本
- 设置文本格式
- 插入表格
- 插入幻灯片

重点难点
- 插入表格
- 插入幻灯片

制作思路

制作 Word 文档　　制作 Excel 表格　　制作演示文稿　　在文档中插入对象

应用场所　用于制作有大段说明文字、同时需要用表格与演示文稿加强说明效果的文档。

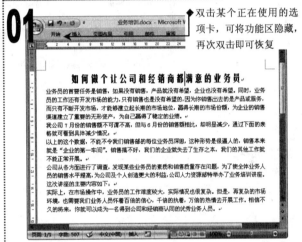

双击某个正在使用的选项卡，可将功能区隐藏，再次双击即可恢复

1 启动 Word 2007，新建一个空白文档，并以"业务培训"为名保存文档。

2 在文档中输入如图所示的文本内容。

3 选择标题文本，将其字体格式设置为"方正美黑简体、小二、居中"。

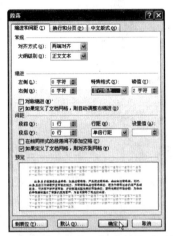

1 选择正文文本，在"段落"组中单击"对话框启动器"按钮 。

2 打开"段落"对话框，在"缩进"栏的"特殊格式"下拉列表框中选择"首行缩进"选项，在"间距"栏的"段前"数值框中输入"1 行"，保持其他默认设置。

3 单击"确定"按钮。

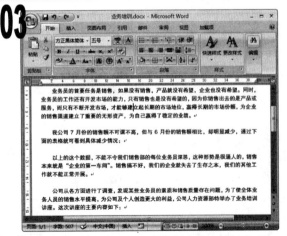

1 返回工作界面，将正文文本的字体格式设置为"方正黑体简体、五号"。

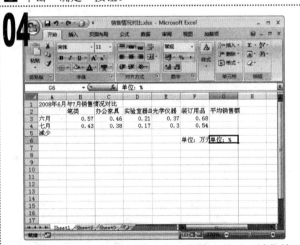

1 启动 Excel 2007，新建一个工作簿，并以"销售情况对比"为名进行保存，然后输入如图所示的内容。

05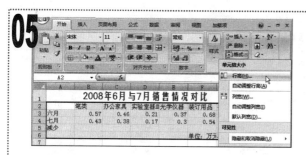

1. 选择 A1:G1 单元格区域，单击"开始"选项卡，在"段落"组中单击"合并后居中"按钮。
2. 设置标题行的格式为"方正美黑简体、18 号、蓝色"。
3. 在"单元格"组中单击"格式"按钮，在弹出的下拉菜单中选择"行高"选项。

06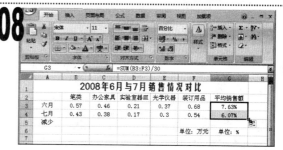

1. 在打开的"行高"对话框的文本框中输入"16"，单击"确定"按钮。
2. 拖动 D 列单元格右侧的边框线，增加其列宽，使其中的文字全部显示出来。
3. 按照相同的方法调整 F 列与 G 列的列宽。

07

1. 在"段落"组中单击██按钮，使表格中的文本居中对齐。
2. 选择 G3 单元格，单击"公式"选项卡，在"函数库"组中单击"自动求和"按钮。
3. 在编辑栏中出现的公式后输入"/30"。

08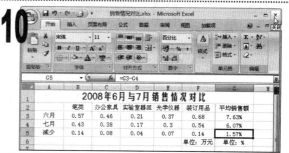

1. 按 Enter 键，计算六月的平均销售额，选择 G3 单元格。
2. 单击"开始"选项卡，在"数字"组中单击"百分比样式"按钮 %，再单击两次"增加小数位数"按钮 ██。
3. 将鼠标光标移至单元格的右下角，采用拖动控制柄填充公式的方法计算七月的平均销售额。

09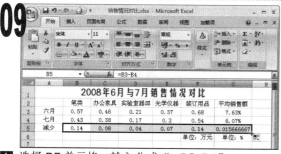

1. 选择 B5 单元格，输入公式"=B3-B4"。
2. 采用拖动控制柄的方法快速在 C5:G5 单元格区域中填充公式，计算销售额的减少量。

10

1. 选择 G5 单元格，按照相同的方法将其转换为百分比格式，并增加小数位数。
2. 保存设置，并单击"关闭"按钮 ✕ 退出 Excel。

11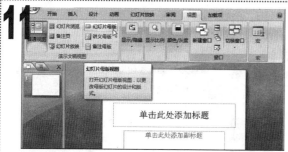

1. 启动 PowerPoint 2007，新建一个空白演示文稿，并以"业务员素质"为名进行保存。
2. 单击"视图"选项卡，在"演示文稿视图"组中单击"幻灯片母版"按钮。

12

1. 进入幻灯片母版视图，保持默认选择的幻灯片不变，单击"幻灯片母版"选项卡，在"背景"组中单击"对话框启动器"按钮 ██。

13

1. 在打开的"设置背景格式"对话框中选中"图片或纹理填充"单选按钮。
2. 单击"文件"按钮，在打开的对话框中将素材文件夹中的图片文件"bj.jpg"设置为背景。
3. 拖动"透明度"滑块至30%处，单击"关闭"按钮。

14

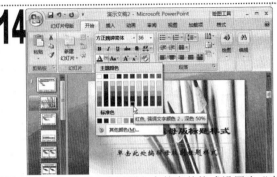

1. 返回工作界面，将标题文本的字体格式设置为"隶书、48号、加粗、紫色，强调文字颜色4，深色50%"。
2. 将副标题文本的字体格式设置为"方正魏碑简体、36号、红色，强调文字颜色2，深色50%"。

15

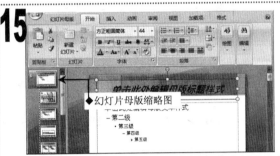

1. 在左侧窗格中选择幻灯片母版缩略图，将素材文件夹中的图片文件"内容.jpg"设置为背景图片。
2. 将幻灯片中标题文本的字体格式设置为"方正粗圆简体、44号、红色，强调文字颜色2，深色25%、倾斜"。

16

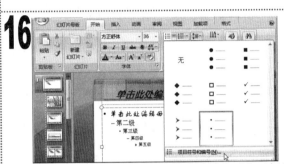

1. 将正文占位符中文本的字体格式设置为"方正舒体、36号、深蓝，文字2，深色50%"。
2. 在"段落"组中单击 ≡ 按钮右侧的 按钮，在弹出的下拉菜单中选择"项目符号和编号"选项。

17

1. 在打开的"项目符号和编号"对话框中单击"图片"按钮。
2. 打开"图片项目符号"对话框，选择如图所示的图片，单击"确定"按钮。

18

1. 返回"项目符号和编号"对话框，单击"确定"按钮。
2. 返回工作界面，单击"插入"选项卡，在"插图"组中单击"图片"按钮。

19

1. 在打开的对话框中选择素材文件夹中的"logo.jpg"图片，单击"插入"按钮。

20

1. 返回工作界面，拖动图片右下角的控制点，缩小图片。
2. 将图片移至幻灯片的右下角。

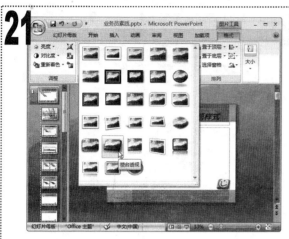

21

1 在"图片工具 格式"选项卡的"图片样式"组的列表框中选择"棱台透视"选项。

2 单击"幻灯片母版"选项卡,在"关闭"组中单击"关闭母版视图"按钮,退出母版视图。

22

1 返回到普通视图中,在标题占位符中输入"业务员素质"文本,在副标题占位符中输入"——开展业务工作培训"文本。

2 在左侧的"幻灯片"窗格中按 Enter 键,新建一个正文幻灯片,在其中输入如图所示的文本。

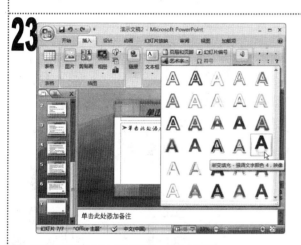

23

1 按照相同的方法创建其他 4 张幻灯片。

2 新建第 7 张幻灯片,单击"插入"选项卡,在"文本"组中单击"艺术字"按钮,在弹出的下拉列表中选择"渐变填充-强调文字颜色 4,映像"选项。

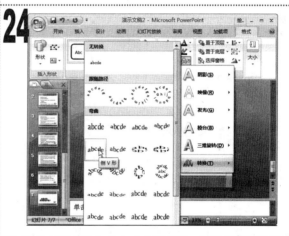

24

1 在文本框中输入文本"心有多高,梦想就有多远!"。

2 选择艺术字,单击"绘图工具 格式"选项卡,在"艺术字样式"组中单击"文本效果"按钮,在弹出的下拉列表中选择"转换-倒 V 形"选项。

25

3 完成幻灯片的创建,并保存设置。

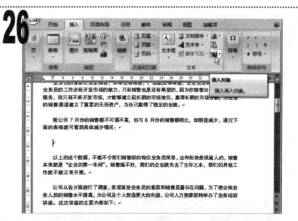

26

1 返回到 Word 文档中,将文本插入点定位至第 2 段文本后,按 Enter 键换行。

2 单击"插入"选项卡,在"文本"组中单击"对象"按钮。

27

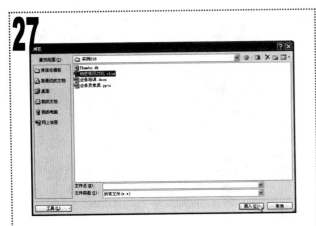

1　在打开的"对象"对话框中单击"由文件创建"选项卡，单击"浏览"按钮。

2　在打开的"浏览"对话框中选择创建的工作簿"销售情况对比.xlsx"，单击"插入"按钮。

28

1　返回"对象"对话框，单击"确定"按钮。

2　返回到 Word 文档中，工作表将插入到其中，将文本插入点定位至第 4 段文本后，按 Enter 键换行。

29

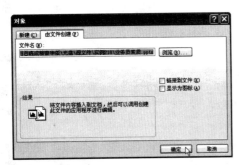

1　按照相同的方法打开"对象"对话框，单击"由文件创建"选项卡，单击"浏览"按钮，在打开的"浏览"对话框中选择创建的演示文稿"业务员素质.pptx"，将其添加至"文件名"文本框中，单击"确定"按钮。

30

1　返回到文档中，演示文稿中的第 1 张幻灯片被插入到文档中。选择幻灯片，拖动其右下角的控制点将其缩小，单击"开始"选项卡，在"段落"组中单击"居中"按钮 ，使其居中对齐。

31

1　双击插入的第 1 张幻灯片，系统将启动 PowerPoint 2007，并放映演示文稿，单击鼠标进行放映。

32

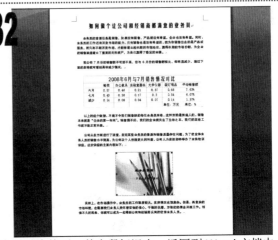

1　放映完毕后，单击鼠标退出，返回到 Word 文档中。

2　保存文档，完成本例的制作。

实例213　编辑"员工工资表"工作簿

素材:\实例 213\

源文件:\实例 213\员工工资表.xlsx

包含知识
- 创建工作表
- 输入公式
- 插入 Word 文档
- 插入 Access 数据库

重点难点
- 插入 Word 文档
- 插入 Access 数据库

制作思路

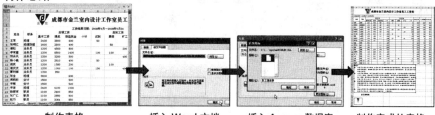

制作表格　　　　插入 Word 文档　　　　插入 Access 数据库　　　　制作完成的表格

应用场所

用于制作有多个表格的工资表类工作簿。

01

1. 启动 Excel 2007，新建一个空白工作簿，在 Sheet1 工作表的 A1 单元格中输入标题"成都市金兰室内设计工作室员工工资表"文本。
2. 在 A2 单元格中输入"工资结算日期:2008 年 9 月一 2008 年 9 月 30"文本。
3. 在 A3:M4 单元格中输入表头，再在 A5:M23 单元格中输入如图所示的数据。

02

1. 将表格标题、副标题与表头文本所在的单元格分别合并。
2. 将标题文本的字体格式设置为"方正大标简体、22 号、居中"，向下拖动第 1 行与第 2 行之间的行线，增加第一行单元格的高度。

03

1. 单击"插入"选项卡，在"插图"组中单击"图片"按钮。
2. 在打开的对话框中选择素材文件夹中的"标志.png"图片文件，将其插入到表格中，然后将其缩小并移动到"成都市"文本前。

04

1. 将副标题文本的字体格式设置为"宋体、10 号、左对齐"。
2. 选择 A2:M23 单元格区域，在"单元格"组中单击"格式"按钮，在弹出的下拉菜单的"单元格大小"栏中选择"行高"选项。
3. 打开"行高"对话框，在"行高"文本框中输入"20"，单击"确定"按钮。

05

1 选择 F5 单元格，在编辑栏中输入公式"=C5+D5+E5"，按 Enter 键计算出 F5 单元格中的数据。

2 选择 F5 单元格，将鼠标光标移到其右下角的填充柄上，当光标变为+形状时，按住鼠标左键向下拖动，到 F23 单元格上后释放鼠标，计算出所有员工的应领工资。

06

1 在 J5 单元格中输入公式"=G5+H5+I5"，按 Enter 键计算结果，用拖动填充柄的方法计算出其他员工的应扣工资。

2 在 K5 单元格中输入公式"=F5-J5"，按 Enter 键计算结果，用拖动填充柄的方法计算出其他员工的实发工资。

07

1 在员工工资表中添加"个人所得税"和"税后工资"两列。

2 选择 L5 单元格，在编辑栏中输入如图所示的函数，按 Ctrl+Enter 组合键，计算出 L5 单元格中的数据。

08

1 选择 L5 单元格，用拖动填充柄的方法计算出其他员工的个人所得税。

2 在 M5 单元格中输入公式"=K5-L5"，按 Enter 键计算结果，用复制公式的方法计算出其他员工的税后工资。

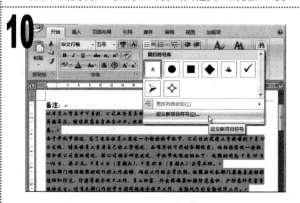

09

1 新建一个 Word 文档，在其中输入文本。

2 选择"备注："文本，将其字体格式设置为"黑体、小四"。

10

1 选择正文文本，将其字体格式设置为"华文行楷、五号"。

2 在"段落"组中单击"项目符号"按钮右侧的 ▼ 按钮，在弹出的下拉菜单中选择"定义新项目符号"选项。

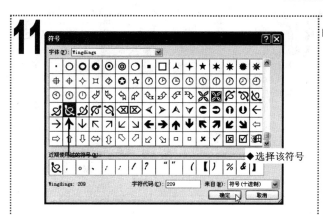

11

1. 在打开的"定义新项目符号"对话框中单击"符号"按钮。
2. 打开"符号"对话框，在其中的列表框中选择如图所示的符号。
3. 单击"确定"按钮。

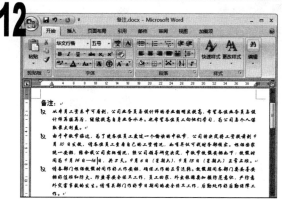

12

1. 返回"定义新项目符号"对话框，单击"确定"按钮，返回到文档中，可看到文本前添加了所选的项目符号。
2. 将文档以"备注"为名进行保存。

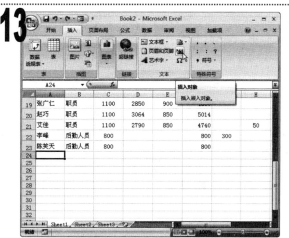

13

1. 返回到 Excel 表格中，将文本插入点定位到 A24 单元格中。
2. 单击"插入"选项卡，在"文本"组中单击"对象"按钮。

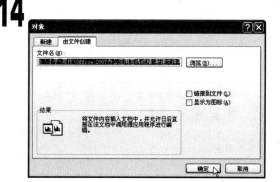

14

1. 在打开的"对象"对话框中单击"由文件创建"选项卡，单击"浏览"按钮。
2. 在打开的对话框中选择素材文件夹中的"备注.docx"文档，单击"插入"按钮。
3. 返回到"对象"对话框中，单击"确定"按钮。

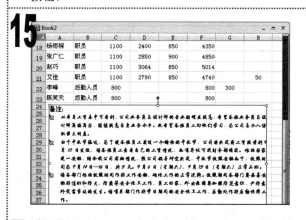

15

1. 系统将打开"配置进度"对话框，配置 Word 程序。
2. 稍后将返回到 Excel 中，在表格下方插入 Word 文档，并以图片形式显示其中的内容，拖动图片将其移至如图所示的位置。

16

1. 选择 A42 单元格，在其中输入"员工通信录"文本。
2. 将 A42:D42 单元格合并，设置"员工通信录"文本的字体格式为"方正粗倩简体、14 号"。
3. 拖动行线，调整行高为"32.25"。

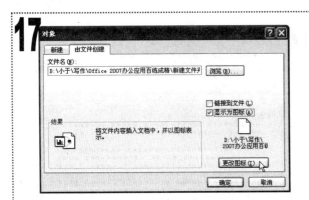

1. 选择 A44 单元格，在"文本"组中单击"对象"按钮。
2. 打开"对象"对话框，单击"由文件创建"选项卡，按照相同的方法将素材文件夹中的数据库文件"员工信息管理.accdb"添加至"文件名"文本框中。
3. 选中"显示为图标"复选框，单击"更改图标"按钮。

1. 在打开的"更改图标"对话框的"题注"文本框中输入"员工通信录"文本。
2. 依次单击"确定"按钮。

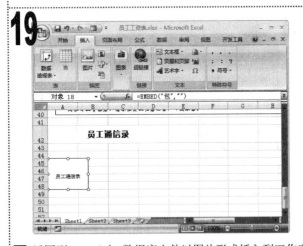

1. 返回到 Excel 中，数据库文件以图片形式插入到工作表中，双击该图片。

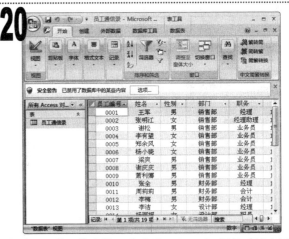

1. 在 K5 单元格中输入公式"=F5-J5"，用拖动填充柄的方法计算出所有员工的实发工资。

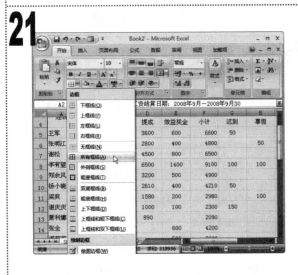

1. 选择 A2:M23 单元格，单击"开始"选项卡，在"字体"组中单击"边框"按钮右侧的·按钮，在弹出的下拉菜单中选择"所有框线"选项。

1. 所选的单元格中添加了框线，将工作簿以"员工工资表"为名进行保存，完成本例的制作。

实例214　制作"饰品推广"演示文稿

素材:\实例 214\

源文件:\实例 214\饰品推广.pptx

包含知识
- 制作幻灯片母版
- 插入文档
- 插入表格

重点难点
- 插入文档
- 插入表格

应用场所
用于制作产品推广类的演示文稿。

制作思路

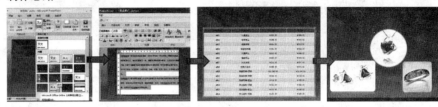

制作幻灯片母版　　插入 Word 文档　　插入 Excel 表格　　放映幻灯片

1 启动 PowerPoint 2007，新建一个空白演示文稿，并将其以"饰品推广"为名进行保存。

2 进入幻灯片母版视图，保持默认选择的幻灯片不变，在"幻灯片母版"选项卡的"编辑主题"组中单击"主题"按钮，在弹出的下拉列表中选择"活力"选项。

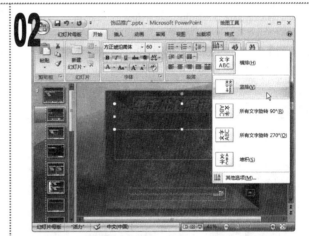

1 幻灯片应用所选的主题样式，选择标题占位符中的文本，设置其字体格式为"方正琥珀简体、60 号、倾斜"。

2 在"开始"选项卡的"段落"组中单击"文字方向"按钮，在弹出的下拉菜单中选择"竖排"选项。

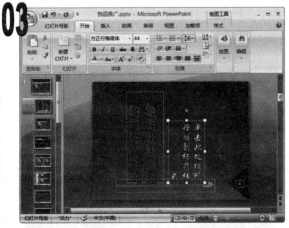

1 将竖直排列的标题占位符移动到幻灯片左侧，并适当调整其大小。

2 选择副标题占位符，按照相同的方法使其中的文本竖直排列，并将其字体格式设置为"方正行楷简体、44 号"。

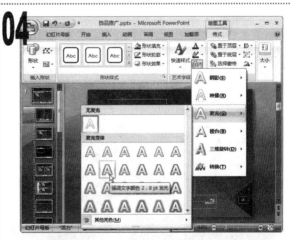

1 选择标题占位符，单击"绘图工具 格式"选项卡，在"艺术字样式"组中单击"文本效果"按钮，在弹出的下拉列表中选择"发光-强调文字颜色 2，8pt 发光"选项。

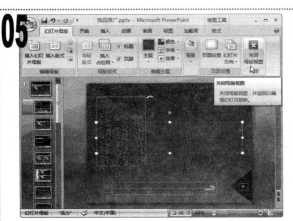

1 在左侧窗格中选择幻灯片母版缩略图，选择幻灯片标题占位符中的文本。
2 单击"文本效果"按钮，在弹出的下拉菜单中选择"映像-半映像，接触"选项。
3 单击"幻灯片母版"选项卡，在"关闭"组中单击"关闭母版视图"按钮，退出幻灯片母版视图。

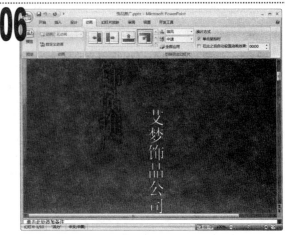

1 新建 9 张幻灯片，选择第 1 张幻灯片，在幻灯片的标题占位符中输入"饰品推广"文本，在副标题占位符中输入"艾梦饰品公司"文本，并将其位置进行移动。
2 分别在其他幻灯片中输入标题。

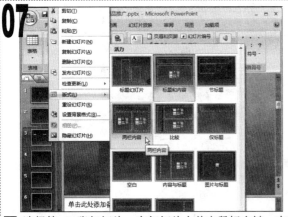

1 选择第 3 张幻灯片，在幻灯片上单击鼠标右键，在弹出的快捷菜单中选择"版式-两栏内容"选项，更改幻灯片的版式。

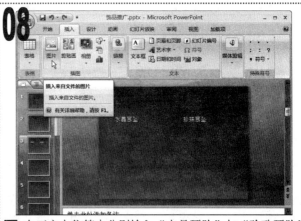

1 在正文占位符中分别输入"水晶耳坠"与"珍珠耳坠"文本。
2 单击"插入"选项卡，在"插图"组中单击"图片"按钮。

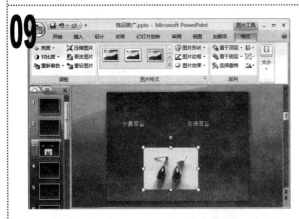

1 打开"插入图片"对话框，在对话框的"查找范围"下拉列表框中选择需要插入的图片的保存路径，在中间的列表框中选择要插入的图片，单击"插入"按钮。
2 返回到文档中，在"图片工具 格式"选项卡的"大小"组中单击"裁剪"按钮，将图片裁剪为适当大小。

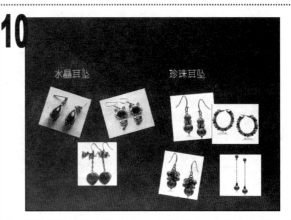

1 通过图片四周的控制点，分别对插入的图片进行大小、位置和旋转的调整。
2 按照相同的方法在当前幻灯片中插入其他图片，其最终效果如图所示。

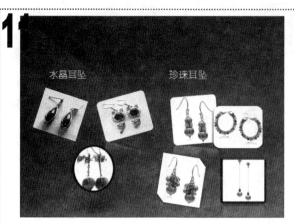

1 选择幻灯片左上角的图片，单击"图片工具 格式"选项卡，在"图片样式"组的列表框中选择"矩形投影"选项，为图片设置样式。

2 分别选择插入的图片，在"图片工具 格式"选项卡中对其进行相应的格式设置。

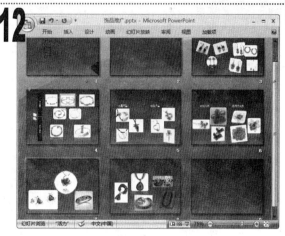

1 按照相同的方法为第 4~第 9 张幻灯片选择合适的版式，并分别在其中插入图片，然后对其大小、排列方式与样式进行相应的设置，插入并修改后的效果如图所示。

1 启动 Excel 2007，新建一个空白工作簿，将其以"产品价格"为名进行保存。

2 在 A1:D1 单元格区域中输入表头文本，在 A2:D15 单元格区域中输入相应的文本。

1 选择 A1:D1 单元格区域，将其中文本的字体格式设置为"黑体、12 号"。

2 向右拖动 B 列与 C 列相交的框线，增大 B 列的列宽。

3 按照相同的方法调整 C 列与 D 列的列宽。

1 选择 A1:D15 单元格区域，在"开始"选项卡的"单元格"组中单击"格式"按钮，在弹出的下拉菜单中选择"行高"选项。

2 在打开的"行高"对话框的文本框中输入"18"，单击"确定"按钮。

3 返回工作界面，在"对齐方式"组中单击"居中"按钮，使文本居中对齐。

1 选择 A2:B15 单元格区域，单击"数据"选项卡，在"排序和筛选"组中单击"升序"按钮。

2 在打开的"排序提醒"对话框中选中"以当前选定区域排序"单选按钮，单击"排序"按钮。

3 返回到工作表中，所选单元格中的数据即按升序排列。

1. 选择 C2:D15 单元格区域，单击"开始"选项卡，在"数字"组的"常规"下拉列表框中选择"货币"选项。
2. 选择 A1:D15 单元格区域，在"开始"选项卡的"字体"组中单击"边框"按钮右侧的 按钮，在弹出的下拉菜单中选择"所有框线"选项。
3. 按 Ctrl+S 组合键保存设置。

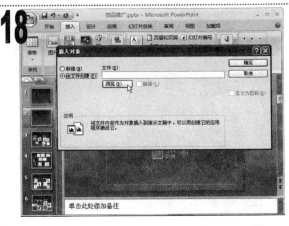

1. 返回 PowerPoint 工作界面，选择第 2 张幻灯片，单击"插入"选项卡，在"文本"组中单击"对象"按钮。
2. 在打开的"插入对象"对话框中选中"由文件创建"单选按钮，单击"浏览"按钮。

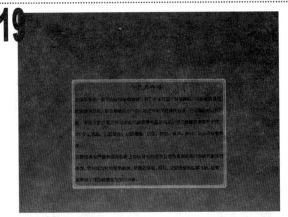

1. 在打开的"浏览"对话框的"查找范围"下拉列表框中选择素材文件的路径，在其下的列表框中选择文档"产品介绍.docx"。
2. 单击"确定"按钮返回"插入对象"对话框，单击"确定"按钮，将 Word 文档插入到幻灯片中。

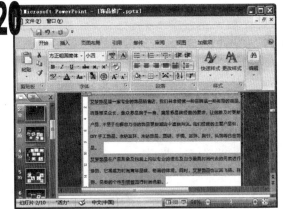

1. 按照设置图片的方法设置插入的 Word 文档的位置和大小，双击插入的 Word 文档，此时在 PowerPoint 工作窗口中将嵌入 Word 窗口。
2. 在 PowerPoint 的 Word 窗口中删除标题文本，选择所有正文文本，将字体颜色设置为"深红"。

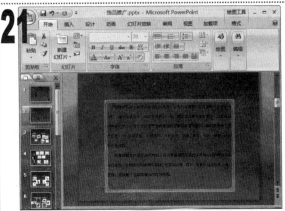

1. 拖动标尺中的"首行缩进"滑块，使文本首行缩进两个字符的位置。
2. 单击该窗口以外的任意位置退出 Word 窗口。

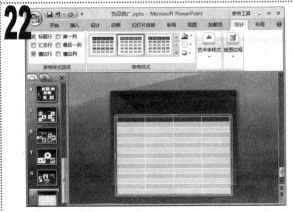

1. 返回到演示文稿中，选择第 9 张幻灯片，单击"插入表格"项目占位符。
2. 在打开的对话框的"列数"与"行数"数值框中分别输入"4"与"15"。
3. 单击"确定"按钮，插入一个 15 行 4 列的表格。

23

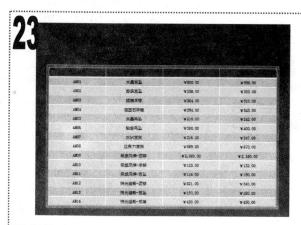

1 返回到 Excel 工作界面中，选择 A1:D15 单元格区域，按 Ctrl+C 组合键复制表格内容。
2 返回到第 10 张幻灯片中，粘贴表格内容，并适当调整表格的高度与宽度。

24

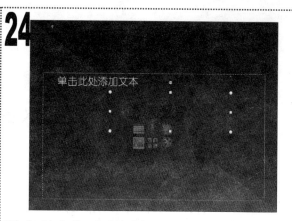

1 在"幻灯片"任务窗格中按 Enter 键，新建一张幻灯片，在标题占位符中输入"谢谢观赏！"文本。
2 将该占位符移至幻灯片的中间位置。

25

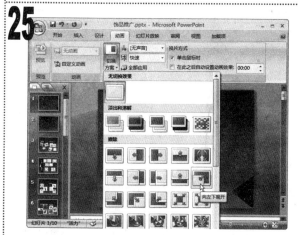

1 选择第 1 张幻灯片，单击"动画"选项卡，在"切换到此幻灯片"组的"切换方案"下拉列表框中选择"擦除"栏中的"向左下揭开"选项。

26

1 在"切换声音"下拉列表框中选择"微风"选项，在"切换速度"下拉列表框中选择"中速"选项。
2 单击"全部应用"按钮，将动画效果应用到所有幻灯片中。

27

1 选择标题占位符，单击"自定义动画"按钮。
2 打开"自定义动画"任务窗格，单击"添加效果"按钮，在弹出的下拉菜单中选择"菱形"进入动画，在"开始"下拉列表框中选择"之后"选项。选择副标题文本，将其进入动画设置为"飞入"。

28

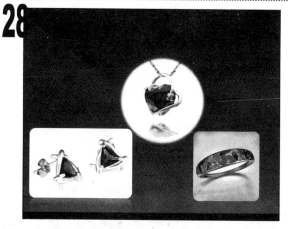

1 对幻灯片中所有的内容进行动画设置，在设置图片较多的幻灯片时，可以以动画的开始方式进行相应的设置，以便放映时更连贯。
2 保存演示文稿，完成本例的制作。

反侵权盗版声明

    电子工业出版社依法对本作品享有专有出版权。任何未经权利人书面许可，复制、销售或通过信息网络传播本作品的行为；歪曲、篡改、剽窃本作品的行为，均违反《中华人民共和国著作权法》，其行为人应承担相应的民事责任和行政责任，构成犯罪的，将被依法追究刑事责任。

    为了维护市场秩序，保护权利人的合法权益，我社将依法查处和打击侵权盗版的单位和个人。欢迎社会各界人士积极举报侵权盗版行为，本社将奖励举报有功人员，并保证举报人的信息不被泄露。

举报电话：(010)88254396；(010)88258888

传　　真：(010)88254397

E－mail：dbqq@phei.com.cn

通信地址：北京市万寿路173信箱

          电子工业出版社总编办公室

邮　　编：100036